钢结构设计连接与构造

宝正泰 谢 俊 何朝辉 著

中国建筑工业出版社

图书在版编目（CIP）数据

钢结构设计连接与构造/宝正泰，谢俊，何朝辉
著. —北京：中国建筑工业出版社，2019.2
ISBN 978-7-112-23121-8

Ⅰ. ①钢… Ⅱ. ①宝… ②谢… ③何… Ⅲ. ①钢
结构-连接技术②钢结构-建筑构造 Ⅳ.①TU391

中国版本图书馆CIP数据核字（2018）第293374号

　　钢结构有很多优点及较好的发展前景，在国家大力提倡绿色建筑的大环境下，节能环保材料钢结构在建筑中得到广泛的使用。我国的钢结构设计规范是随着建筑钢结构的应用逐步发展和完善的，经历了74规范 TJ 17、88和03规范 GB 50017—2003。现在 ，版，因此很有必要把常见的钢结构类型，比如：轻型门式刚架房屋厂房设计、钢框架、钢桁架、网架，结合新规范、新软件的设计过程编写出来，以帮助在校学生与结构设计新手更快地入门与提高。

　　由于作者理论水平和实践经验有限，时间紧迫，书中难免存在不足甚至是谬误之处，也恳请读者批评指正。

责任编辑：郭 栋 辛海丽
责任设计：李志立
责任校对：王雪竹

钢结构设计连接与构造

宝正泰 谢 俊 何朝辉 著

*

中国建筑工业出版社出版、发行（北京海淀三里河路9号）
各地新华书店、建筑书店经销
霸州市顺浩图文科技发展有限公司制版
北京建筑工业印刷厂印刷

*

开本：787×1092毫米 1/16 印张：19¼ 字数：467千字
2019年3月第一版 2020年6月第二次印刷
定价：**49.00**元
ISBN 978-7-112-23121-8
（33202）

前　言

在国家大力发展绿色装配式建筑，走可持续发展道路的新时期，《钢结构设计标准》GB 50017—2017 总结过往，面向未来，紧扣时代发展脉搏，更好地为钢结构建设提供设计依据。

针对新标准，作者认真分析对比，结合具体实践，分析了 2017 版标准与 2003 版标准的差异，提出了根据新标准的钢结构设计思路，总结了钢结构连接与构造的各种方法，比较其优缺点。分别从钢框架设计、桁架设计、网架设计、轻型门式刚架房屋厂房设计等视角，依据规范、解析标准、结合实例、详细解读，为广大读者提供设计参考和工程借鉴。尤其是在装配式建筑发展方兴未艾之际，为更好地分析对比装配式钢结构建筑与装配式混凝土建筑提供参考。

本书由中南大学建筑与艺术学院宝正泰先生和清华大学研究员、中南大学建筑与艺术学院谢俊博士与昆明理工大学设计研究院何朝辉先生合著。文章第 1～3 章由宝正泰先生著作，第 4、5 章由谢俊博士著作，第 6 章由何朝辉先生著作，全文由宝正泰先生统稿。

感谢云南城投中民昆建科技有限公司和清华大学全球产业 4.5 研究院提供研究平台和给予全书诸多建设性意见。

由于作者理论水平和实践经验有限，书中难免存在不足甚至是谬误之处，恳请读者批评指正。

目 录

1 绪论 ··· 1
  1.1 钢结构的优点及发展前景 ·· 1
  1.2 钢结构设计节点中的概念设计及思维 ······················· 2
  1.3 《钢结构设计标准》GB 50017—2017 与《钢结构设计规范》GB 50017—2003 的
     不同之处 ·· 5
  1.4 《钢结构设计标准》GB 50017—2017 没有解决的问题 ·········· 6
  1.5 钢结构设计简单步骤和设计思路 ······························· 7
2 钢结构连接与构造 ··· 11
  2.1 各种连接方法对比 ·· 11
  2.2 焊缝代号、螺栓及其栓孔图例 ····································· 11
  2.3 钢结构梁柱连接节点构造 ··· 12
3 钢框架设计 ·· 23
  3.1 工程概况 ·· 23
  3.2 钢框架平面布置图及构件截面尺寸 ·························· 23
  3.3 荷载 ·· 41
  3.4 钢框架建模 ·· 42
  3.5 柱布置 ·· 44
  3.6 梁布置 ·· 47
  3.7 楼板布置 ·· 49
  3.8 布置悬挑板 ·· 49
  3.9 布置压型钢板 ··· 50
  3.10 层编辑 ·· 52
  3.11 楼面荷载输入 ·· 52
  3.12 线荷载输入 ·· 54
  3.13 楼层组装 ·· 58
  3.14 SATWE 前处理、内力配筋计算 ······························ 60
  3.15 SATWE 计算结果分析与调整 ··································· 93
  3.16 施工图绘制 ·· 96
  3.17 基础设计 ·· 113
4 桁架设计 ··· 124
  4.1 工程概况 ·· 124
  4.2 构件截面选取 ·· 124
  4.3 桁架 STS 建模与计算 ·· 125

　4.4　桁架节点及施工图绘制 ･･ 138
　4.5　屋面支撑、系杆设计 ･･･ 140
　4.6　柱间支撑设计 ･･･ 140
　4.7　檩条、拉条、隔撑设计 ･･ 143
　4.8　基础设计 ･･･ 143
5　网架设计 ･･ 144
　5.1　工程概况 ･･･ 144
　5.2　MST 建模 ･･･ 144
　5.3　计算结构查看与分析 ･･ 156
　5.4　MST 施工图生成 ･･･ 158
　5.5　支座设计 ･･･ 166
　5.6　屋面檩条设计与施工图绘制 ･･････････････････････････････････････ 169
6　轻型门式刚架房屋厂房设计（8t＋5t＋3t） ･･････････････････････････ 174
　6.1　工程概况 ･･･ 174
　6.2　工程实例构件截面估算 ･･ 174
　6.3　刚架 STS 建模与计算结果查看 ･･･････････････････････････････････ 179
　6.4　刚架节点设计 ･･･ 220
　6.5　柱脚设计 ･･･ 233
　6.6　吊车梁设计 ･･･ 240
　6.7　抗风柱设计 ･･･ 256
　6.8　屋面支撑、系杆设计 ･･･ 260
　6.9　柱间支撑设计 ･･･ 269
　6.10　檩条、拉条、隔撑设计 ･･･････････････････････････････････････ 278
　6.11　基础设计 ･･･ 297
参考文献 ･･ 302

1 绪　论

1.1 钢结构的优点及发展前景

随着科技的发展，人们经济生活条件的逐步改善，人们的审美也发生了巨大的变化，越来越追求生活的品质与生活的优雅，对家居的装修风格有了更高的要求。在现在的中国，人们越来越喜欢简约时尚的建筑风格。在国家大力提倡绿色建筑的大环境下，节能环保材料钢结构在建筑中得到广泛的使用。

对于钢结构的优点及发展前景，"新浪地产"网站上的一篇文中做了如下阐述：继鸟巢之后，越来越多的星级酒店也喜欢采用钢结构与玻璃幕相结合的建筑风格，既美观又大方，而且节约空间以增加房屋使用面积，使用寿命长。然而，这种钢结构建筑是一个新型建筑工业化集成的产品，其核心是工业化，它运用的是"标准化设计、工厂化制造、产业化生产、装配式施工、一体化装修、信息化工程管理和集成化服务"。有人说，这种建筑方式像造汽车一样的造房子。这足以体现钢结构建筑生产的集约化与精准化。

现如今，豪宅建筑大多采用"西技中魂"的建筑风格，既要气势恢宏、壮丽华贵，还要匀称协调、轻盈、活泼、现代化。富豪们也越来越喜欢采用钢结构与玻璃幕的建筑方式，钢结构已成为现代化建筑不可或缺的建筑形态。

钢结构与岩棉板的组合不但轻质、抗震、隔声、节土、节能、保温、隔热，而且建筑全寿命周期内贯穿"减量化、再利用、资源化，减量化优先"的循环经济发展原则。它已是新型建筑的不二之选。

随着中部城市的崛起，酒店业也会迅速向二三线城市扩张。据专家分析，到 2015 年全国将新增各类住宿设施约 20 多万家，其中星级酒店约 1 万多家，五星级酒店将超过 500 家。大型商场也会随之增多。由此可见钢结构的市场需求会不断增大。据统计，全国 59 万座公路桥梁中，钢结构桥梁不足 1%，铁路系统高速发展，新建新路以桥代路，80% 均是预应力钢筋混凝土桥梁，而钢结构在日本占到 41%，在美国占到 33%。钢结构有着很好的牢固性和抗震性，未来在公路桥梁方面的也会进一步得到利用。资料显示：2011 年 3 月 11 日，日本东北部海域发生里氏 9.0 级地震。真正房屋倒塌的伤亡事故很少，在东京两栋楼摇晃快撞到一起了也没有发生倒塌。其主要原因正是钢结构的牢固性和抗震性起到对房屋的保护起到重要作用。所以，钢结构的房屋在日本迅速发展。而这种钢结构住宅也可以应用到我国地质灾害多发西南地区。

有业界人士称，单从直接费用比较，钢结构比混凝土大约贵 10%～15%。但是随着楼层越高钢结构的成本优势就越来越明显，一般来说 15 层以上的建筑优势就开始显现。因为砖混需要大量的梁和柱，会占据较大面积。而很多商业项目、公建项目跨度大，楼层高，钢结构使用面积大、墙体薄、柱子细、钢材承载力强，更加适合现代建筑。目前，土

1

地市场火热，开发商拿地成本增加，房屋都不约而同地走"高端"路线。房子越来越高，也就意味着选用钢结构更加经济。

钢结构具有很多钢筋混凝土结构所无法比拟的优点，已被公认为绿色环保型产品，符合可持续发展的政策；而且应用范围越来越广，市场需求也在不断增加，钢结构建设也将拥有更广泛的前景和发展空间。

1.2　钢结构设计节点中的概念设计及思维

钢结构节点，可以采用"概念设计""类比思维"等去加深对钢结构中节点的理解。

（1）结构布置应连续，不连续地方应加强

图 1-1 中的牛腿与钢柱刚接，牛腿根部有较大的弯矩，对钢柱不利，可以将牛腿的上下翼缘延伸至钢柱边，形成一个"刚域"，能形成更可靠的连接关系。

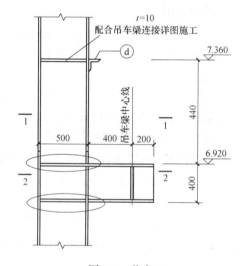

图 1-1　节点 1

图 1-2 中，钢梁拼接处属于不连续的地方，于是采用"端板＋加劲肋"去加强。

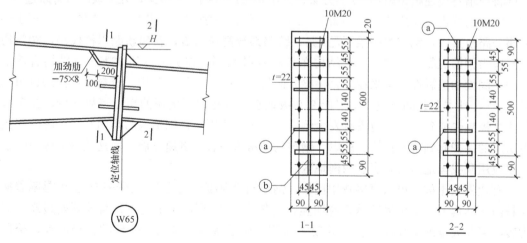

图 1-2　节点 2

（2）借物

钢结构节点中常常借助第三物（端板、加劲肋板、连接板或"刚域"），在不同位置处布置螺栓及连接焊缝去形成不同构件之间可靠的连接（刚接或铰接）。图1-3中，钢柱与钢梁通过柱顶设置端板与螺栓，形成刚接。图1-3中，钢梁左右两端通过10mm厚的节点板将钢梁腹板进行焊接，上下翼缘与节点板进行焊接，形成刚接。

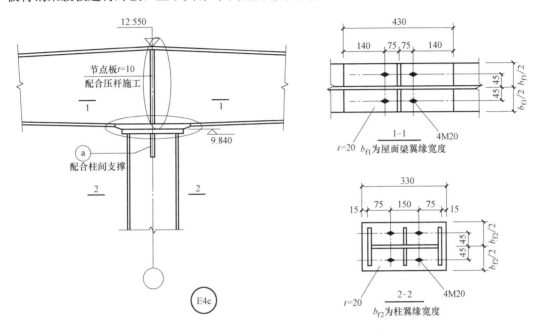

图1-3 节点3

图1-4中垂直相交的主次梁通过主梁中的与上下翼缘形成稳定支座关系的加劲肋板形成可靠的连接，主梁中和轴附近布置螺栓，与次梁线相连去承受剪力。当次梁翼缘与主梁翼缘之间进行焊接时，又形成固结连接，此节点中钢主梁平面外有楼板等保证其平面外稳定。

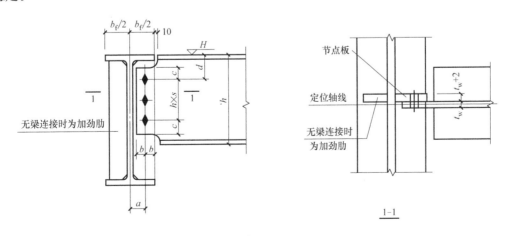

图1-4 节点4

图 1-5 中垂直相交的钢柱与钢梁之间通过节点板与"刚域"形成可靠的连接，节点板连接处布置螺栓承受剪力，梁上下翼缘与钢柱进行连接，形成刚接。又通过在钢梁翼缘水平线上在钢柱中布置加劲肋，形成"刚域"，进而形成一个可靠的固结连接。

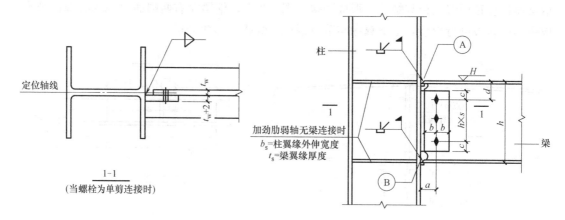

图 1-5　节点 5

图 1-6 中混凝土柱与钢梁进行铰接连接时，通过在第三物预埋钢板及连接板中布置螺栓，去承受钢梁端部的剪力，形成铰接。

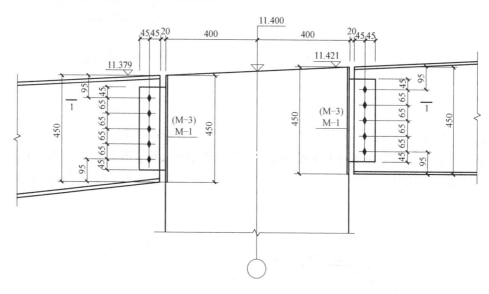

图 1-6　节点 6

图 1-7 中柱脚与混凝土短柱的连接是借助第三物底部端板＋螺栓，当螺栓布置在不同位置时（靠近翼缘或中心轴附近），形成固接或者铰接。

（3）类比

钢结构中节点的做法可以与混凝土结构进行类比。图 1-2、图 1-3 及图 1-7 中，螺栓可以类比混凝土结构中梁、柱中的纵筋；图 1-2 及图 1-7 中，端板中布置不同方向的加劲肋，可以类比混凝土板中布置不同方向的次梁。圆钢管与构件进行焊接时，圆钢管可以类比混凝土圆柱子中布置纵筋。

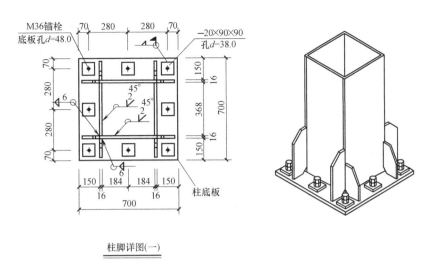

柱脚详图(一)

图 1-7　节点 7

（4）加减分合

钢结构各种体系的演变，都是加减分合的结果。

（5）固结或铰接，关键是是否在翼缘处进行焊接或者借助第三物端板是否在翼缘附近布置螺栓。连接构件之间形成固结关系时，应满足概念设计"不连续的地方加强"，比如牛腿连接处布置加劲肋形成"刚域"，梁梁拼接的部位布置端板与纵横方向的加劲肋，因为钢结构中对稳定性影响最大的是轴压力与弯矩。当连接构件之间形成铰接关系时，一般用连接板去连接构件并在连接板上布置螺栓即可。

现在计算钢结构的软件有很多，比如 PKPM、YJK、3D3S 等，钢结构理论博大精深，但是软件将它简化了，结构设计师更关注的是如何把不同的钢结构构件连接起来，根据经验截面取多大，然后依据计算结构调整截面，在满足规范构造的前提下，提取出软件计算螺栓结果，根据公司内部节点大样，经过修改后完成工程的大样绘制。

1.3　《钢结构设计标准》GB 50017—2017 与《钢结构设计规范》GB 50017—2003 的不同之处

2017 最新版《钢结构设计标准》主要修订内容如下：

1. 术语和符号（第 2 章）

删除了原规范中关于强度的术语，增加了本次规范新增内容的术语。

2. 基本设计规定（第 3 章）

增加了"结构体系"和"截面板件宽厚比等级"；

"材料选用"及"设计指标"内容移入新章节"材料（第 4 章）"；

关于结构计算内容移入新章节"结构分析及稳定性设计（第 5 章）"；

"构造要求（原第 8 章）"中制作、运输及安装的原则性规定并入本章。

3. 受弯构件的计算（原第 4 章）

改为"受弯构件（第 6 章）"，增加了腹板开孔的内容，"构造要求"中与梁设计相关的内容移入本章。

4. 轴心受力构件和拉弯、压弯构件的计算（原第5章）

改为"轴心受力构件（第7章）"及"拉弯、压弯构件（第8章）"两章，"构造要求（原第8章）"中与柱设计相关的内容移入第7章。

5. 疲劳计算（原第6章）

改为"疲劳计算及防脆断设计（第16章）"增加了简便快速验算疲劳强度的方法，"构造要求（原第8章）"中"提高寒冷地区结构抗脆断能力的要求"移入本章，并增加了抗脆断设计的补充规定。

6. 连接计算（原第7章）

改为"连接（第11章）"及"节点（第12章）"两章，"构造要求（原第8章）"中有关焊接及螺栓连接的内容并入11章、柱脚内容并入12章。

7. 构造要求（原第8章）

条文根据其内容，分别并入相关各章。

8. 塑性设计（原第9章）

改为"塑性及弯矩调幅设计（第10章）"，改变了塑性设计思路，采用内力重分配的思路进行设计。

9. 钢管结构（原第10章）

改为"钢管连接节点（第13章）"，丰富了计算的节点连接形式，另外，增加了节点刚度判定的内容。

10. 钢与混凝土组合梁（原第11章现第14章）

补充了纵向抗剪设计内容，删除了与弯筋连接件有关的内容。

11. 增加的章节

第4章：材料；第5章：结构分析与稳定性设计；

第9章：加劲钢板剪力墙；第15章：钢管混凝土柱及节点；

第17章：钢结构抗震性能化设计；第18章：钢结构防护。

1.4 《钢结构设计标准》GB 50017—2017没有解决的问题

新版《钢标》对2003版《钢规》做了全面修订，特别是首次引入的"直接分析法"和"基于性能的钢结构抗震设计方法"，体现了与国际标准的接轨。但因为技术、实践等诸多原因，仍有大量问题没有得到解决，包括材料、结构计算方法、结构体系、结构抗震、抗风设计，具有理论深度和工程价值，简述如下：

1) 钢材的上下屈服点，建议采用上屈服点。

2) 抗力分项系数，建议采用固定值。

3) 钢材断裂韧性和Z向性能，建议参考欧标。

4) 吊车梁上翼缘与腹板连接处的疲劳破坏，建议研究此处的疲劳设计方法。

5) 考虑双非线性的直接分析法，建议在抗震设计中直接采用直接分析法。

6) 受扭计算，建议引入受扭设计。

7) 结构体系与性能系数，建议引入结构体系与性能系数。

8）小震位移设计、中震承载力设计，建议采用小震位移设计，中、大震承载力设计。

9）既有建筑抗震评估与加固，建议对既有建筑采用定量小、中、大震抗震评估方法，为地震保险提供支持。

10）钢结构抗震、减震、隔震新体系，建议结合科技进步，大力推出钢结构新体系。

11）超高层钢结构抗风设计，建议加强超高层钢结构抗风的研究。

★补充规范延伸：

大跨度空间结构广泛应用于体育场馆、商场、展览馆、美术馆等，此类结构普遍存在造型复杂、竖向刚度小、稳定性问题突出、施工困难等问题，因而吸引了众多研究人员和工程师的注意。

直接分析法为大跨度空间结构的设计提供了很好的分析和设计手段，是一种全新的解决方案，已在欧美和香港得到大力的推广，也纳入了最新的 GB 50017。

采用直接分析法时，结构在构件和整体层面上的稳定性都可以在分析过程中得到反映，而不是像传统线性方法那样需要在设计阶段进行矫正。

更为严重的是，基于计算长度法的矫正并不总能得到正确的结果，从而造成安全隐患或导致事故发生。大跨度空间结构失稳模态普遍具有整体性，甚至可能发生跳跃或者跳回屈曲，基于构件稳定性的传统设计方法难以解决此类结构的稳定性问题。

现行《钢结构设计规范》GB 50017—2003 中 Q235、Q345 钢材性能的基础数据还是 30 年以前的，Q390、Q420 的设计指标是估算值，缺乏足够的数据支持，工程中已经实际应用的 Q460、GJ 钢急需补充。因此，必须对国产钢材性能进行全面的调研。

1.5 钢结构设计简单步骤和设计思路

（1）判断结构是否适合用钢结构

钢结构通常用于高层、大跨度、体形复杂、荷载或吊车起重量大、有较大振动、要求能活动或经常装拆的结构。直观地说：大厦、体育馆、歌剧院、大桥、电视塔、雕塑、仓棚、工厂、住宅、山地建筑和临时建筑等。这是和钢结构自身的特点相一致的。

（2）结构选型与结构布置

在钢结构设计的整个过程中，都应被强调的是"概念设计"，它在结构选型与布置阶段尤其重要。对一些难以做出精确理性分析或规范未规定的问题，可依据从整体结构体系与分体系之间的力学关系、破坏机理、震害、试验现象和工程经验所获得的设计思想，从全局的角度来确定控制结构的布置及细部构造措施。在早期迅速、有效地进行构思、比较与选择，所得结构方案往往易于手算、力学行为清晰、定性正确，并可避免结构分析阶段不必要的烦琐运算。同时，它也是判断计算机内力分析输出数据可靠与否的主要依据。

钢结构通常有框架、平面桁架、网架（壳）、索膜、轻钢、塔桅等结构形式。其理论与技术大都成熟。亦有部分难题没有解决，或没有简单实用的设计方法，比如网壳的稳定等。

结构选型时，应考虑不同结构形式的特点。工业厂房中，当有较大悬挂荷载或大范围移动荷载，就可考虑放弃门式刚架而采用网架。基本雪压大的地区，屋面曲线应有利于积雪滑落（切线 50°外不需考虑雪载），如亚东水泥厂石灰石仓棚采用三心圆网壳，总雪载和坡屋面相比释放近一半。降雨量大的地区相似考虑。建筑允许时，在框架中布置支撑会比简单的节点刚接的框架有更好的经济性。而屋面覆盖跨度较大的建筑中，可选择构件受拉为主的悬索或索膜结构体系。高层钢结构设计中，常采用钢混凝土组合结构，在地震烈度高或很不规则的高层中，不应单纯为了经济去选择不利抗震的核心筒加外框的形式。宜选择周边巨型 SRC 柱，核心为支撑框架的结构体系。我国半数以上的此类高层为前者，对抗震不利。

结构的布置要根据体系特征，荷载分布情况及性质等综合考虑，一般地说要刚度均匀，力学模型清晰，尽可能限制大荷载或移动荷载的影响范围，使其以最直接的线路传递到基础。柱间抗侧支撑的分布应均匀，其形心要尽量靠近侧向力（风、震）的作用线，否则应考虑结构的扭转，结构的抗侧应有多道防线。

框架结构的楼层平面次梁的布置，有时可以调整其荷载传递方向以满足不同的要求。通常，为了减小截面沿短向布置次梁，但是这会使主梁截面加大，减少了楼层净高，顶层边柱也有时会吃不消，此时将次梁支撑在较短的主梁上，可以牺牲次梁，保住主梁和柱子。

（3）预估截面

结构布置结束后，需对构件截面作初步估算。主要是梁柱和支撑等的断面形状与尺寸的假定。

钢梁可选择槽钢、轧制或焊接 H 型钢截面等。根据荷载与支座情况，其截面高度通常在跨度的 $1/20 \sim 1/50$ 之间选择。翼缘宽度根据梁间侧向支撑的间距按 l/b 限值确定时，可回避钢梁的整体稳定的复杂计算。确定了截面高度和翼缘宽度后，其板件厚度可按规范中局部稳定的构造规定预估。

柱截面按长细比预估．通常 $50 < \lambda < 150$，简单选择值在 80 附近。根据轴心受压、双向受弯或单向受弯的不同，可选择钢管或 H 型钢截面等。

对应不同的结构，规范对截面的构造要求有很大的不同，如钢结构所特有的组成构件的板件的局部稳定问题，在普钢规范和轻钢规范中的限值有很大的区别。

除此之外，构件截面形式的选择没有固定的要求，结构工程师应该根据构件的受力情况，合理地选择安全、经济、美观的截面。

（4）结构分析

目前，钢结构实际设计中，结构分析通常为线弹性分析，条件允许时考虑 $P\text{-}\Delta$，$p\text{-}\delta$。

新近的一些有限元软件可以部分考虑几何非线性及钢材的弹塑性能，这为更精确的分析结构提供了条件。并不是所有的结构都需要使用软件：

① 典型结构可查力学手册之类的工具书，直接获得内力和变形；

② 简单结构通过手算进行分析；

③ 复杂结构才需要建模运行程序，并做详细的结构分析。

（5）工程判定

要正确使用结构软件，还应对其输出结果的做"工程判定"。比如，评估各向周期、总剪力、变形特征等。根据"工程判定"选择修改模型重新分析，还是修正计算结果。

不同的软件会有不同的适用条件，初学者应充分明了。此外，工程设计中的计算和精确的力学计算本身常有一定距离，为了获得实用的设计方法，有时会用误差较大的假定，

8

但对这种误差，会通过"适用条件、概念及构造"的方式来保证结构的安全。钢结构设计中，"适用条件、概念及构造"是比定量计算更重要的内容。

工程师们过分信任与依赖结构软件，有可能带来结构灾难。注重概念设计、工程判定和构造措施，有助于避免这种灾难。

（6）构件设计

构件设计首先是材料的选择，比较常用的是 Q235 和 Q345。当强度起控制作用时，可选择 Q345；稳定控制时，宜使用 Q235。通常，主结构使用单一钢种，以便于工程管理。

当前的结构软件，都提供截面验算的后处理功能。部分软件可以将不通过的构件，从给定的截面库里选择加大一级自动重新验算，直至通过，如 SAP2000 等。这是常说的截面优化设计功能之一，它减少了很多工作量。但是软件在做构件（主要是柱）的截面验算时，计算长度系数的取定有时会不符合规范的规定。目前所有的程序都不能完全解决这个问题。所以，尤其对于节点连接情况复杂或变截面的构件，我们应该逐个检查。当上面第（3）条中预估的截面不满足时，加大截面应该分两种情况区别对待。

① 强度不满足，通常加大组成截面的板件厚度。其中，抗弯不满足，加大翼缘厚度；抗剪不满足，加大腹板厚度。

② 变形超限，通常不应加大板件厚度而应考虑加大截面的高度，否则会很不经济。

使用软件的前述自动加大截面的优化设计功能，很难考虑上述强度与刚度的区分，实际上，除常用于网架设计外，其他结构形式常常并不合适。

（7）节点设计

连接节点的设计是钢结构设计中重要的内容之一，在结构分析前，就应该对节点的形式有充分思考与确定，有时出现的一种情况是，最终设计的节点与结构分析模型中使用的形式不完全一致，如果你不能确信这种不一致带来的偏差在工程许可范围内（5%），就必须避免。按传力特性不同，节点分刚接、铰接和半刚接。

连接的不同对结构影响甚大。比如，有的刚接节点虽然承受弯矩没有问题，但会产生较大转动，不符合结构分析中的假定，会导致实际工程变形大于计算数据等的不利结果。

连接节点有等强设计和实际受力设计两种常用的方法，初学者可偏安全选用前者。设计手册中通常有焊缝及螺栓连接的表格等供设计者查用，比较方便，也可以使用结构软件的后处理部分来自动完成。

具体设计主要包括以下内容：

1. 焊接

对焊接焊缝的尺寸及形式等，规范有强制规定，应严格遵守。焊条的选用应和被连接金属材质适应，E43 对应 Q235，E50 对应 Q345。Q235 与 Q345 连接时，应该选择低强度的 E43，而不是 E50。

焊接设计中不得任意加大焊缝，焊缝的重心应尽量与被连接构件重心接近，其他详细内容可查规范关于焊缝构造方面的规定。

2. 栓接

铆接形式，在建筑工程中，现已很少采用。

普通螺栓抗剪性能差，可在次要结构部位使用。

高强度螺栓，使用日益广泛。常用 8.8s 和 10.9s 两个强度等级。根据受力特点，分承压型和摩擦型，两者计算方法不同。高强度螺栓最小规格 M12，常用 M16～M30，超大规格的螺栓性能不稳定，应慎重使用。

自攻螺钉用于板材与薄壁型钢间的次要连接，在低层墙板式住宅中也常用于主结构的连接，难以解决的是自攻过程中防腐层的破坏问题。

3. 连接板

需验算栓孔削弱处的净截面抗剪等，连接板厚度可简单取为梁腹板厚度加 4mm，则除短梁或有较大集中荷载的梁外，常不需验算抗剪。

4. 梁腹板

应验算栓孔处腹板的净截面抗剪，承压型高强度螺栓连接还需验算孔壁局部承压.

5. 节点设计必须考虑安装螺栓、现场焊接等的施工空间及构件吊装顺序等。构件运到现场无法安装是初学者常犯的错误。此外，还应尽可能使工人能方便地进行现场定位与临时固定。

6. 节点设计还应考虑制造厂的工艺水平，比如钢管连接节点的相贯线的切口可能需要数控机床等设备才能完成。

2 钢结构连接与构造

2.1 各种连接方法对比

各种连接方法对比如表 2-1 所示。

各种连接方法对比

表 2-1

连接方法	优 点	缺 点
焊接	对几何形体适应性强,构造简单,省材省工,易于自动化,工效高	对材质要求高,焊接程序严格,质量检验工作量大
铆接	传力可靠,韧性和塑性好,质量易于检查,抗动力荷载好	费钢、费工
普通螺栓连接	装卸便利,设备简单	螺栓精度低时不宜受剪,螺栓精度高时加工和安装难度较大
高强螺栓连接	加工方便,对结构削弱少,可拆换,能承受动力荷载,耐疲劳,塑性、韧性好	摩擦面处理、安装工艺略为复杂,造价略高
射钉、自攻螺栓连接	灵活,安装方便,构件无须预先处理,适用于轻钢、薄板结构	不能受较大集中力

2.2 焊缝代号、螺栓及其栓孔图例

焊缝代号、螺栓及其栓孔图例如图 2-1 所示,焊缝代号由引出线、图形符号、辅助符号三部分组成;螺栓及其栓孔图例如图 2-2 所示。

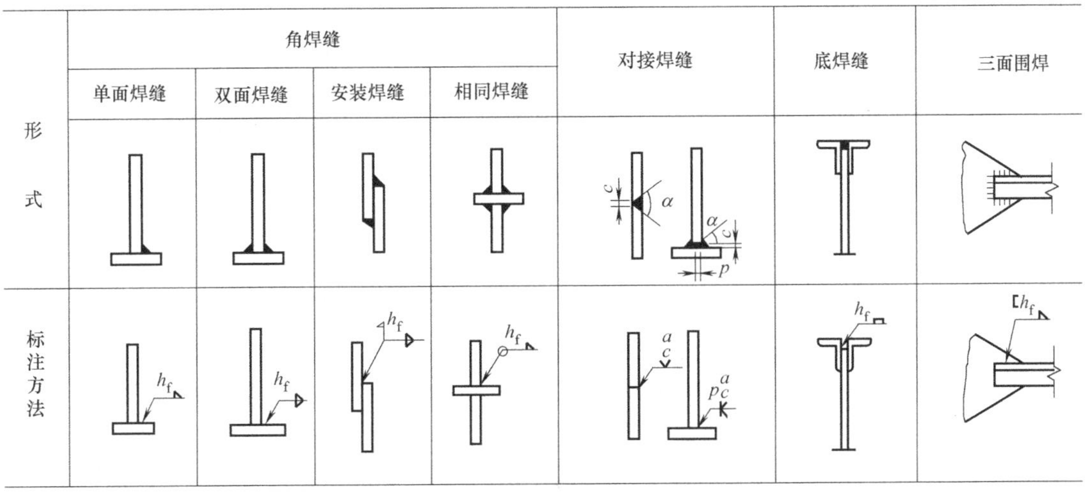

	角焊缝				对接焊缝	底焊缝	三面围焊
	单面焊缝	双面焊缝	安装焊缝	相同焊缝			
形式							
标注方法							

图 2-1 焊缝代号、螺栓及其栓孔图例

孔、螺栓图例

序号	名称	图例	说明
1	永久螺栓	 ◇	1.细"✛"线表示定位线 2.必须标注孔、螺栓直径
2	安装螺栓	 ◈	
3	高强度螺栓	 ◆	
4	螺栓圆孔	 ●	
5	椭圆形螺栓孔	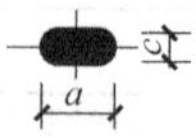 ⬮	

图 2-2　螺栓及其栓孔图例

2.3　钢结构梁柱连接节点构造

2.3.1　梁与柱的连接

梁与柱刚性连接的构造,形式有三种(图 2-3):

(1) 梁翼缘、腹板与柱均为全熔透焊接,即全焊接节点;

(2) 梁翼缘与柱全熔透焊接,梁腹板与柱螺栓连接,即栓焊混合节点;

(3) 梁翼缘、腹板与柱均为螺栓连接,即全栓接节点。

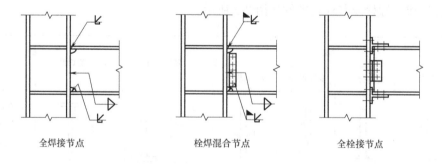

全焊接节点　　　　　栓焊混合节点　　　　　全栓接节点

图 2-3　三种梁柱刚性连接节点

工字形梁与工字形柱或箱形柱刚性连接的细部构造如图 2-4 所示。

工字形柱和箱形柱通过带悬臂梁段与框架梁连接时(图 2-5),构造措施有两种:①悬臂梁与梁栓焊混合节点;②悬臂梁与梁全栓接节点。

梁与柱刚性连接时,按抗震设防的结构,柱在梁翼缘上下各 500mm 的节点范围内,柱翼缘与柱腹板间或箱形柱壁板间的组合焊缝,应采用全熔透坡口焊缝。

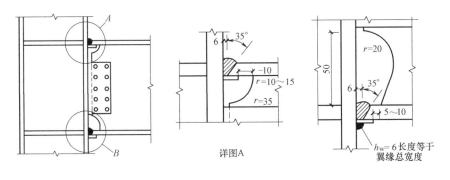

图 2-4 梁与柱刚性连接细部构造

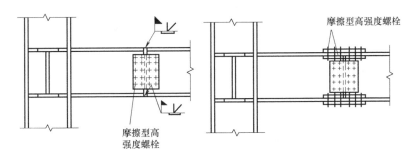

图 2-5 柱带悬臂梁段与梁连接

2.3.2 改进梁与柱刚性连接抗震性能的构造措施

对于有抗震性能要求的梁柱刚性连接,在遭遇罕见强烈地震时,应在构造上保证钢梁破坏先于节点破坏,保证梁柱节点的安全,即"强柱弱梁、强节点弱构件"的设计原则。

（1）骨形连接

骨形连接是通过削弱钢梁来保护梁柱节点。这种骨形连接在日本比较流行,如图 2-6 所示。

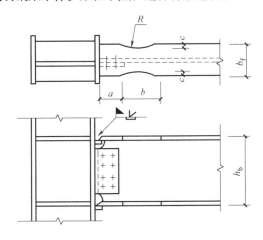

图 2-6 骨形连接

（2）楔形盖板连接

在不降低梁的强度和刚度的前提下，通过梁端翼缘加焊楔形盖板，增强梁柱节点，如图 2-7～图 2-9 所示。

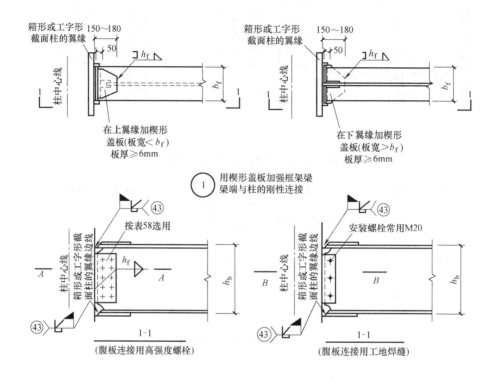

图 2-7　楔形盖板连接（1）

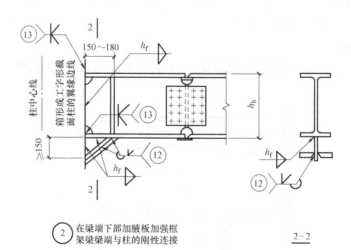

图 2-8　楔形盖板连接（2）

（3）外连式加劲板连接

对于箱形或圆形截面柱与梁刚性连接，除了采用骨形连接、楔形盖板之外，还可采用外连式加劲板连接，节点强度明显大于钢梁强度。

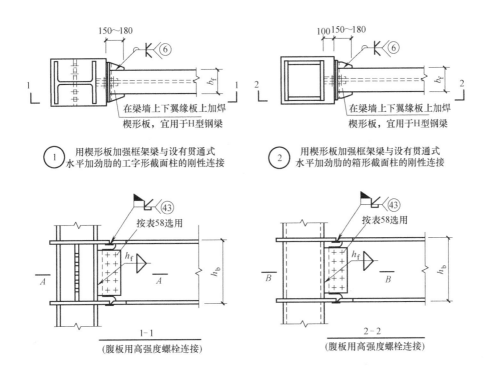

① 用楔形板加强框架梁与设有贯通式
水平加劲肋的工字形截面柱的刚性连接

② 用楔形板加强框架梁与设有贯通式
水平加劲肋的箱形截面柱的刚性连接

1-1
（腹板用高强度螺栓连接）

2-2
（腹板用高强度螺栓连接）

图 2-9　楔形盖板连接（3）

2.3.3　工字形截面柱在弱轴与主梁刚性连接

当工字形截面柱在弱轴方向与主梁刚性连接时，应在主梁翼缘对应位置设置柱水平加劲肋，在梁高范围内设置柱的竖向连接板，其厚度应分别与梁翼缘和腹板厚度相同。柱水平加劲肋与柱翼缘和腹板均为全熔透坡口焊缝，竖向连接板与柱腹板连接为角焊缝。主梁与柱的现场连接如图 2-10、图 2-11 所示。

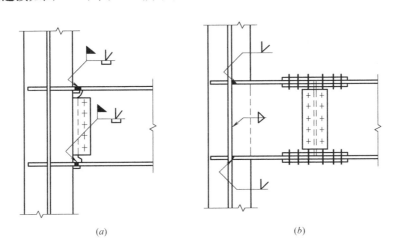

(a)

(b)

图 2-10　主梁与柱连接

15

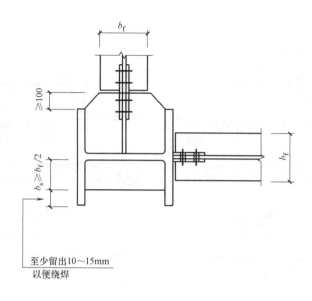

图 2-11　工字形柱弱轴与主梁刚性连接

2.3.4　梁柱节点域的加强工字形

由上下水平加劲肋和柱翼缘所包围的柱腹板简称为节点域。在周边弯矩和剪力的作用下，当节点域的厚度不满足规范公式的计算要求时，应将节点域的柱腹板局部加厚或加焊贴板（图 2-12、图 2-13）。

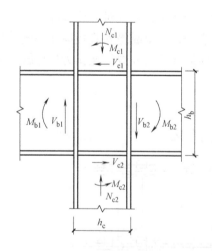

图 2-12　节点域周边的内力

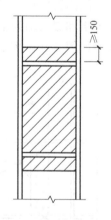

图 2-13　节点域的加厚

2.3.5　梁与柱的铰接连接

梁与柱的铰接连接分为：仅梁腹板连接、仅梁翼缘连接，如图 2-14～图 2-16 所示。

16

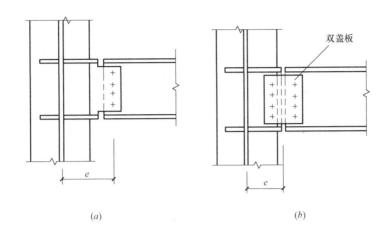

图 2-14　梁柱铰接连接（1）

（a）柱上伸出加劲板与梁腹板相连；（b）用双盖板分别与梁、柱相连

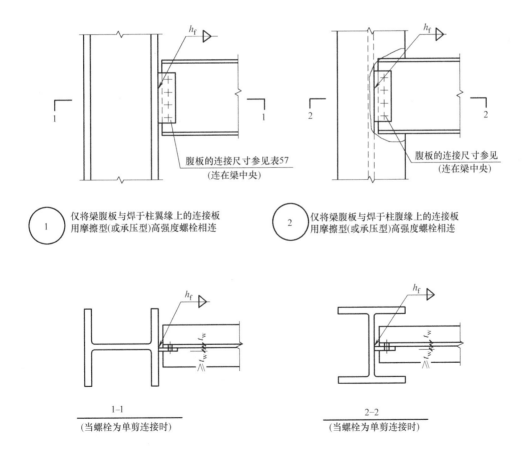

图 2-15　梁柱铰接连接（2）

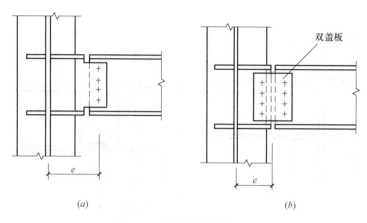

图 2-16　梁柱铰接连接（3）

（a）柱上伸出加劲板与梁腹板相连；（b）用双盖板分别与梁、柱相连

2.3.6　不等高梁柱连接

当柱两侧的梁不等高时，应按两侧梁的高差分别考虑。当梁高差大于 150mm 时，应在两侧梁翼缘高度的分别设置加劲板；当梁高差小于 150mm 时，应将梁高较小的梁端做成变截面，变截面坡度小于 1∶3，或者设置倾斜的加劲板。如图 2-17 所示。

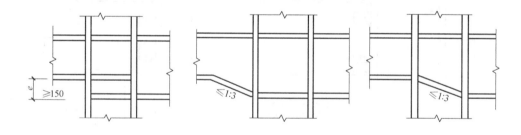

图 2-17　不等高梁柱连接节点

2.3.7　各种截面柱的拼接连接

1. 工字形截面柱的拼接接头

柱的拼接节点一般都是刚接节点，柱拼接接头应位于框架节点塑性区以外，一般宜在框架梁上方 1.3m 左右。考虑运输方便及吊装条件等因素，柱的安装单元一般采用两层或三层一根，长度 12m 以下。根据设计和施工的具体条件，柱的拼接可采取焊接或高强度螺栓连接（图 2-18）。

非抗震设计时的焊缝连接，可采用部分熔透焊缝，坡口焊缝的有效深度不宜小于板厚度的 1/2。有抗震设防要求的焊缝连接，应采用全熔透坡口焊缝。

翼缘一般为全熔透坡口焊接，腹板可为高强度螺栓连接，当柱腹板采用焊接时，上柱腹板开 K 形坡口，要求焊透。箱形截面柱的拼接接头应全部采用焊接，为便于全截面熔透。

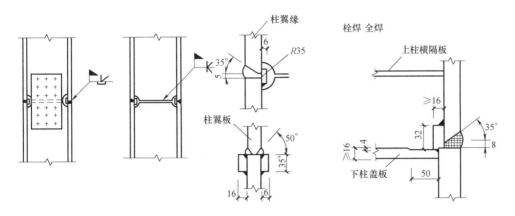

图 2-18 工字形截面柱的拼接接头

2. 箱形柱的焊接接头

高层钢结构中的箱形柱与下部型钢混凝土中的十字形柱相连时，应考虑截面形式变化处力的传递平顺。箱形柱的一部分力应通过栓钉传递给混凝土，另一部分力传递给下面的十字形柱，如图 2-19、图 2-20 所示。两种截面的连接处，十字形柱的腹板应伸入箱形柱内，形成两种截面的过渡段。伸入长度应不小于柱宽加 200mm，即 $L \geqslant B+200$mm，过渡段截面呈田字形。过渡段在主梁下并靠紧主梁。

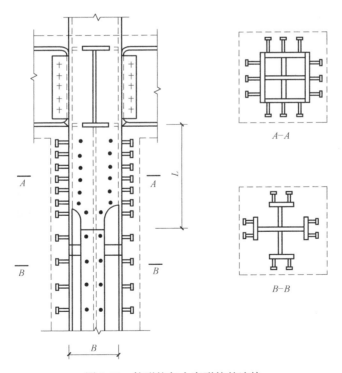

图 2-19 箱形柱与十字形柱的连接

两种截面的接头处上下均应设置焊接栓钉，栓钉的间距和列距在过渡段内宜采用150mm，不大于 200mm，沿十字形柱全高不大于 300mm。

型钢混凝土中十字形柱的拼接接头，因十字形截面中的腹板采用高强度螺栓连接施工

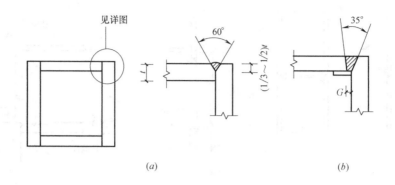

图 2-20　箱形柱角部组合焊缝

(a) 部分熔透焊缝；(b) 全熔透焊缝

比较困难，翼缘和腹板均宜采用焊接。

3. 变截面柱的拼接

柱需要变截面时，一般采用柱截面高度不变，仅改变翼缘厚度的方法。若需要改变柱截面高度时，柱的变截面段应由工厂完成，并尽量避开梁柱连接节点。对边柱可采用有偏心的做法，不影响挂外墙板，但应考虑上下柱偏心产生的附加弯矩，对中柱可采用无偏心的做法。柱的变截面处均应设置水平加劲肋或横隔板。如图 2-21 所示。

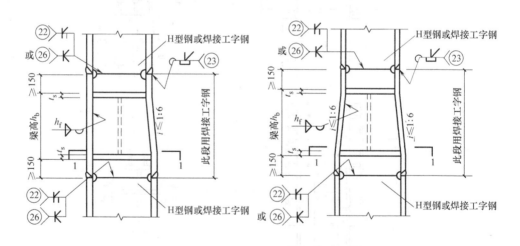

图 2-21　变截面工字形柱的拼接

对于小截面的轧制方管或圆管，还可采用贯通式水平加劲隔板拼接，如图 2-22 所示。

2.3.8　各种截面梁的拼接连接

主梁的工地拼接主要用于梁与柱全焊接节点的柱外悬臂梁段与中间梁段的连接，其次

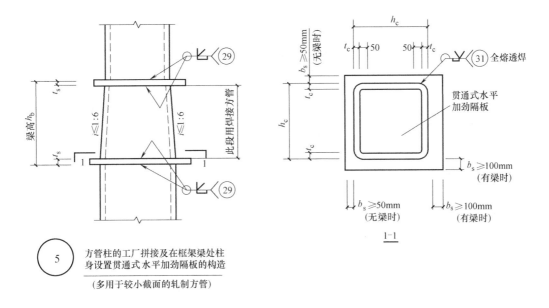

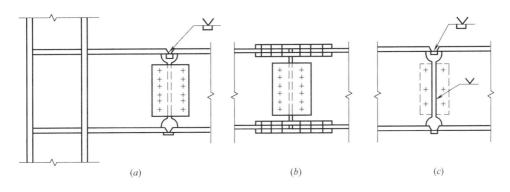

图 2-22　贯通式水平加劲隔板拼接

为框筒结构密排柱间梁的连接，其拼接形式有：栓焊连接、全栓接、全焊接（图 2-23）。

图 2-23　主梁的拼接形式
(a) 栓焊；(b) 全栓；(c) 全焊

　　次梁与主梁的连接通常设计为铰接，主梁作为次梁的支座，次梁可视作简支梁。其拼接形式如图 2-24 所示，次梁腹板与主梁的竖向加劲板用高强度螺栓连接（图 2-24a、b）。当次梁内力和截面较小时，也可直接与主梁腹板连接（图 2-24c）。

　　当次梁跨数较多，跨度、荷载较大时，次梁与主梁的连接宜设计为刚接，此时次梁可视作连续梁，这样可以减少次梁的挠度，节约钢材。次梁与主梁的刚接形式如图 2-25所示。

　　按抗震设计的框架梁，在梁可能出现塑性铰处（通常距柱轴线 1/8～1/10 梁跨处），梁上下翼缘均应设置侧向隔撑。侧向隔撑可按轴心受压构件计算，并应满足长细比要求（图 2-26）。

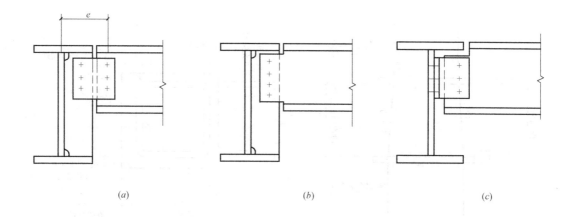

図 2-24　次梁与主梁的螺栓简支连接

（a）用拼接板分别连于次梁及主梁加劲肋上；（b）次梁腹板连于主梁；（c）用角钢分别连于主、次梁腹板

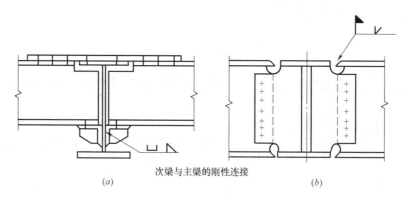

次梁与主梁的刚性连接

（a）　　　　　　　　　（b）

图 2-25　主梁的侧向隔撑

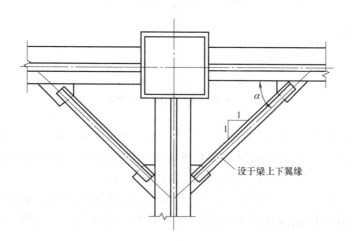

设于梁上下翼缘

图 2-26　主梁的侧向隔撑

3 钢框架设计

3.1 工程概况

本工程位于辽宁省铁岭市，主体建筑高度：21.600m，地上层数6层，地下0层，钢框架结构，采用独立基础；建筑物抗震设防烈度：7度（0.10g），设计地震分组第一组，抗震设防类别丙类；建筑物结构设计使用年限：50年；建筑物的耐火等级为：二级；屋面防水等级：Ⅱ级；设计基准期为50年的基本风压值为 0.55kN/m²，地面粗糙度为B类，基本雪压为 0.50kN/m²，场地类别：Ⅱ类。

3.2 钢框架平面布置图及构件截面尺寸

柱平面布置如图3-1、图3-2所示，钢柱截面尺寸如表3-1所示。二层结构平面布置如图3-3、图3-4所示，钢梁截面尺寸如表3-2所示；三层结构平面布置如图3-5、图3-6所示，钢梁截面尺寸如表3-3所示；四层结构平面布置如图3-7、图3-8所示，钢梁截面尺寸如表3-4所示；五、六层结构平面布置如图3-9、图3-10所示，钢梁截面尺寸如表3-5所示；屋面1结构平面布置如图3-11、图3-12所示，钢梁截面尺寸如表3-6所示；屋面2结构平面布置如图3-13、图3-14所示，钢梁截面尺寸如表3-7所示；钢框架由于整个结构刚度比较弱，地震烈度为7度，所以加了支撑让整个钢框架刚度增加，同时让钢框架有两道受力方向，第一道为支撑（铰接），第二道为钢框架。支撑截面尺寸如图3-15所示。

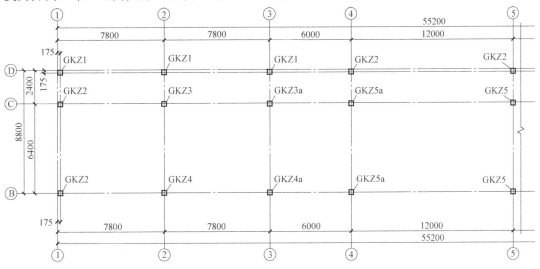

图 3-1 钢柱平面布置（1）

钢主梁高度一般不小于 300mm，热轧可以小于 300mm，主梁梁高一般按 1/15～1/20 取，次梁梁高一般按 1/18～1/22 取，主梁一般比次梁大 50mm 即可。

方钢管，应根据计算结果与供货情况确定，一般受力不大，可取 200mm×5mm，受力较大时，可取 300～350mm×8～10mm；

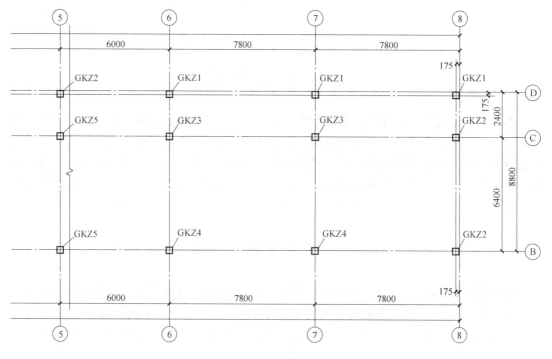

图 3-2　钢柱平面布置（2）

柱截面尺寸

表 3-1

柱号	名称	标高	截面	材质	备注
GKZ1	框架柱	基础顶标高～21.530	箱型 350×350×10×10	Q345B	
GKZ2	框架柱	基础顶标高～7.070	箱型 350×350×12×12	Q345B	
		7.070～21.530	箱型 350×350×10×10	Q345B	
GKZ3	框架柱	基础顶标高～7.070	箱型 400×400×12×12	Q345B	
		7.070～21.530	箱型 350×350×10×10	Q345B	
GKZ3a	框架柱	基础顶标高～7.070	箱型 400×400×12×12	Q345B	
		7.070～24.430	箱型 350×350×10×10	Q345B	
GKZ4	框架柱	基础顶标高～7.070	箱型 400×400×14×14	Q345B	
		7.070～14.270	箱型 350×350×12×12	Q345B	
		14.270～21.530	箱型 350×350×10×10	Q345B	
GKZ4a	框架柱	基础顶标高～7.070	箱型 400×400×14×14	Q345B	
		7.070～14.270	箱型 350×350×12×12	Q345B	
		14.270～24.430	箱型 350×350×10×10	Q345B	
GKZ5	框架柱	基础顶标高～7.070	箱型 400×400×16×16	Q345B	
		7.070～14.270	箱型 400×400×14×14	Q345B	
		14.270～21.530	箱型 400×400×12×12	Q345B	
GKZ5a	框架柱	基础顶标高～7.070	箱型 400×400×16×16	Q345B	
		7.070～14.270	箱型 400×400×14×14	Q345B	
		14.270～24.430	箱型 400×400×12×12	Q345B	

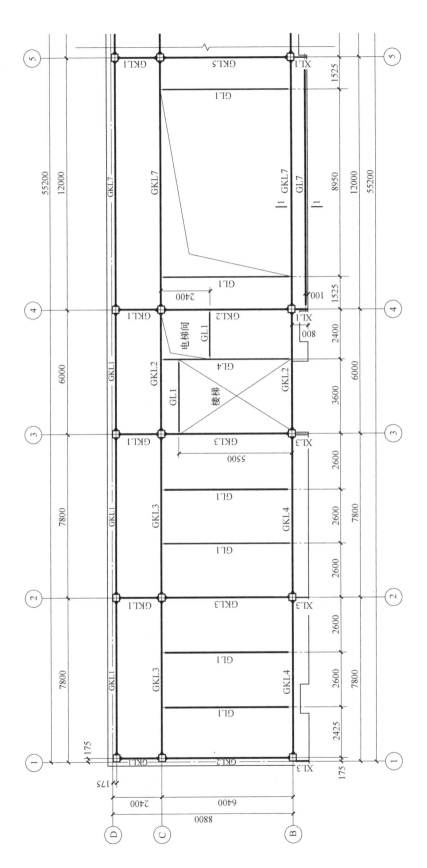

图 3-3 二层结构平面布置 (1)

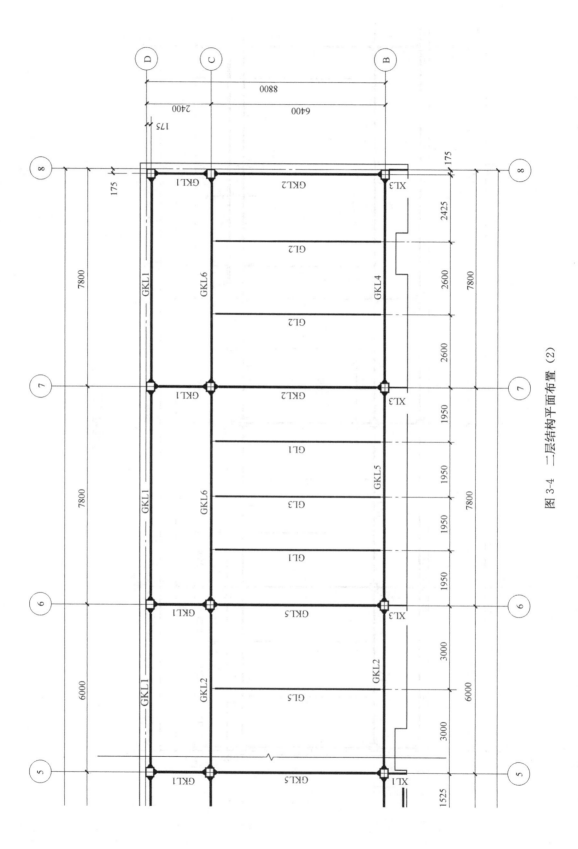

图 3-4 二层结构平面布置（2）

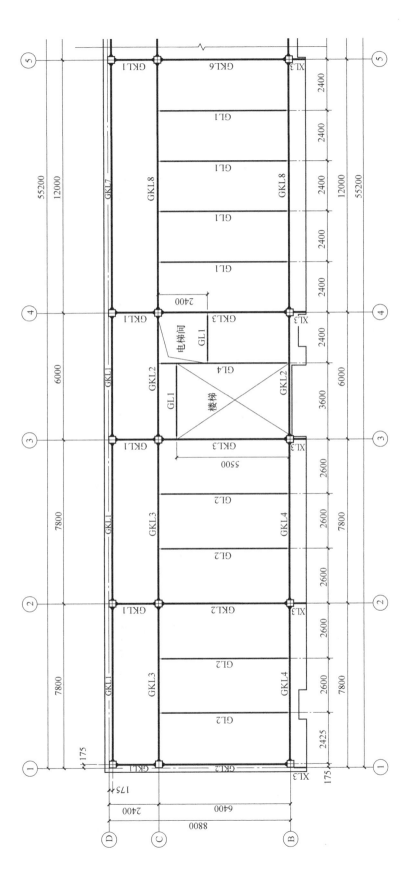

图 3-5 三层结构平面布置（1）

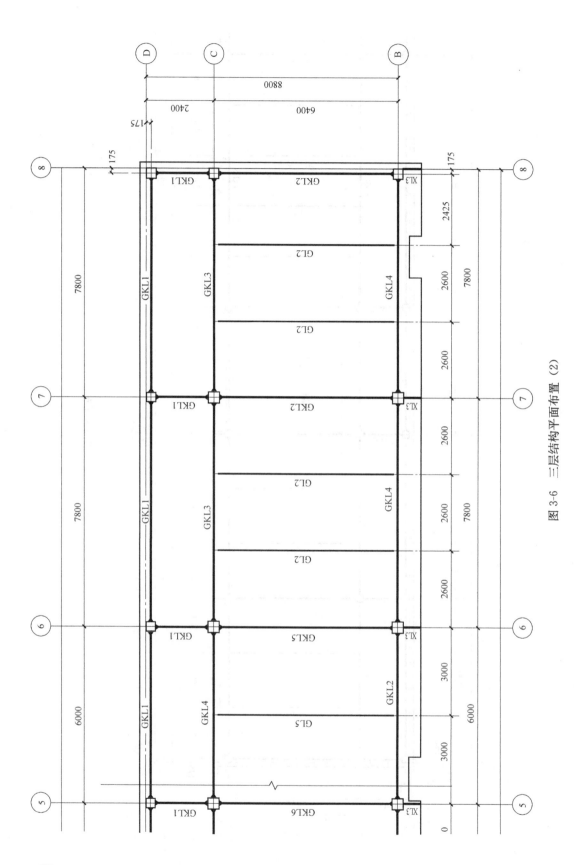

图 3-6 三层结构平面布置 (2)

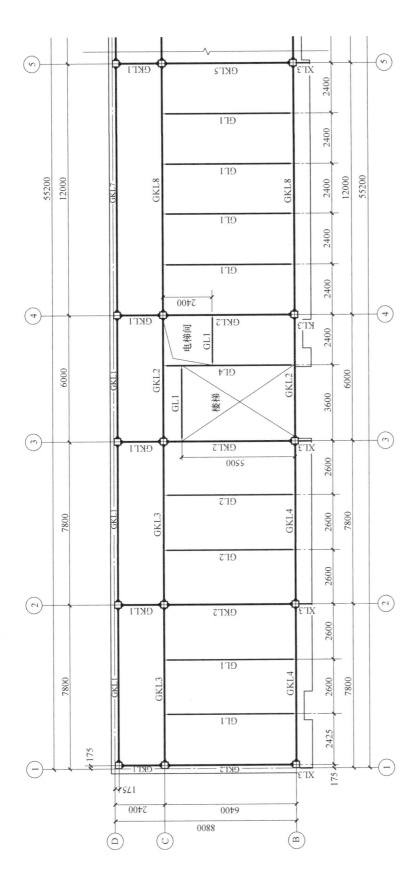

图 3-7 四层结构平面布置（1）

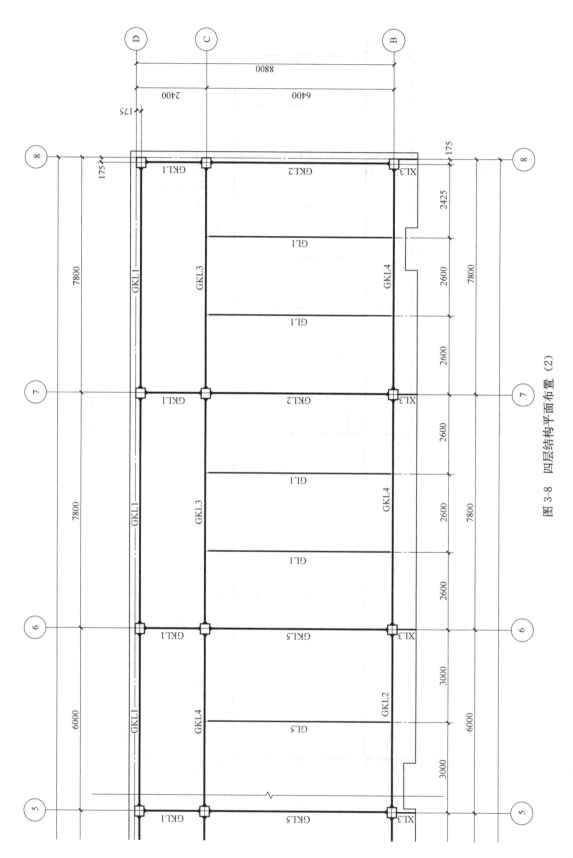

图 3-8 四层结构平面布置 (2)

30

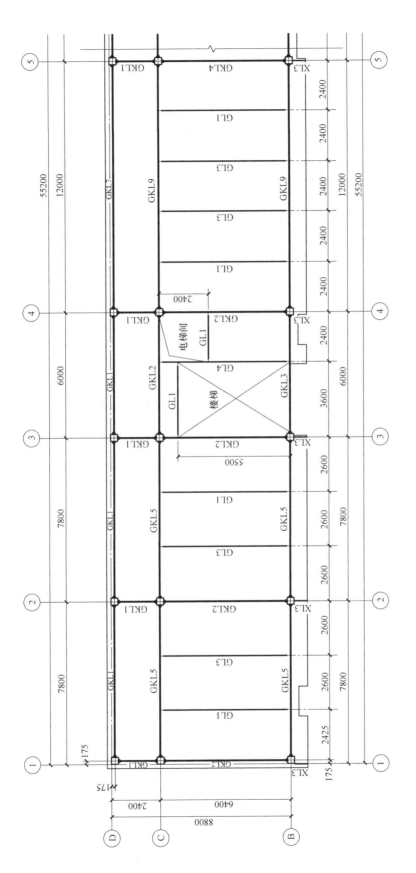

图 3-9　五、六层结构平面布置 (1)

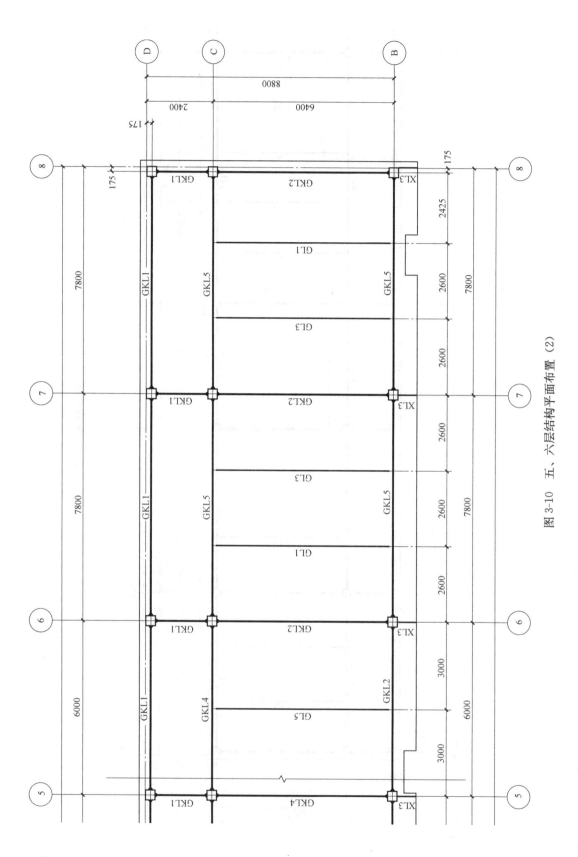

图 3-10 五、六层结构平面布置 (2)

32

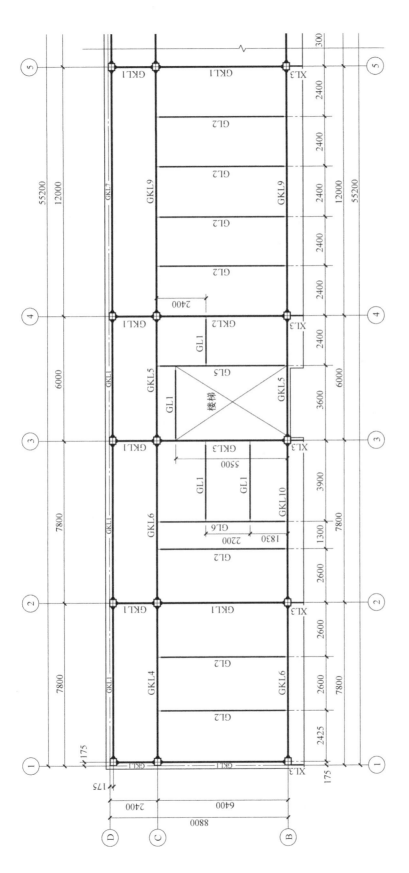

图 3-11 屋面 1 结构平面布置（1）

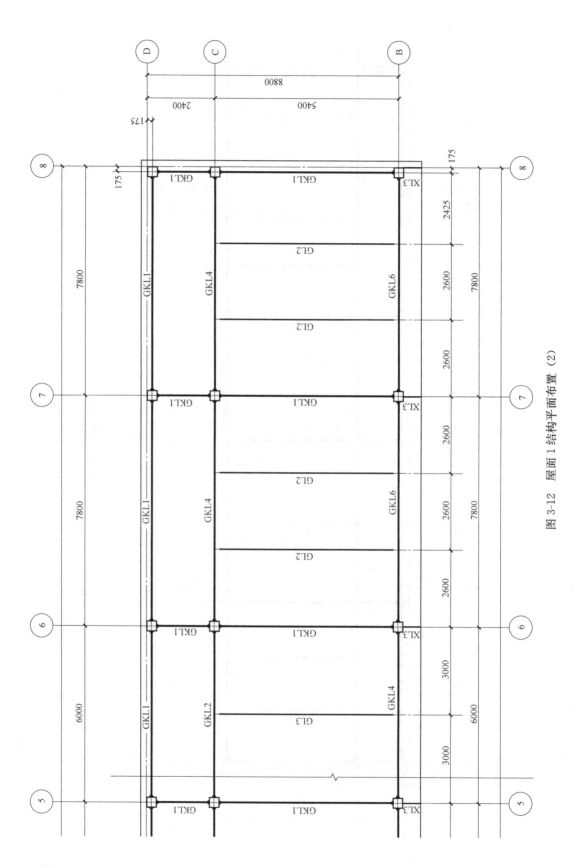

图 3-12 屋面 1 结构平面布置 (2)

34

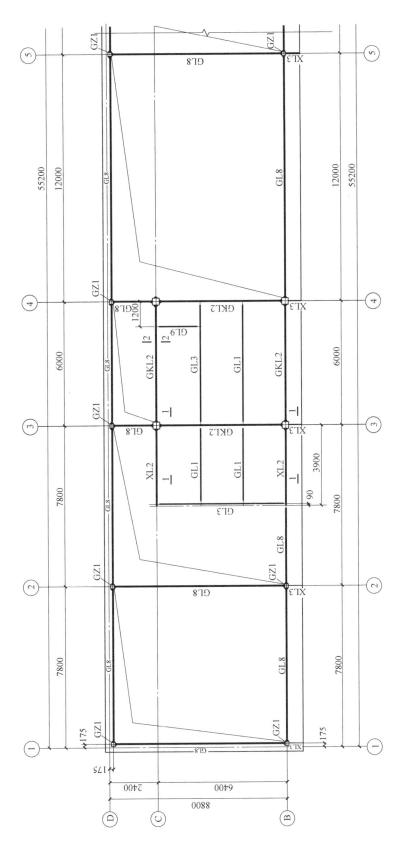

图 3-13 屋面 2 结构平面布置 (1)

35

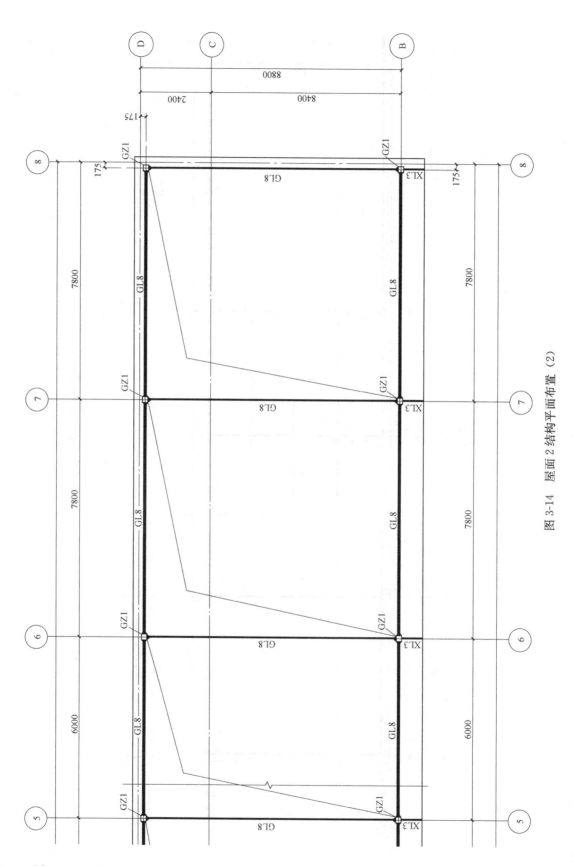

图 3-14 屋面 2 结构平面布置 (2)

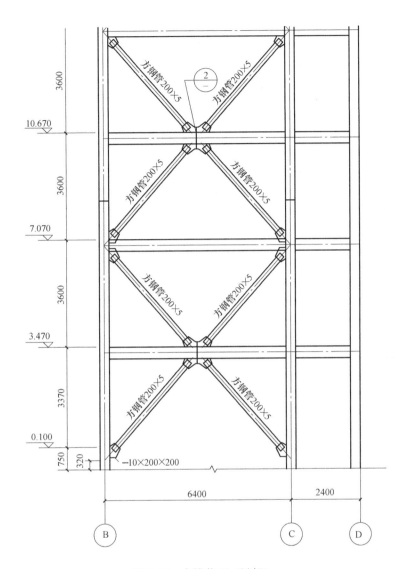

图 3-15 支撑截面（局部）

二层钢梁构件截面尺寸

表 3-2

构件号	名称	截面 高×宽×腹板厚×翼缘厚	材质	备注
GKL1	框架梁	H400×150×6×8	Q345B	焊接 H 型钢
GKL2	框架梁	H400×180×6×10	Q345B	焊接 H 型钢
GKL3	框架梁	H400×180×6×12	Q345B	焊接 H 型钢
GKL4	框架梁	H400×200×6×12	Q345B	焊接 H 型钢
GKL5	框架梁	H400×220×6×12	Q345B	焊接 H 型钢
GKL6	框架梁	H400×220×6×14	Q345B	焊接 H 型钢
GKL7	框架梁	H600×200×10×12	Q345B	焊接 H 型钢
GKL8	框架梁	H600×220×10×14	Q345B	焊接 H 型钢

构件号	名称	截面 高×宽×腹板厚×翼缘厚	材质	备注
GKL9	框架梁	H600×250×10×14	Q345B	焊接 H 型钢
GKL10	框架梁	H400×250×6×14	Q345B	焊接 H 型钢
GL1	次梁	H350×150×6×8	Q345B	焊接 H 型钢
GL2	次梁	H400×150×6×8	Q345B	焊接 H 型钢
GL3	次梁	H400×180×6×8	Q345B	焊接 H 型钢
GL4	次梁	H400×180×6×12	Q345B	焊接 H 型钢
GL5	次梁	H400×200×6×12	Q345B	焊接 H 型钢
GL6	次梁	H400×220×6×12	Q345B	焊接 H 型钢
GL7	次梁	H600×200×10×12	Q345B	焊接 H 型钢
XL1	悬挑梁	H600×200×10×12	Q345B	焊接 H 型钢
XL2	悬挑梁	H400×200×6×14	Q345B	焊接 H 型钢
XL3	悬挑梁	工 14a	Q235B	

三层钢梁构件截面尺寸 表 3-3

构件号	名称	截面 高×宽×腹板厚×翼缘厚	材质	备注
GKL1	框架梁	H400×150×6×8	Q345B	焊接 H 型钢
GKL2	框架梁	H400×180×6×10	Q345B	焊接 H 型钢
GKL3	框架梁	H400×180×6×12	Q345B	焊接 H 型钢
GKL4	框架梁	H400×200×6×12	Q345B	焊接 H 型钢
GKL5	框架梁	H400×220×6×12	Q345B	焊接 H 型钢
GKL6	框架梁	H400×220×6×14	Q345B	焊接 H 型钢
GKL7	框架梁	H600×200×10×12	Q345B	焊接 H 型钢
GKL8	框架梁	H600×220×10×14	Q345B	焊接 H 型钢
GKL9	框架梁	H600×250×10×14	Q345B	焊接 H 型钢
GKL10	框架梁	H400×250×6×14	Q345B	焊接 H 型钢
GL1	次梁	H350×150×6×8	Q345B	焊接 H 型钢
GL2	次梁	H400×150×6×8	Q345B	焊接 H 型钢
GL3	次梁	H400×180×6×8	Q345B	焊接 H 型钢
GL4	次梁	H400×180×6×12	Q345B	焊接 H 型钢
GL5	次梁	H400×200×6×12	Q345B	焊接 H 型钢
GL6	次梁	H400×220×6×12	Q345B	焊接 H 型钢
GL7	次梁	H600×200×10×12	Q345B	焊接 H 型钢
XL1	悬挑梁	H600×200×10×12	Q345B	焊接 H 型钢
XL2	悬挑梁	H400×220×6×14	Q345B	焊接 H 型钢
XL3	悬挑梁	工 14a	Q235B	

四层钢梁构件截面尺寸

表 3-4

构件号	名称	截面 高×宽×腹板厚×翼缘厚	材质	备注
GKL1	框架梁	H400×150×6×8	Q345B	焊接 H 型钢
GKL2	框架梁	H400×180×6×10	Q345B	焊接 H 型钢
GKL3	框架梁	H400×180×6×12	Q345B	焊接 H 型钢
GKL4	框架梁	H400×200×6×12	Q345B	焊接 H 型钢
GKL5	框架梁	H400×220×6×12	Q345B	焊接 H 型钢
GKL6	框架梁	H400×220×6×14	Q345B	焊接 H 型钢
GKL7	框架梁	H600×200×10×12	Q345B	焊接 H 型钢
GKL8	框架梁	H600×220×10×14	Q345B	焊接 H 型钢
GKL9	框架梁	H600×250×10×14	Q345B	焊接 H 型钢
GKL10	框架梁	H400×250×6×14	Q345B	焊接 H 型钢
GL1	次梁	H350×150×6×8	Q345B	焊接 H 型钢
GL2	次梁	H400×150×6×8	Q345B	焊接 H 型钢
GL3	次梁	H400×180×6×8	Q345B	焊接 H 型钢
GL4	次梁	H400×180×6×12	Q345B	焊接 H 型钢
GL5	次梁	H400×200×6×12	Q345B	焊接 H 型钢
GL6	次梁	H400×220×6×12	Q345B	焊接 H 型钢
GL7	次梁	H600×200×10×12	Q345B	焊接 H 型钢
XL1	悬挑梁	H600×200×10×12	Q345B	焊接 H 型钢
XL2	悬挑梁	H400×220×6×14	Q345B	焊接 H 型钢
XL3	悬挑梁	工 14a	Q235B	

五、六层钢梁构件截面尺寸

表 3-5

构件号	名称	截面 高×宽×腹板厚×翼缘厚	材质	备注
GKL1	框架梁	H400×150×6×8	Q345B	焊接 H 型钢
GKL2	框架梁	H400×180×6×10	Q345B	焊接 H 型钢
GKL3	框架梁	H400×180×6×12	Q345B	焊接 H 型钢
GKL4	框架梁	H400×200×6×12	Q345B	焊接 H 型钢
GKL5	框架梁	H400×220×6×12	Q345B	焊接 H 型钢
GKL6	框架梁	H400×220×6×14	Q345B	焊接 H 型钢
GKL7	框架梁	H600×200×10×12	Q345B	焊接 H 型钢
GKL8	框架梁	H600×220×10×14	Q345B	焊接 H 型钢
GKL9	框架梁	H600×250×10×14	Q345B	焊接 H 型钢
GKL10	框架梁	H400×250×6×14	Q345B	焊接 H 型钢
GL1	次梁	H350×150×6×8	Q345B	焊接 H 型钢

构件号	名称	截面 高×宽×腹板厚×翼缘厚	材质	备注
GL2	次梁	H400×150×6×8	Q345B	焊接 H 型钢
GL3	次梁	H400×180×6×8	Q345B	焊接 H 型钢
GL4	次梁	H400×180×6×12	Q345B	焊接 H 型钢
GL5	次梁	H400×200×6×12	Q345B	焊接 H 型钢
GL6	次梁	H400×220×6×12	Q345B	焊接 H 型钢
GL7	次梁	H600×200×10×12	Q345B	焊接 H 型钢
XL1	悬挑梁	H600×200×10×12	Q345B	焊接 H 型钢
XL2	悬挑梁	H400×220×6×14	Q345B	焊接 H 型钢
XL3	悬挑梁	工14a	Q235B	

屋面 1 钢梁构件截面尺寸　　　　　　　　表 3-6

构件号	名称	截面 高×宽×腹板厚×翼缘厚	材质	备注
GKL1	框架梁	H400×150×6×8	Q345B	焊接 H 型钢
GKL2	框架梁	H400×180×6×10	Q345B	焊接 H 型钢
GKL3	框架梁	H400×180×6×12	Q345B	焊接 H 型钢
GKL4	框架梁	H400×200×6×12	Q345B	焊接 H 型钢
GKL5	框架梁	H400×220×6×12	Q345B	焊接 H 型钢
GKL6	框架梁	H400×220×6×14	Q345B	焊接 H 型钢
GKL7	框架梁	H600×200×10×12	Q345B	焊接 H 型钢
GKL8	框架梁	H600×220×10×14	Q345B	焊接 H 型钢
GKL9	框架梁	H600×250×10×14	Q345B	焊接 H 型钢
GKL10	框架梁	H400×250×6×14	Q345B	焊接 H 型钢
GL1	次梁	H350×150×6×8	Q345B	焊接 H 型钢
GL2	次梁	H400×150×6×8	Q345B	焊接 H 型钢
GL3	次梁	H400×180×6×8	Q345B	焊接 H 型钢
GL4	次梁	H400×180×6×12	Q345B	焊接 H 型钢
GL5	次梁	H400×200×6×12	Q345B	焊接 H 型钢
GL6	次梁	H400×220×6×12	Q345B	焊接 H 型钢
GL7	次梁	H600×200×10×12	Q345B	焊接 H 型钢
XL1	悬挑梁	H600×200×10×12	Q345B	焊接 H 型钢
XL2	悬挑梁	H400×220×6×14	Q345B	焊接 H 型钢
XL3	悬挑梁	工14a	Q235B	

构件号	名称	截面 高×宽×腹板厚×翼缘厚	材质	备注
GKL1	框架梁	H400×150×6×8	Q345B	焊接 H 型钢
GKL2	框架梁	H400×180×6×10	Q345B	焊接 H 型钢
GKL3	框架梁	H400×180×6×12	Q345B	焊接 H 型钢
GKL4	框架梁	H400×200×6×12	Q345B	焊接 H 型钢
GKL5	框架梁	H400×220×6×12	Q345B	焊接 H 型钢
GKL6	框架梁	H400×220×6×14	Q345B	焊接 H 型钢
GKL7	框架梁	H600×200×10×12	Q345B	焊接 H 型钢
GKL8	框架梁	H600×220×10×14	Q345B	焊接 H 型钢
GKL9	框架梁	H600×250×10×14	Q345B	焊接 H 型钢
GKL10	框架梁	H400×250×6×14	Q345B	焊接 H 型钢
GL1	次梁	H350×150×6×8	Q345B	焊接 H 型钢
GL2	次梁	H400×150×6×8	Q345B	焊接 H 型钢
GL3	次梁	H400×180×6×8	Q345B	焊接 H 型钢
GL4	次梁	H400×180×6×12	Q345B	焊接 H 型钢
GL5	次梁	H400×200×6×12	Q345B	焊接 H 型钢
GL6	次梁	H400×220×6×12	Q345B	焊接 H 型钢
GL7	次梁	H600×200×10×12	Q345B	焊接 H 型钢
GL8	次梁	H170×200×8×10	Q345B	焊接 H 型钢
XL1	悬挑梁	H600×200×10×12	Q345B	焊接 H 型钢
XL2	悬挑梁	H400×220×6×14	Q345B	焊接 H 型钢
XL3	悬挑梁	工 14a	Q235B	

3.3　荷　载

3.3.1　恒荷载

在 PKPM 中输入恒荷载时，一般不勾选"计算板自重"。压型钢板自重面荷载可取 0.2kN/m²，楼板一般可 60～80mm，本工程取 80mm，自重为 2.0kN/m²，附加恒载一般取 1.5kN/m²（本工程取 1.0），由于地热恒载取 2.2kN/m²，所以恒载为 5.5kN/m²；如果不勾选"计算板自重"，屋面恒载可取 7.0kN/m²，楼梯间恒载一般取 8.0kN/m²（板厚为 0）。

3.3.2 活荷载

本工程活荷载如表 3-8 所示。

					活荷载取值		表 3-8
部位	办公室 活荷载	卫生间 活荷载	楼梯间 活荷载	电梯机房 活荷载	非上人屋面 活荷载	楼面地热 恒荷载	屋面吊顶 恒荷载
荷载	2.0	2.5	3.5	7.0	0.5	2.2	0.30

注：栏杆顶部水平荷载 1.0kN/m，其他活载、按《建筑结构荷载规范》GB 50009—2012 取值。

3.4 钢框架建模

3.4.1 轴线输入

点击【钢结构/钢框架三维设计】→【轴线网点/正交轴网】，如图 3-16～图 3-19 所示。

图 3-16 钢框架三维设计

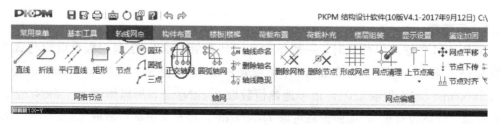

图 3-17 建筑模型与荷载输入主菜单

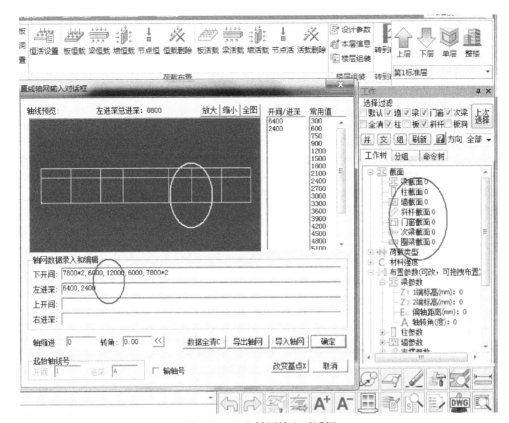

图 3-18　正交轴网输入对话框

注：1. 开间指沿着 X 方向（水平方向），进深指沿着 Y 方向（竖直方向）；"正交轴网"对话框中的旋转角度以逆时针为正，可以点击"改变基点"命令改变轴网旋转的基点。

2. 建模时应选择平面比较大的一个标准层建模，其他标准层在此标准层基础上修改。建模时应根据建筑图或结构图选择"正交轴网"或"圆弧轴网"建模，再进行局部修改（次梁、挑梁、阳台，局部柱网错位等）局部修改时可以用"两点直线"、"平行直线"、"平移复制"、"拖动复制"、"镜像复制"等命令，如图 3-19 所示。

点击"删除"快捷键，程序有 5 种选择，分别为"光标点取图素"、"窗口围取图素"、"直线截取图素"、"带窗围取图素"、"围栏"，一般采用"光标点取图素"、"窗口围取图素"居多。"光标点取图素"要和轴线一起框选，才能删除掉构件。"窗口围取图素"要注意"从左上向右下"框选和"从右下向左上"框选的区别。从"从左上向右下"，只删除被完整选择到的轴线与构件，而"从右下向左上"框选，只要构件与轴线被框选到，则被删除掉。

点击"拖动复制"快捷键，程序有 5 种选择图素的方法，分别为"光标点取图素"、"窗口围取图素"、"直线截取图素"、"带窗围取图素"、"围栏"，一般采用"光标点取图素"、"窗口围取图素"居多。选取图素构件后，程序提示：请移动光标拖动图素，用窗口的方式选取后，应点击键盘上的字母 A（继续选择），继续框选要选择的构件，按 ESC 键退出，程序会提示输入基准点，选择基准点后，自己选择拖动复制的方向，按 F4 键（轴线垂直），

可以输入拖动复制的距离。拖动复制即复制后原构件还存在。也可以在屏幕左上方点击【图素编辑/拖点复制】

点击"移动"快捷键，程序提示选择基准点，选择基准点后，程序提示请用光标点明要平移的方向，选择方向后，程序继续提示输入平移距离，输入平移距离后，程序提示请用光标点取图素（可以用窗口的方式选取）。

点击"旋转"快捷键，程序提示输入基准点，选择基准点后，程序提示输入选择角度（逆时针为正，ESc 取两线夹角），完成操作后，程序提示请用光标点取图素（Tab 窗口方式）。

点击"镜像"快捷键，程序提示输入基准线第一点，完成操作后，程序提示输入基准线第二点，按F4键（轴线垂直），完成操作后，程序提示请用光标点取图素（Tab窗口方式）。

点击"延伸"快捷键，分别点取延伸边界线和用光标点取图素（Tab窗口方式），即可完成延伸。

3. 点击【网点编辑/删除网格】，可以删掉轴线。点击【轴线输入/两点直线】，可以输入两点之间的距离，完成直线的绘制，由于直线绘制完成后，程序会自动在直线的两端点生成节点，故此操作也可以完成特殊节点的定位。

4. 点击【轴线显示】，可以显示轴线间的间距。在屏幕的左上方点击【工具/点点距离】，可以测量两点之间的距离，或在快捷菜单栏中输入"di"命令。

5. 用"平行直线"命令时，点击F4切换为角度捕捉，可以布置0度、90度或设置的其他角度的直线（按F9可设置要捕捉的角度）；用"平行直线"命令时，首先输入第一点，再输入下一点，输入复制间距和复制次数，复制间距输入值为正时表示平行直线向右或向上平移，复制间距输入值为负时表示平行直线向左或向下平移。

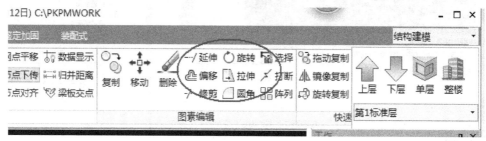

图 3-19　编辑菜单

3.5　柱　布　置

点击【构件布置/柱】，在弹出的对话框中点击"增加"，定义柱子的尺寸，然后选择合适的布置方式布置，如图3-20～图3-23所示。

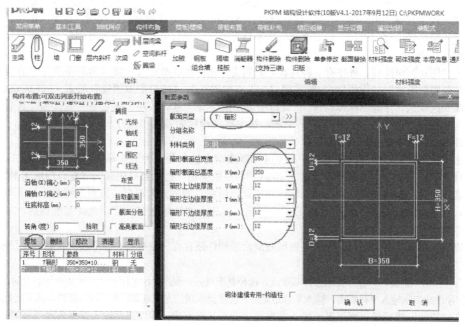

图 3-20　柱布置对话框

注：1. 所有柱截面都在此对话框中点击"增加"命令定义，弹出对话框，如图 3-21 所示，一般钢框架选择"箱形柱"，点击"箱形柱"后，弹出"截面参数"对话框，如图 3-22 所示。

2. 布置柱子，如果绘制施工图不用 PKPM 的模板，由于 PKPM 是节点传力，一般可不理会柱子的偏心，柱子布置时可以不偏心。

3. 本工程采用 200×5 的箱形柱作为柱间支撑，可以以柱子的形式建模与输入，最后在"特殊构件"中将支撑两端点交接。

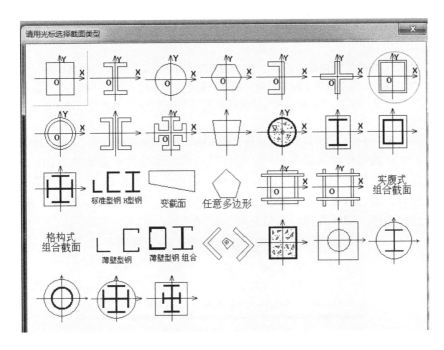

图 3-21　截面类型

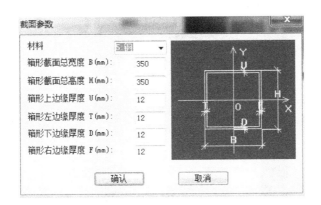

图 3-22　截面参数

注：填写参数后，点击"确定"，选择要布置的柱截面，再点击"布置"，如图 3-20、图 3-23 所示。

图 3-23　柱布置对话框

注：1. 沿轴偏心指沿 X 方向偏心，偏心值为正时表示向右偏心，偏心值为负时表示向左偏心。偏轴偏心指沿 Y 方向偏心，偏心值为正时表示向上偏心，偏心值为负时表示向下偏心。可以根据实际需要按"Tab"键选择"光标方式"、"轴线方式"、"窗口方式"、"围栏方式"布置柱。确定偏心值时，可根据形心轴的偏移值确定。

2. 点击鼠标右键，在弹出的对话框中可以修改柱顶标高实现柱长度的修改，如图 3-24 所示。

当用另一个柱截面替换某柱截面时，原柱截面自动删除且布置新柱截面；当要删除某柱截面时，点击【构件布置/构件删除】，弹出对话框，如图 3-24 所示，可以勾选柱（程序还可以选择梁、墙、门窗洞口、斜杆、次梁、悬挑板、楼板洞口、楼板、楼梯）；删除的方式有：光标选择、轴线选择、窗口选择、围区选择。

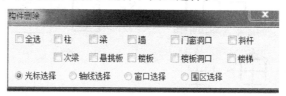

图 3-24　构件删除对话框

在屏幕的右下方点击"截面显示"的快捷键，如图 3-25 所示，勾选"数据显示"，可以查看布置柱子的截面大小，方便检查与修改，点击"A+"，则字符放大，点击"A−"，则字符缩小。还可以显示"主梁"、"墙"、"洞口"、"斜杆"、"次梁"。

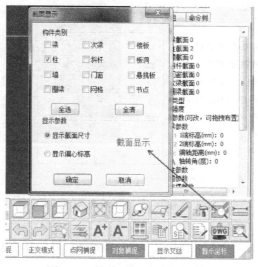

图 3-25　柱截面显示开关对话框

3.6 梁 布 置

点击【构件布置/主梁】，在弹出的对话框中定义主梁尺寸，然后选择合适的布置方式，如图 3-26～图 3-29 所示。

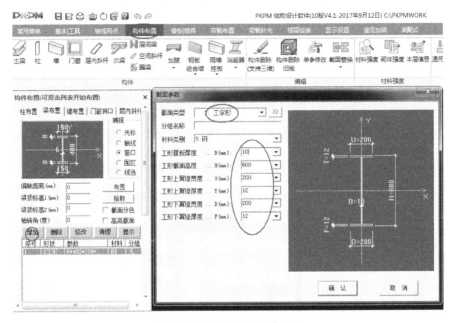

图 3-26 梁截面列表对话框

注：所有梁截面都在此对话框中，点击"增加"命令定义，选择"截面类型"，如图 3-27 所示（选择工字型钢），选择工字型钢后，弹出对话框，如图 3-28 所示。

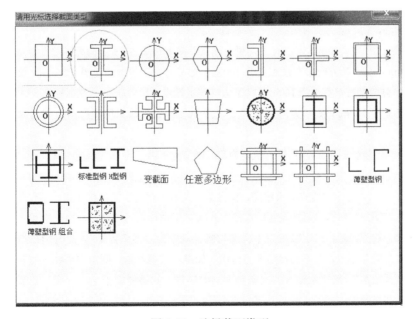

图 3-27 选择截面类型

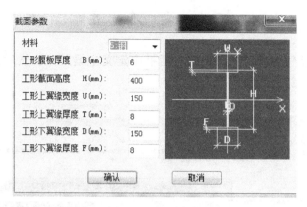

图 3-28　截面参数

注：定义完截面参数后，点击确认，在图 3-26 中选择要布置的钢梁，点击"布置"，弹出布置对话框，如图 3-29 所示。

图 3-29　梁布置对话框

注：1. 当用"光标方式"、"轴线方式"布置偏心梁时，鼠标点击轴线的哪边，梁就向哪边偏心，偏心值在"偏轴距离"中填写，与输入值的正负号无关。当用"窗口方式"布置偏心梁时，偏心值为正时梁向上、向左偏心，偏心值为负时梁向下、向右偏心。

2. 梁顶标高 1 填写－100mm 表示 X 方向梁左端点下降 100mm 或 Y 方向梁下端点下降 100mm；梁顶标高 1 填写 100mm 表示 X 方向梁左端点上升 100mm 或 Y 方向梁下端点上升 100mm；梁顶标高 2 填写－100mm 表示 X 方向梁右端点下降 100mm 或 Y 方向梁上端点下降 100mm；梁顶标高 2 填写 100mm 表示 X 方向梁右端点上升 100mm 或 Y 方向梁上端点上升 100mm。当输入梁顶标高改变值时，节点标高不改变。

3. 点击【网格生成/上节点高】，输入值若为负，则节点下降，与节点相连的梁、柱、墙的标高也随之下降。

4. 次梁一般可以以主梁的形式输入建模，按主梁输入的次梁与主梁刚接连接，不仅传递竖向力，还传递弯矩和扭矩，用户可对这种程序隐含的连接方式人工干预指定为铰接端，由于次梁在整个结构中起次要作用，次梁一般不调幅，PKPM 程序中次梁均隐含设定为"不调幅梁"，此时用户指定的梁支座弯矩调整系数仅对主梁起作用，对不调幅梁不起作用。如需对该梁调幅，则用户需在"特殊梁柱定义"菜单中将其改为"调幅梁"。按次梁输入的次梁和主梁的连接方式是铰接于主梁支座，其节点只传递竖向力，不传递弯矩和扭矩。

5. 点击：构件布置，单击修改，可以修改梁、柱、墙、支撑等的标高。

3.7 楼板布置

点击【楼板 楼梯/楼板生成】，如果有些板厚需要修改，则需要点击【修改板厚】，在"修改板厚"对话框中填写板厚度（比如 80mm），用"光标选择"方式或窗口方式修改板厚，如图 3-30 所示。

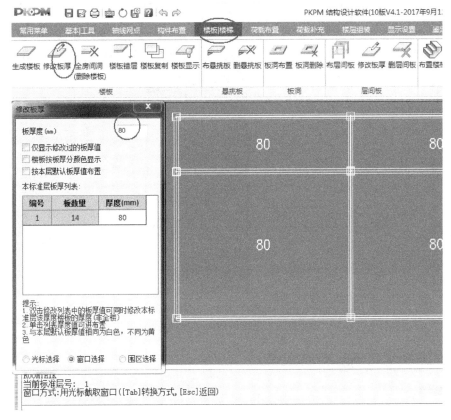

图 3-30 修改板厚对话框

注：1. 点击【生成楼板】，查看板厚，如果与设计板厚不同，则点击【修改板厚】，填写实际板厚值（mm），也可以布置悬挑板、错层楼板等。

2. 除非定义弹性板，程序默认所有的现浇楼板都是刚性板。

3.8 布置悬挑板

点击【楼板 楼梯/楼板生成、布悬挑板】，弹出"悬挑板截面列表"对话框（图 3-31）。

点击"新建"，弹出"悬挑板参数"对话框（图 3-32），悬挑板宽度填 0，外挑长度填图纸中挑出长度（由轴线挑出，比如 600），点击"确定"，在悬挑板截面列表中选择定义的悬挑板，点击"布置"，弹出"悬挑板布置"对话框（图 3-33），选择"光标"，其他参数按默认值，点击要布置悬挑板的轴线为，完成悬挑板布置。

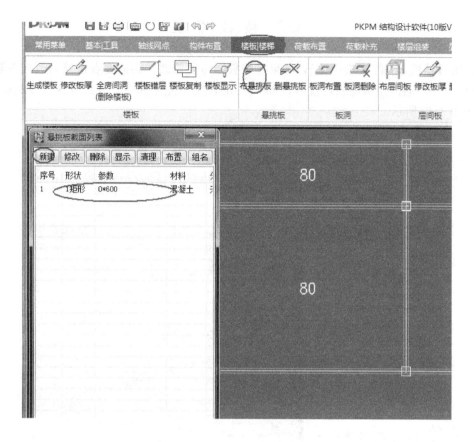

图 3-31　悬挑板截面列表对话框

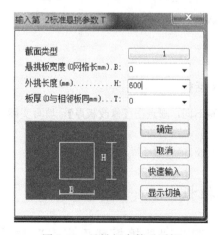

图 3-32　悬挑板参数对话框

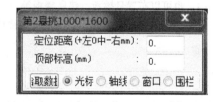

图 3-33　悬挑板布置对话框

3.9　布置压型钢板

点击【楼板 楼梯/组合楼盖/楼盖定义】，如图 3-34 所示。

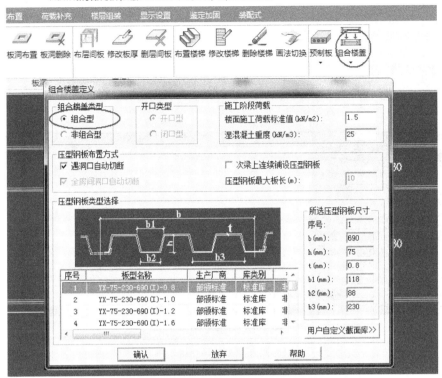

图 3-34　组合楼盖定义

注：1. 如果压型钢板类型选择中没有要选择的类型，可以点击"用户自定义截面库"，自己进行定义；

2. 本工程采用 2 种自定义的压型钢板，支承跨度大于 2400mm 时压型钢板为 1.2mm 厚 YX51-240-720 型，支承跨度小于等于 2400mm 时压型钢板为 1.0mm 厚 YX51-240-720 型；选择原则可以查看相关的图集，或者根据经验选择。

3. 点击"压板布置"，在图 3-35 中选择要布置的压型钢板，然后点击确定，程序会自动算出当混凝土板厚为定义板厚时，该压型钢板的最大无支撑简支梁跨度。

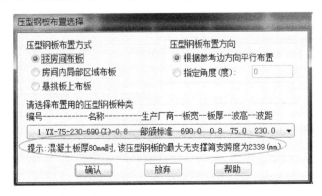

图 3-35　压型钢板布置选择

3.10 层 编 辑

点击【构件布置/层间编辑】，如图 3-36 所示。

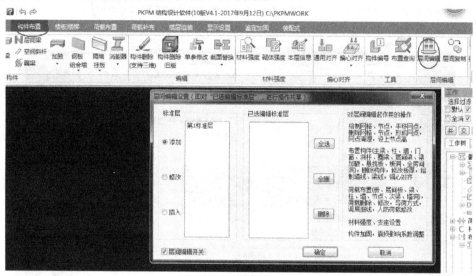

图 3-36 层编辑对话框

注：可以点击"插入标准层"，以某个标准层为基础新建一个标准层。也可以点击"层间编辑"，批量完成修改，修改完成后，要把"层间编辑"中的所有标准层删掉，否则进行某个标准层某个操作时，所有标准层都进行此操作。

3.11 楼面荷载输入

点击【荷载布置/恒活设置】，如图 3-37 所示。

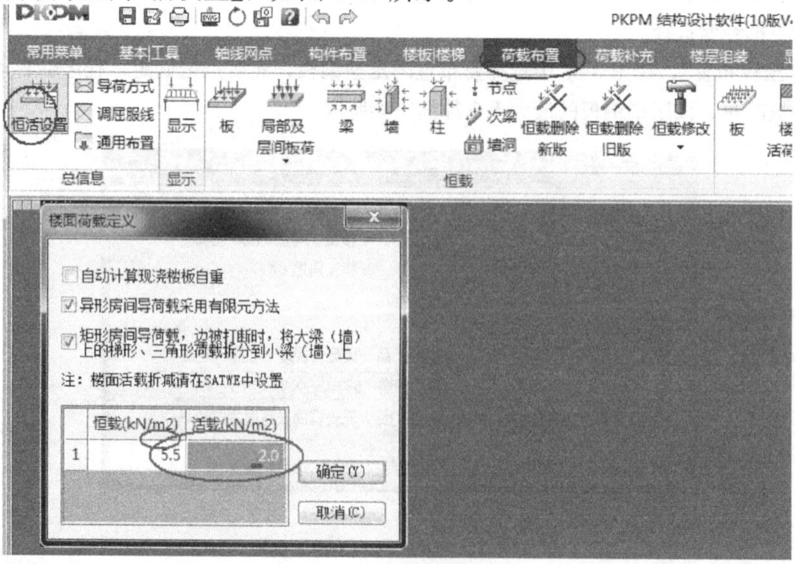

图 3-37 恒活设置对话框

注：1."自动计算现浇板自重"选项不勾选；

2.输入楼板荷载前必须生成楼板，没有布置楼板的房间不能输入楼板荷载。所有的荷载值均为标准值。

3.扣除板自重后，对于普通的住宅，办公楼等，附加一般可取1.0~1.5。此处的活荷载主要是全房间自动布置的活荷载，一般可取2.0。

点击【荷载布置/板】，弹出对话框，如图3-38所示，可以输入恒载值，恒载布置方式有三种：光标选择、窗口选择、围区选择。

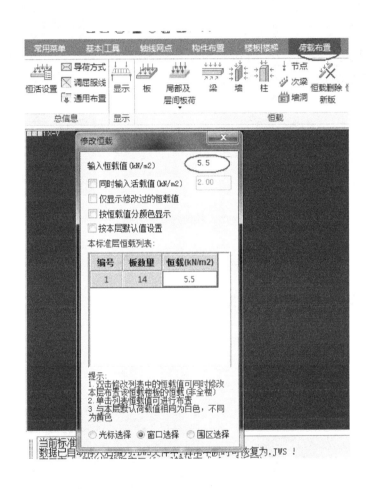

图3-38　楼面恒载对话框

注：有些地方的附加恒载不一样，比如卫生间，屋顶板等。

点击【荷载布置/板（活）】，弹出对话框，如图3-39所示；可以输入活载值，活载布置方式有三种：光标选择、窗口选择、围区选择。

注：1.板厚为0的楼板，应布置少许活荷载，因为没有活荷载，程序不能进行荷载组合，使计算分析失误。

2.活荷载具体大小可以查《荷规》表5.1.1。

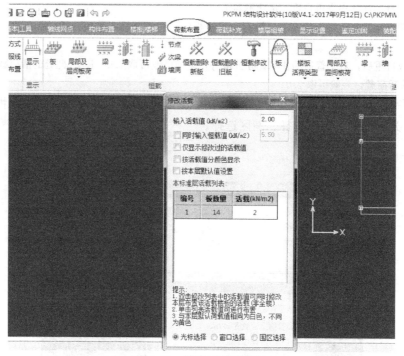

图 3-39　楼面活载对话框

3.12　线荷载输入

点击【荷载布置/梁】，弹出对话框，如图 3-40 所示；点击"增加"，弹出选择类型对

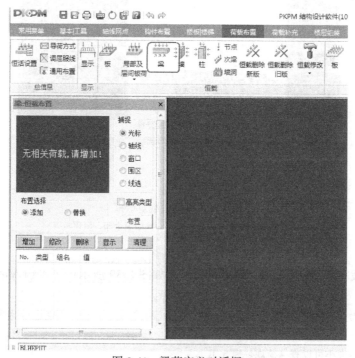

图 3-40　梁荷定义对话框

话框，如图 3-41 所示，选择"线荷载"（填充墙线荷载），用鼠标点击"线荷载"，在"竖向线荷载"定义对话框中依次定义所有类型线荷载。

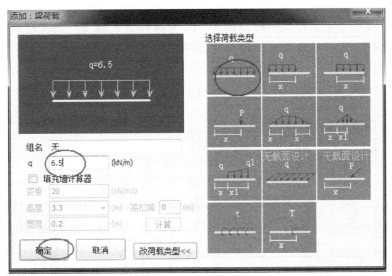

图 3-41　选择荷载类型对话框

用鼠标选择线荷载（比如 8.5kN/m），再点击"布置"，采用光标方式，把 8.5kN/m 布置在指定的梁上。再点击【梁】，把其余的线荷载布置在指定的梁上（图 3-42）。

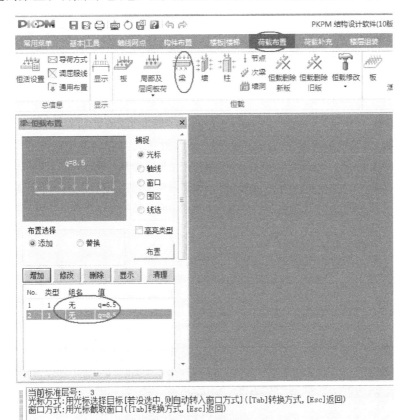

图 3-42　恒载输入对话框

注：按"Tab"键可以切换梁布置方式：光标方式、窗口方式、围栏方式、轴线方式；当大部分梁线荷载相同时，可以用轴线方式或窗口方式，局部不同的线荷载可以单独布置。梁线荷载可以叠加。

点击【荷载布置/显示】，弹出对话框，如图 3-43 所示，勾选"显示荷载数据文字"，点击"确定"，可以显示布置的梁线荷载大小，方便检查与修改。当线荷载布置错误时，点击【恒载删除】，可以删除布置的线荷载，删除方式有：光标方式、轴线方式、窗口方式、围栏方式。

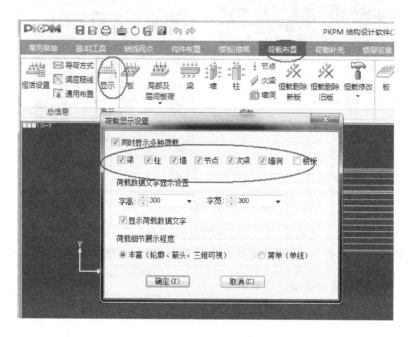

图 3-43　数据开关对话框

注：1. 线荷载（kN/m）＝重度（kN/m³）×宽度(m)×高度(m)

2. 重度根据《建筑结构荷载规范》GB 50009—2012 附录 A 采用材料和构件的自重取，混凝土 25kN/m³，普通实心砖 18~19kN/m³，空心砖≈10kN/m³，石灰砂浆、混合砂浆 17kN/m³。普通住宅和公建，线荷载一般在 7~15kN/m³ 之间，在设计时应根据具体工程计算确定。线荷载应根据开窗的大小确定，可以乘以折减系数：0.6~0.8。可以在网上下载线荷载计算小程序或者自己用手计算（乘以折间系数），如图 3-44 所示。

装修荷载		墙体线荷载计算										
		墙体重度	窗高	窗宽	墙高	梁高	墙长	墙厚	线荷载比	整墙线荷载	实际线荷载	窗荷载	最终荷载
0.0	0.0	10.0	0.00	0.00	2.90	0.35	5.70	0.20	1.00	5.1	5.1	0.0	5.1

装修荷载		墙体线荷载计算										
		墙体重度	窗高	窗宽	墙高	梁高	墙长	墙厚	线荷载比	整墙线荷载	实际线荷载	窗荷载	最终荷载
0.0	0.0	10.0	1.65	2.10	2.90	0.35	5.00	0.20	0.73	5.1	3.7	0.3	4.0

图 3-44　线荷载 EXCEL 计算小程序

3. 隔墙荷载在楼板上的等效均布荷载

《荷规》5.1.1：对固定隔墙的自重应按恒荷载考虑，当隔墙位置可灵活自由布置时，非固定隔墙的自重可取每延米长墙重（kN/m）的 1/3 作为楼面活荷载的附加值（kN/m²）计入，附加值不小于 1.0kN/m²。

当楼板上有局部荷载时，可以按照《荷规》附录 C 弯矩等效原则把局部填充墙线荷载等效为板面荷载（活），比较精确的是用 SAP2000 进行有限元计算。中国中元国际工程公司的王继涛、常亚飞在《隔墙荷载在楼板上的等效均布荷载》一文中利用 SAP2000 有限元软件按照《荷规》附录 C 给出的楼面等效均布活荷载的确定方法，计算了隔墙直接砌筑于楼板上的等效均布荷载取值，编制了表格，供工程设计人员查用，表 3-9 为隔墙平行于长跨的情况，表 3-10 为隔墙平行于短跨的情况，其中 b 为板短边尺寸，l 为板长边尺寸，X 为填充墙与平行板板的最短距离，如图 3-45 所示。

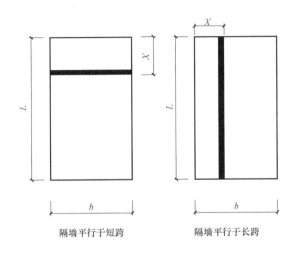

隔墙平行于短跨　　　　　隔墙平行于长跨

图 3-45　X 取值示意图

隔墙平行于长跨　　　　　　　　　　　　　　　　　　　　　　　　　　表 3-9

		b/l												
		0.4		0.6			0.8				1.0				
		x/l												
		0.1	0.2	0.1	0.2	0.3	0.1	0.2	0.3	0.4	0.1	0.2	0.3	0.4	0.5
l(m)	3	1.11	1.44	0.71	1.07	1.18	0.56	0.86	0.94	0.97	0.50	0.75	0.85	0.88	0.88
	4	0.81	1.09	0.54	0.80	0.88	0.42	0.64	0.70	0.73	0.38	0.58	0.63	0.65	0.66
	5	0.66	0.88	0.44	0.64	0.71	0.34	0.51	0.57	0.58	0.31	0.46	0.51	0.53	0.53
	6	0.54	0.72	0.36	0.53	0.58	0.28	0.42	0.47	0.49	0.26	0.38	0.43	0.44	0.44
	7	0.47	0.62	0.31	0.46	0.50	0.24	0.36	0.41	0.42	0.22	0.33	0.37	0.38	0.38
	7.2	0.45	0.61	0.30	0.44	0.49	0.24	0.35	0.39	0.40	0.21	0.32	0.35	0.37	0.37
	8	0.41	0.55	0.27	0.41	0.44	0.21	0.32	0.35	0.36	0.19	0.29	0.32	0.33	0.33
	8.4	0.39	0.52	0.26	0.38	0.42	0.20	0.30	0.34	0.35	0.18	0.27	0.30	0.31	0.31
	9	0.36	0.49	0.24	0.36	0.39	0.19	0.28	0.31	0.32	0.17	0.25	0.28	0.29	0.29

注：等效弯矩为等效系数（查表）×填充墙线荷载（标准值）。

隔墙平行于短跨　**表 3-10**

		b/l																			
		0.4					0.6					0.8					1.0				
		x/l																			
		0.1	0.2	0.3	0.4	0.5	0.1	0.2	0.3	0.4	0.5	0.1	0.2	0.3	0.4	0.5	0.1	0.2	0.3	0.4	0.5
l(m)	3	0.72	0.72	0.72	0.72	0.78	0.57	0.71	0.71	0.71	0.71	0.53	0.72	0.75	0.75	0.75	0.50	0.75	0.85	0.88	0.88
	4	0.53	0.56	0.53	0.56	0.56	0.44	0.52	0.52	0.52	0.52	0.39	0.53	0.56	0.56	0.56	0.38	0.58	0.63	0.65	0.66
	5	0.42	0.44	0.44	0.44	0.46	0.35	0.42	0.42	0.42	0.42	0.31	0.43	0.45	0.45	0.45	0.28	0.45	0.49	0.51	0.51
	6	0.37	0.38	0.37	0.38	0.38	0.30	0.35	0.35	0.35	0.36	0.27	0.36	0.39	0.39	0.39	0.26	0.38	0.43	0.44	0.44
	7	0.31	0.32	0.31	0.32	0.33	0.25	0.30	0.30	0.29	0.30	0.22	0.30	0.32	0.32	0.32	0.22	0.32	0.36	0.37	0.37
	7.2	0.28	0.30	0.30	0.31	0.32	0.24	0.29	0.29	0.28	0.29	0.22	0.30	0.31	0.31	0.31	0.21	0.32	0.35	0.37	0.37
	8	0.27	0.28	0.27	0.28	0.29	0.22	0.27	0.27	0.26	0.27	0.19	0.27	0.28	0.28	0.28	0.19	0.29	0.32	0.33	0.33
	8.4	0.24	0.26	0.26	0.27	0.28	0.21	0.25	0.25	0.25	0.25	0.18	0.25	0.27	0.27	0.27	0.18	0.27	0.30	0.31	0.31
	9	0.23	0.25	0.24	0.25	0.25	0.19	0.23	0.23	0.23	0.23	0.17	0.24	0.25	0.25	0.25	0.17	0.25	0.28	0.29	0.29

注：等效弯矩为等效系数（查表）×填充墙线荷载（标准值）。

3.13 楼层组装

点击【楼层组装/楼层组装】，弹出对话框，如图 3-46 所示。

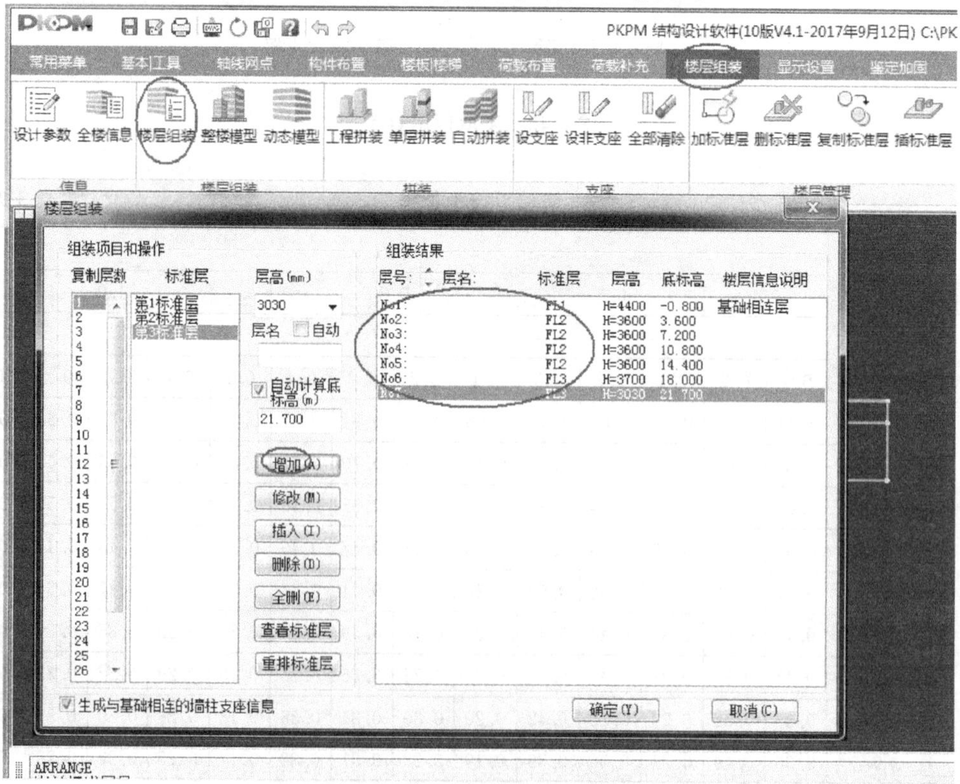

图 3-46　楼层组装对话框

注：1. 楼层组装的方法是：选择〈标准层〉号，输入层高，选择〈复制层数〉，点击〈增加〉，在右侧〈组装结果〉栏中显示组装后的自然楼层。需要修改组装后的自然楼层，可以点击〈修改〉、〈插入〉、〈删除〉等进行操作。为保证首层竖向构件计算长度正确，该层层高通常从基础顶面算起。结构标准层仅要求平面布置相同，不要求层高相同。

2. 普通楼层组装应选择〈自动计算底标高（m）〉，以便由软件自动计算各自然层的底标高，如采用广义楼层组装方式不选择该项。

3. 广义楼层组装时可以为每个楼层指定〈层底标高〉，该标高是相对于±0.000标高，此时应不勾选〈自动计算底标高（m）〉，填写要组装的标准层相对于±0.000标高。广义楼层组装允许每个楼层不局限于和唯一的上、下层相连，而可能上接多层或下连多层。广义楼层组装方式适用于错层多塔、连体结构的建模。

4. 首层层高通常从基础顶面算起。

点击【整楼模型】，弹出"组装方案对话框"，如图3-47所示。点击确定，出现该工程三维模型（图3-48）。

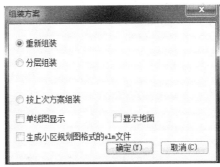

图3-47　组装方案对话框

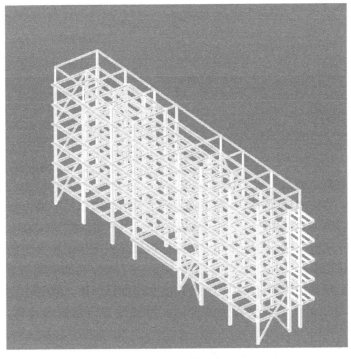

图3-48　三维模型

3.14 SATWE 前处理、内力配筋计算

3.14.1 SATWE 参数设置

在屏幕的右上方点击"SATWE 分析设计",【参数定义】,如图 3-49～图 3-62 所示。

1. 总信息(图 3-49)

图 3-49 SATWE 总信息页

(1)水平力与整体坐标夹角

通常情况下,对结构计算分析,都是将水平地震沿结构 X、Y 两个方向施加,所以一般情况下水平力与整体坐标角取 0。由于地震沿着不同的方向作用,结构地震反应的大小一般也不同,结构地震反应是地震作用方向角的函数。因此当结构平面复杂(如 L 形、三角形)或抗侧力结构非正交时,根据《抗规》5.1.1-2 规定,当结构存在相交角大于 15°的抗侧力构件时,应分别计算各抗侧力构件方向的水平地震作用,但实际上按 0、45°各算一次即可;当程序给出最大地震力作用方向时,可按该方向角输入计算,配筋取三者的大值。

SATWE 软件对输入的不同角度进行计算所得到的结果不能自动取最不利情况,为了简化设计过程,可以把这个角度作为斜交抗侧力构件地震作用方向之一,即在"斜交抗侧

力构件方向的附加地震数"参数项内，增填这个角度（最大地震作用方向大于 15°的角度）与 45°，附加地震数中输入 3，进行结构整体分析，以提高结构的抗震安全性。

一般并不建议用户修改该参数，原因有三：①考虑该角度后，输出结果的整个图形会旋转一个角度，会给识图带来不便；②构件的配筋应按"考虑该角度"和"不考虑该角度"两次的计算结果做包络设计；③旋转后的方向并不一定是用户所希望的风荷载作用方向。综上所述，建议用户将"最不利地震作用方向角"填到"斜交抗侧力构件夹角"栏，这样程序可以自动按最不利工况进行包络设计。

（2）混凝土重度（kN/m^3）

由于建模时没有考虑墙面的装饰面层，因此钢筋混凝土计算重度，考虑饰面的影响应大于 25，不同结构构件的表面积与体积比不同饰面的影响不同，一般按结构类型取值：

结构类型	框架结构	框剪结构	剪力墙结构
重度	26	26～27	27

注：1. 中国建筑设计研究院姜学诗在"SATWE 结构整体计算时设计参数合理选取（一）"做了相关规定：钢筋混凝土重度应根据工程实际取，其增大系数一般可取 1.04～1.10，钢材重度的增大系数一般可取 1.04～1.18。即结构整体计算时，输入的钢筋混凝土材料的重度可取为 26～27.5。

2. PKPM 程序在计算混凝土重度时，没有扣除板、梁、柱、墙之间重叠的部分。

（3）钢材重度（kN/m^3）

一般取 78，不必改变。钢结构工程时要改，钢结构时因装修荷载钢材连接附加重量及防火、防腐等影响通常放大 1.04～1.18，即取 82～93。

（4）裙房层数

按实际情况输入。《抗规》6.1.10 条文说明指出：有裙房时，加强部位的高度也可以延伸至裙房以上一层。SATWE 在确定剪力墙底部加强部位高度时，总是将裙房以上一层作为加强区高度判定的一个条件，如果不需要，直接将该层数填零即可。

SATWE 软件规定，裙房层数应包括地下室层数（包括人防地下室层数）。例如，建筑物在±0.000 以下有 2 层地下室，在±0.000 以上有 3 层裙房，则在总信息的参数"裙房层数"项内应填 5。

（5）转换层所在层号

按实际情况输入。该指定只为程序决定底部加强部位及转换层上下刚度比的计算和内力调整提供信息，同时，当转换层号大于等于三层时，程序自动对落地剪力墙、框支柱抗震等级增加一级，对转换层梁、柱及该层的弹性板定义仍要人工指定。若有地下室，转换层号从地下室算起，假设地上第三层为转换层，地下 2 层，则转换层号填：5。

（6）嵌固端所在层号

《抗规》6.1.3-3 条规定了地下室作为上部结构嵌固部位时应满足的要求；6.1.10 条规定剪力墙底部加强部位的确定与嵌固端有关；6.1.14 条提出了地下室顶板作为上部结构的嵌固部位时的相关计算要求；《高规》3.5.2-2 条规定结构底部嵌固层的刚度比不宜小于 1.5。

当地下室顶板作为嵌固部位时，那么嵌固端所在层为地上一层，即地下室层数＋1；而如果在基础顶面嵌固时，嵌固端所在层号为 1。如果修改了地下室层数，应注意确认嵌固端所在层号是否需相应修改。

注：1. 一般可以认为嵌固端为力学概念，即约束所有自由度，嵌固部位是预期塑性铰出现的部位，其水平位移为零，规范和众多文章中对与嵌固端和嵌固部位的用词不做区分不是很合理，规范中确定剪力墙底部加强部位的嵌固端可以认为是嵌固部位。在设计时，地下一层与首层侧向刚度比不宜小于2，加上覆土的约束作用，预期塑性铰会出现在地下室顶板部位。

2. 满足刚度比时，不考虑覆土的作用，地下室水平位移比较小。覆土的作用是约束地下室的水平扭转变形，逐步"吃掉"上部结构的地震作用，不约束竖向位移和竖向转动。在设计时，我们要用程序模拟结构受力，就要符合程序计算的边界条件，程序是采用弹簧刚度法，将上部结构和地下室作为整体考虑，嵌固端取基础底板处，并在每层的地下室楼板处引入水平土弹簧刚度，反映回填土对地下室的约束作用，所以在实际设计中，嵌固端设在地下室顶板时，除了满足刚度比、板厚、梁板楼盖、水平力传递要连续的要求外，还要满足四周均有覆土，或者三面有覆土且基本上能约束住地下室部分的水平扭转变形的要求，某些局部构件的设计应进行包络设计（三面有覆土时，将嵌固端下移）。如果实际情况与程序计算的边界条件不符，应将嵌固端下移。

3. SATWE 中有"嵌固端所在层号"此项重要参数，程序根据此参数实现以下功能：（1）确定剪力墙底部加强部位，延伸到嵌固层下一层。（2）根据《抗规》6.1.14 和《高规》12.2.1 条将嵌固端下一层的柱纵向钢筋相对上层相应位置柱纵筋增大 10%；梁端弯矩设计值放大 1.3 倍。（3）按《高规》3.5.2.2 条规定，当嵌固层为模型底层时，刚度比限值取 1.5；（4）涉及"底层"的内力调整等，程序针对嵌固层进行调整。

4. 在计算地下一层与首层侧向刚度比，可用剪切刚度计算，如用"地震剪力与地震层间位移比值（抗震规范方法）"，应将地下室层数填写 0 或将"土层水平抗力系数的比值系数"填为 0。新版本的 PK-PM 已在 SATWE "结构设计信息"中自动输入 " Ratx，Raty：X，Y 方向本层塔侧移刚度与下一层相应塔侧移刚度的比值（剪切刚度）"，不必再人为更改参数设置。

规范规定：

《抗规》6.1.3-3：当地下室顶板作为上部结构的嵌固部位时，地下一层的抗震等级应与上部结构相同，地下一层以下抗震构造措施的抗震等级可逐层降低一级，但不应低于四级。地下室中无上部结构的部分，抗震构造措施的抗震等级可根据具体情况采用三级或四级。

《抗规》6.1.10：抗震墙底部加强部位的范围，应符合下列规定：

1）底部加强部位的高度，应从地下室顶板算起。

2）部分框支抗震墙结构的抗震墙，其底部加强部位的高度，可取框支层加框支层以上两层的高度及落地抗震墙总高度的 1/10 二者的较大值。其他结构的抗震墙，房屋高度大于 24m 时，底部加强部位的高度可取底部两层和墙体总高度的 1/10 二者的较大值；房屋高度不大于 24m 时，底部加强部位可取底部一层。

3）当结构计算嵌固端位于地下一层的底板或以下时，底部加强部位尚宜向下延伸到计算嵌固端。

《抗规》6.1.3-14：地下室顶板作为上部结构的嵌固部位时，应符合下列要求：

1）地下室顶板应避免开设大洞口；地下室在地上结构相关范围的顶板应采用现浇梁板结构，相关范围以外的地下室顶板宜采用现浇梁板结构；其楼板厚度不宜小于 180mm，混凝土强度等级不宜小于 C30，应采用双层双向配筋，且每层每个方向的配筋率不宜小于 0.25%。

2）结构地上一层的侧向刚度，不宜大于相关范围地下一层侧向刚度的 0.5 倍；地下室周边宜有与其顶板相连的抗震墙。

3）地下室顶板对应于地上框架柱的梁柱节点除应满足抗震计算要求外，尚应符合下列规定之一：

① 地下一层柱截面每侧纵向钢筋不应小于地上一层柱对应纵向钢筋的1.1倍，且地下一层柱上端和节点左右梁端实配的抗震受弯承载力之和应大于地上一层柱下端实配的抗震受弯承载力的1.3倍。

② 地下一层梁刚度较大时，柱截面每侧的纵向钢筋面积应大于地上一层对应柱每侧纵向钢筋面积的1.1倍；同时梁端顶面和底面的纵向钢筋面积均应比计算增大10％以上；

4）地下一层抗震墙墙肢端部边缘构件纵向钢筋的截面面积，不应少于地上一层对应墙肢端部边缘构件纵向钢筋的截面面积。

（7）地下室层数

此参数按工程实际情况填写。程序据此信息决定底部加强区范围和内力调整。当地下室局部层数不同时，以主楼地下室层数输入。地下室一般与上部共同作用分析；地下室刚度大于上部层刚度的2倍，可不采用共同分析。

（8）墙元细分最大控制长度

一般可按默认值1.0。长度控制越短计算精度越高，但计算耗时越多。当高层调方案时此参数可改为2，振型数可改小（如9个），地震分析方法可改为侧刚，当仅看参数而不用看配筋时"SATWE计算参数"也可不选"构件配筋及验算"，以达到加快计算速度的目的。

（9）弹性板细分最大控制长度：可按默认值1m。

（10）转换层指定为薄弱层

默认不让选，填转换层后，默认勾选，不需要改。软件默认转换层不作为薄弱层，需要用户人工指定。此项打勾与在"调整信息"栏中"指定薄弱层号"中直接填写转换层号的效果一样。转换层不论层刚度比如何，都应强制指定为薄弱层。

（11）对所有楼层强制采用刚性楼板假定

"强制刚性楼板假定"和"刚性楼板假定"是两个相关但不等同的概念。"刚性楼板假定"指楼板平面内无限刚，平面外刚度为零的假定，每块刚性楼板有三个公共的自由度（两个平动，一个转角），而"强制刚性楼板假定"则不区分刚性板、弹性板，或独立的弹性节点，只要位于该层楼面处的所有节点，在计算时都将强制从属同一刚性板。

"强制刚性楼板假定"可能改变结构初始的分析模型，一般仅在计算位移比和周期比的时候采用，而在进行结构内力分析与配筋计算时，仍要遵循结构的真实模型，不再选择"强制刚性楼板假定"。

（12）地下室强制采用刚性楼板假定

一般可以勾选。如果地下室顶板开大洞，强制刚性板假定会使跃层柱的计算长度系数判断错误，从而影响柱内力及配筋。此时应取消勾选，由程序自动判断柱计算长度。本参数将影响周期、内力、长度系数等。如不勾选，则相当于旧版程序中"强制刚性板假定时保留弹性板面外刚度"。如已勾选"对所有楼层强制采用刚性楼板假定"，则本参数是否勾选已无意义。

（13）墙梁跨中节点作为刚性板楼板从节点

一般可按默认值勾选。如不勾选，则认为墙梁跨中结点为弹性结点，其水平面内位移不受刚性板约束，即类似于框架梁的算法，此时墙梁剪力一般比勾选时小，但相应结构整体刚度变小、周期加长，侧移加大。

（14）计算墙倾覆力矩时只考虑腹板和有效翼缘

一般应勾选，程序默认不勾选。此参数用来调整倾覆力矩的统计方式。勾选后，墙的无效翼缘部分内力计入框架部分，这使结构中框架、短肢墙、普通墙倾覆力矩结果更为合理。墙的有效翼缘定义见《混规》9.4.3条及《抗规》6.2.13条文说明。

规范规定：

《抗规》6.2.13条文说明：抗震墙应计入腹板与翼墙共同工作。对于翼墙的有效长度，89规范和2001规范有不同的具体规定，本次修订不再给出具体规定。2001规范规定："每侧由墙面算起可取相邻抗震墙净间距的一半、至门窗洞口的墙长度及抗震墙总高度的15％三者的最小值"，可供参考。

（15）弹性板与梁变形协调

此参数应勾选。此参数相当于旧版程序中的"强制刚性板假定时保留弹性板面外刚度"。勾选后，程序在进行弹性板划分时自动实现梁、板边界变形协调，计算结果符合实际受力。

（16）参数导入、参数导出

此参数可以把参数设置导入或导出的制定文件，以便形成统一设计参数。

（17）结构材料信息

程序提供钢筋混凝土结构、钢与混凝土混合结构、钢结构、砌体结构共4个选项。应根据实际项目选择该选项，现在做的住宅、高层等一般都是钢筋混凝土结构。

（18）结构体系

软件共提供多个选项，常用的是：框架、框剪、框筒、筒中筒、剪力墙、砌体结构、底框结构、部分框支剪力墙结构等。对于装配式结构，程序提供了四个选项：装配整体式框架结构、装配整体式剪力墙结构、装配整体上部分框支剪力墙结构及装配整体式预制框架-现浇剪力墙结构。

（19）恒活荷载计算信息

1）一次性加载计算

主要用于多层结构，而且多层结构最好采用这种加载计算法。因为施工的层层找平对多层结构的竖向变位影响很小，所以不要采用模拟施工方法计算。对于框架-核心筒类结构，由于框架和核心筒的刚度相差较大，使核心筒承受较大的竖向荷载，导致二者之间产生较大的竖向位移差。这种位移差常会使结构中间支柱出现较大沉降，从而使上部楼层与之相连的框架梁端负弯矩很小或不出现负弯矩，造成配筋困难。一次性加载的计算方法仅适合用于低层结构或有上传荷载的结构，如吊柱以及采用悬挑脚手架施工的长悬臂结构等。

2）模拟施工方法1加载

按一般的模拟施工方法加载，对高层结构，一般都采用这种方法计算。但是对于"框架-剪力墙结构"，采用这种方法计算在导给基础的内力中剪力墙下的内力特别大，使得其下面的基础难于设计。于是就有了下一种竖向荷载加载法。

3）模拟施工方法2加载

这是在"模拟施工方法 1"的基础上将竖向构件（柱墙）的刚度增大 10 倍的情况下再进行结构的内力计算，也就是再按模拟施工方法 1 加载的情况下进行计算。采用这种方法计算出的传给基础的力比较均匀合理，可以避免墙的轴力远远大于柱的轴力的不合理情况。由于竖向构件的刚度放大，使得水平梁的两端的竖向位移差减少，从而其剪力减少，这样就削弱了楼面荷载因刚度不均而导致的内力重分配，所以这种方法更接近手工计算。在进行上部结构计算时采用"模拟施工方法 1"或"模拟施工方法 3"；在基础计算时，用"模拟施工方法 2"的计算结果。

4）模拟施工加载 3

采用分层刚度、分层加载型，适用于多高层无吊车结构，更符合工程实际情况，推荐适用；模拟施工加载 1 和 3 的比较计算表明，模拟施工加载 3 计算的梁端弯矩，角柱弯矩更大，因此，在进行结构整体计算时，如条件许可，应优先选择模拟施工加载 3 来进行结构的竖向荷载计算，以保证结构的安全。模拟施工加载 3 的缺点是计算工作量大。

（20）风荷载计算信息

SATWE 提供三类风荷载，一是程序依据《建筑结构荷载规范》GB 50009—2012 风荷载的公式在"生成 SATWE 数据和数据检查"时自动计算的水平风荷载；二是在"特殊风荷载定义"菜单中自定义的特殊风荷载，三是计算水平和特殊风荷载。

一般来说，大部分工程采用 SATWE 默认的"计算水平风荷载"即可，如需考虑更细致的风荷载，则可通过"特殊风荷载"实现或选择计算水平和特殊风荷载。

（21）地震作用计算信息

程序提供 4 个选项，分别是：不计算地震作用、计算水平地震作用、计算水平和规范简化方法竖向地震、计算水平和反应谱方法竖向地震。

不计算地震作用：对于不进行抗震设防的地区或者地震设防烈度为 6 度时的部分结构，《抗规》3.1.2 条规定可以不进行地震作用计算。《抗规》5.1.6 条规定：6 度时的部分建筑，应允许不进行截面抗震验算，但应符合有关的抗震措施要求。因此在选择"不计算地震作用"的同时，仍要在"地震信息"页中指定抗震等级，以满足抗震构造措施的要求。

计算水平地震作用：计算 X、Y 两个方向的地震作用。普通工程选择该项；

计算水平和规范简化方法竖向地震：按《抗规》5.3.1 条规定的简化方法计算竖向地震；

计算水平和反应谱方法竖向地震：《抗规》4.3.14 规定：跨度大于 24m 的楼盖结构、跨度大于 12m 的转换结构和连体结构，悬挑长度大于 5m 的悬挑结构，结构竖向地震作用效应标准值宜采用时程分析方法或振型分解反应谱方法进行计算。

（22）特征值求解方法

默认不让选，一般不用改，仅需计算反应谱法竖向时选；仅在选择了"计算水平和反应谱方法竖向地震"时，此参数才激活。当采用"整体求解"时，在"地震信息"栏中输入的振型数为水平与竖向振型数的总和；且"竖向地震参与振型数"选项为灰，用户不能修改。当采用"独立求解"时，在"地震信息"栏中需分别输入水平与竖向的振型个数。注意：计算用振型数一定要足够多，以使得水平和竖向地震的有效质量系数都满足 90%。

振型数一定的情况下，选择"独立求解"可以有效克服"整体求解"无法得到足够竖向振动、竖向振动有效系数不够的问题。一般首选"独立求解"，当选择"整体求解"时，与水平地震力振型相同给出每个振型的竖向地震力；而选择"独立求解方式"时，还给出竖向振型的各个周期值。计算后程序给出每个楼层、各塔的竖向总地震力，且在最后给出按《高规》4.3.15条进行的调整信息。

（23）结构所在地区

一般选择全国，上海、广州的工程可采用当地的规范。B类建筑选项和A类建筑选项只在鉴定加固版本中才选择。

（24）规定水平力的确定方式：

默认规范算法一般不改，仅楼层概念不清晰时改，规定水平力主要用于新规范中位移比和倾覆力矩的计算，详见《抗规》3.4.3条、6.1.3条和《高规》3.4.5条、8.1.3条；计算方法见《抗规》3.4.3-2条文说明和《高规》3.4.5条文说明。程序中"规范算法"适用于大多数结构；"CQC算法"（由CQC组合的各个有质量节点上的地震力）主要用于不规则结构，即楼层概念不清晰，剪力差无法计算的情况。

（25）施工次序/联动调整

程序默认不勾选，只当需要考虑构件级施工次序时才需要勾选。

2. 风荷载信息（图3-50）

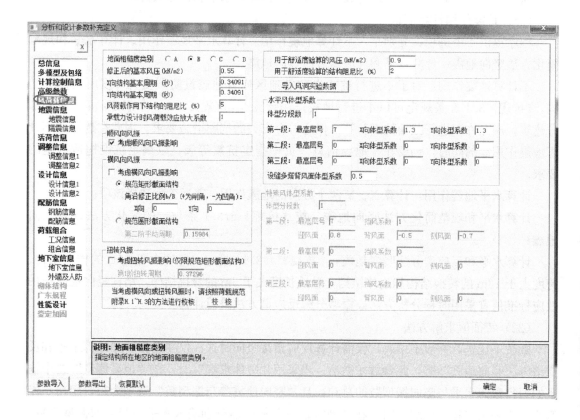

图3-50　SATWE风荷载信息页

（1）地面粗糙类别

该选项是用来判定风场的边界条件，直接决定了风荷载的沿建筑高度的分布情况，必须按照建筑物所处环境正确选择。相同高度建筑风荷载 A＞B＞C＞D。

A 类：近海海面，海岛、海岸、湖岸及沙漠地区。

B 类：指田野、乡村、丛林、丘陵及中小城镇和大城市郊区。

C 类：指有密集建筑群的城市市区。

D 类：指有密集建筑群且房屋较高的城市市区。

（2）修正后的基本风压

修正后的基本风压主要考虑的是地形条件的影响，与楼层数直接关系不大。对于平地建筑修正系数为 1，即等于基本风压。对于山区的建筑应乘以修正系数。

一般工程按荷载规范给出的 50 年一遇的风压采用（直接查荷载规范），不用乘以修正系数；对于沿海地区或强风地带等，应将基本风压放大 1.1～1.2 倍，

注：风荷载计算自动扣除地下室的高度。

（3）X、Y 向结构基本周期

X、Y 向结构基本周期（秒）可以先按程序给定的默认值按《高规》近似公式对结构进行计算。计算完成后再将程序输出的第一平动周期值（可在 WZQ.OUT 文件中查询）填入再算一遍即可。风荷载计算与否并不会影响结构自振周期的大小。新版程序可以分别指定 X 向和 Y 向的基本周期，用于 X 向和 Y 向风载的详细计算。参照《高规》4.2 自振周期是：结构的振动周期 ；基本周期是：结构按照基本振型，完成一个振动的时间（周期）。

注：1. 此处周期值应为估（或计）算所得数值，而不应为考虑周期折减后的数值。可按《荷规》附录 E.2 的有关公式估算。

2. 另外需要注意的是，结构的自振周期应与场地的特征周期错开，避免共振造成灾害。

（4）风荷载作用下结构的阻尼比

程序默认为 5，一般情况取 5。

根据《抗规》5.1.5 条 1 款及《高规》4.3.8 条 1 款："混凝土结构一般取 0.05（即 5%）对有墙体材料填充的房屋钢结构的阻尼比取 0.02；对钢筋混凝土及砖石砌体结构取 0.05"。《抗规》8.2.2 条规定："钢结构在多遇地震下的计算，高度不大于 50m 时可取 0.04；高度大于 50m 且小于 200m 时，可取 0.03；高度不小于 200m 时，宜取 0.02；在罕遇地震下的分析，阻尼比可采 0.05"。对于采用消能减振器的结构，在计算时可填入消能减震结构的阻尼比（消能减震结构的阻尼比＝原结构的阻尼比＋消能部件附加有效阻尼比）而不必改变特定场地土的特性值 α_{max}，程序会根据用户输入的阻尼比进行地震 影响系数 α 的自动修正计算。

（5）承载力设计时风荷载效应放大系数

部分高层建筑在风荷载承载力设计和正常使用极限状态设计时，需要采用两个不同的风压值。《高规》4.2.2 条：基本风压应按照现行国家标准《建筑结构荷载规范》GB 50009—2012 的规定采用。对风荷载比较敏感的高层建筑，承载力设计时应按基本风压的 1.1 倍采用。

（6）结构底层底部距离室外地面高度（m）

程序默认为地下室高度，也可以填写地下室的高度。此参数用于计算风荷载时准确计算其有效高度。当输入负值时，可用于高出地面的子结构风荷载计算。

（7）虑顺风向风振影响

根据《荷规》8.4.1条，对于高度大于30m且高宽比大于1.5的房屋，及结构基本自振周期 T_1 大于0.25s的高耸结构，应考虑顺风向风振影响。当符合《荷规》第8.4.3条规定时，可采用风振系数法计算顺风向荷载。一般宜勾选。

（8）考虑横风向风振影响

根据《荷规》8.5.1条，对于高度超过150m或高宽比大于5的高层建筑，以及高度超过30m且高宽比大于4的构筑物，宜考虑横风向风振的影响。一般常规工程不应勾选。

（9）考虑扭转风振影响

根据《荷规》8.5.4条，一般不超过150m的高层建筑不考虑，超过150m的高层建筑也应满足《荷规》8.5.4条相关规定才考虑。

（10）用于舒适度验算的风压、阻尼比

《高规》3.7.6条：房屋高度不小于150m的高层混凝土建筑结构应满足风振舒适度要求。在现行国家标准《建筑结构荷载规范》GB 50009—2012规定的10年一遇的风荷载标准值作用下，结构顶点的顺风向和横风向振动最大加速度计算值不应超过表3.7.6的限值。结构顶点的顺风向和横风向振动最大加速度可按现行行业标准《高层民用建筑钢结构技术规程》JGJ 99的有关规定计算，也可通过风洞试验结果判断确定，计算时结构阻尼比宜取0.01～0.02。

验算风振舒适度时结构阻尼比宜取0.01～0.02，程序缺省取0.02，"风压"则缺省与风荷载计算的"基本风压"取值相同，用户均可修改。

（11）导入风洞实验数据

方便与外部表格软件导入导出，也可以直接按文本方式编辑。

（12）体型分段数

默认1，一般不改。现代多、高层结构立面变化较大，不同的区段内的体型系数可能不一样，程序限定体型系数最多可分三段取值。若建筑物立面体型无变化时填1。对于（基础梁与上部结构共同分析计算的）多层框架或（地下室顶板不作为上部结构嵌固端的）高层当定义底层为地下室后，体形分段数应只考虑上部结构，程序会自动扣除地下室部分的风载。

（13）最高层号

程序默认为最高层号，不需要修改，按各分段内各层的最高层层号填写。

（14）水平风体形系数

程序默认为1.30，按《荷规》表7.3.1一般取1.30。按《荷规》表7.3.1取值；规则建筑（高宽比 H/B 不大于4的矩形、方形、十字形平面建筑）取1.3（详见《高规》3.2.5条3款），处于密集建筑群中的单体建筑体型系数应考虑相互增大影响（详见《工程抗风设计计算手册》张相庭）。

（15）设缝多塔背风面体型系数

程序默认为0.5，仅多塔时有用。该参数主要应用在带变形缝的结构关于风荷载的计算中。对于设缝多塔结构，用户可以在＜多塔结构补充定义＞中指定各塔的挡风面，程序在计算风荷载时会自动考虑挡风面的影响，并采用此处输入的背风面体型系数对风荷载进行修正。"挡风面"的定义方法参见《PKPM 新天地》05 年 4 期中"关于'遮挡定义'功能简介"一文。需要注意的是，如果用户将此参数填为 0，则表示背风面不考虑风荷载影响。对风载比较敏感的结构建议修正；对风载不敏感的结构可以不用修正。

注意：在缝隙两侧的网格长度及结构布置不尽相同时，为了较为准确地考虑遮挡范围，当遮挡位置在杆件中间时，在建模时人工在该位置增加一个节点，保证计算遮挡范围的准确性。

（16）特殊风体型系数

程序默认为灰色，一般不用更改。

3. 地震信息（图 3-51）

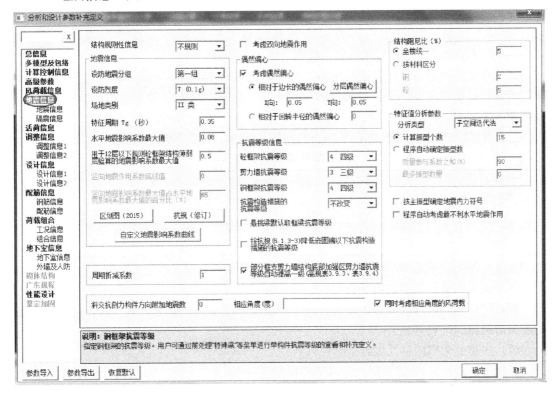

图 3-51　SATWE 地震信息页

（1）结构规则性信息

根据结构的规则性选取。默认不规则，该参数在程序内部不起作用。

（2）设防地震分组

根据实际工程情况查看《抗规》附录 A。

（3）设防烈度

根据实际工程情况查看《抗规》附录 A。

（4）场地类别

根据《地质勘测报告》测试数据计算判定。场地类别一般可分为四类：Ⅰ类场地土：岩石，紧密的碎石土；Ⅱ类场地土：中密、松散的碎石土，密实、中密的砾、粗、中砂；地基土容许承载力〉250kPa的黏性土；Ⅲ类场地土：松散的砾、粗、中砂，密实、中密的细、粉砂，地基土容许承载力≤250kPa的黏性土和≥130kPa的填土；Ⅳ类场地土：淤泥质土，松散的细、粉砂，新近沉积的黏性土；地基土容许承载力<130kPa的填土。场地类别越高，地基承载力越低。

地震烈度、设计地震分组、场地土类型三项直接决定了地震计算所采用的反应谱形状，对水平地震力的大小起到决定性作用。

（5）混凝土框架抗震等级、剪力墙抗震等级、钢框架抗震等级

甲类建筑按本地区抗震设防烈度计算，根据《抗规》表 6.1.2 或《高规》3.9.3 选择。

乙类建筑，（常见乙类建筑：学校、医院）按本地区抗震设防烈度提高一度查表选择。建筑分类见《建筑工程抗震设防分类标准》GB 50223—2008。

"混凝土框架抗震等级"、"剪力墙抗震等级"根据实际工程情况查看《抗规》表 6.1.2。对于七度区的钢框架结构，抗震等级可取四级。

此处指定的抗震等级是全楼适用的。某些部位或构件的抗震等级可在前处理第二项菜单"特殊构件补充定义"进行单构件的补充指定。钢框架抗震等级应根据《抗规》8.1.3 条的规定来确定。

抗震等级不同，抗震措施也不同，在设计时，查看结构抗震等级时的烈度可参考表 3-11。

决定抗震措施的烈度 表 3-11

建筑类别	设计基本地震加速度(g)和设防烈度					
	0.05 6	0.1 7	0.15 7	0.2 8	0.3 8	0.4 9
甲、乙类	7	8	8	9	9	9＋
丙类	6	7	7	8	8	9

注："9＋"表示应采取比 9 度更高的抗震措施，幅度应具体研究确定。

（6）抗震构造措施的抗震等级

在某些情况下，抗震构造措施的抗震等级与抗震措施的抗震等级不一致，可在此指定抗震构造措施的抗震等级。

（7）中震或大震的弹性设计

依据《高规》3.11 节规定，SATWE 提供了中震（或大震）弹性设计、中震（或大震）不屈服设计两种方法。

无论选择弹性设计还是不屈服设计，均应在"地震影响系数最大值"中填入中震或大震的地震影响系数最大值，可参照《高层民用建筑钢结构技术规程》JGJ 99—2015 第 5.3.4 条，如表 3-12 所示。

水平地震影响系数最大值 表 3-12

地震影响	6 度	7 度	8 度	9 度
多遇地震	0.04	0.08(0.12)	0.16(0.24)	0.32
设防地震	0.12	0.22(0.32)	0.42(0.60)	0.80
罕遇地震	0.28	0.50(0.72)	0.90(1.20)	1.40

注：括号中的数值分别用于设计基本地震 0.15g 和 0.30g 的地区。

中震验算包括中震弹性验算和中震不屈服验算，在设计中的要求如表 3-13 所示。

中震弹性验算和中震不屈服验算的基本要求　　　　　　　表 3-13

设计参数	中震弹性	中震不屈服
水平地震影响系数最大值	按表 3-11 基本烈度地震	按表 3-11 基本烈度地震
内力调整系数	1.0(四级抗震等级)	1.0(四级抗震等级)
荷载分项系数	按规范要求	1.0
承载力抗震调整系数	按规范要求	1.0
材料强度取值	设计强度	材料标准值

建议：

在高烈度地区，对于结构中比较重要的抗侧力构件，比如框支剪力墙结构中的框支梁、框支柱和落地剪力墙、连体结构中与连体部分内侧相连的框架柱、剪力墙、各种结构形式中出现的跃层柱、框-筒结构中的角柱、宜进行中震弹性验算，其他竖向抗侧力构件宜进行中震不屈服验算。

（8）按主振型确定地震内力符号：

一般可勾选。根据《抗规》5.2.3 条，考虑扭转耦联时计算得到的地震作用效应没有符号。SATWE 原有的符号确定原则为：每个内力分量取各振型下绝对值最大者的符号。现增加本参数，以解决原有方式可能导致个别构件内力符号不匹配的问题。

（9）按《抗规》(6.1.3-3) 降低嵌固端以下抗震构造措施的抗震等级一般可勾选。

（10）程序自动考虑最不利水平地震作用

如果勾选，则斜交抗侧力构件方向附加地震数可填写 0，相应角度可不填写。

（11）斜交抗侧力构件方向附加地震数，相应角度

可允许最多 5 组方向地震。附加地震数在 0～5 之间取值。相应角度填入各角度值。该角度是与 X 轴正方向的夹角，逆时针方向为正。SATWE 参数中增加"斜交抗侧力构件附加地震角度"与填写"水平与整体坐标夹角"计算结果有区别：水平力与整体坐标夹角不仅改变地震力而且改变风荷载的作用方向，而斜交抗侧力构件附加地震角度仅改变地震力方向。《抗规》5.1.1、各类建筑结构的地震作用，应符合下列规定：对于有斜交抗侧力构件的结构，当相交角度大于 15°时，应分别计算各抗侧力构件方向的水平地震作用。此处所指交角是指与设计输入时，所选择坐标系间的夹角。对于主体结构中存在有斜向放置的梁、柱时，也要分别计算各抗力构件方向的水平地震力。结构的参考坐标系建立以后，所求的地震力、风力总是沿着坐标系的方向作用。

建议选择对称的多方向地震，因为风载并未考虑多方向，否则容易造成配筋不对称。如输入 45°和 225°，程序自动增加两个逆时针旋转 90°的角度（即 135°和 315°），并按这四个角度进行地震力的计算，程序将计算每一对新增地震作用下的构件内力，并在构件设计时考虑进内力组合中，最后构件验算取最不利一组。

（12）偶然偏心、考虑双向地震、用户指定偶然偏心

默认未勾选，一般可同时选择｛偶然偏心｝和｛双向地震｝，不再指定偶然偏心值。对"质量和刚度明显不对称的结构"可按取偶然偏心和双向地震两次计算结构的较大值，

于是可以同时选择｛偶然偏心｝和｛双向地震｝，SATWE 对两者取不利，结果不叠加。

"偶然偏心"：

是由于施工、使用或地震地面运动扭转分量等不确定因素对结构引起的效应，对于高层结构及质量和刚度不对称的多层结构，偶然偏心的影响是客观存在的，故一般应选择"偶然偏心"去计算高层结构及质量和刚度明显不对称的多层结构的"位移比"及高层结构的"配筋"（多层结构"配筋"时一般可不选择"偶然偏心"）。计算层间位移角时一般应选择刚性楼板，可不考虑偶然偏心、不考虑竖向地震作用。

考虑｛偶然偏心｝计算后，对结构的荷载（总重、风荷载）、周期、竖向位移、风荷载作用下的位移及结构的剪重比没有影响，对结构的地震力和地震下的位移（最大位移、层间位移、位移角等）有较大影响。

《高规》4.3.3 条"计算单向地震作用时应考虑偶然偏心的影响（地震作用大小与配筋有关）"；《高规》3.4.5 条，计算位移比时，必须考虑偶然偏心的影响；《高规》3.7.3 条，计算层间位移角时可不考虑偶然偏心、不考虑双向地震，一般应选择强制刚性楼板假定。《抗规》3.4.3 的表 3.4.3-1 只注明了在规定水平力作用下计算结构的位移比，并没有说明是否考虑了偶然偏心。《抗规》3.4.4.2 的条文说明里注明了计算位移比时候的规定水平力一般要考虑偶然偏心。

"考虑双向地震"：

"双向地震作用"是客观存在的，其作用效果与结构的平面形状的规则程度有很大的关系（结构越规则，双向地震作用越弱），一般当位移比超过 1.3 时（有的地区规定为 1.2，过于保守），"双向地震作用"对结构的影响会比较大，则需要在总信息参数设置中考虑双向地震作用，不考虑偶然偏心。

双向地震作用计算，本质是对抗侧力构件承载力的一种放大，属于承载能力计算范畴，不涉及对结构扭转控制和对结构抗侧刚度大小的判别。一般当位移比超过 1.3 时（有的地区规定为 1.2，过于保守）时选取"考虑双向地震"，程序会对地震作用放大，结构的配筋一般会加大，但位移比及周期比，不看"双向地震作用"的计算结果，而看"偶然偏心"作用下的计算结果。SATWE 在进行底框计算时，不应选择地震参数中的｛偶然偏心｝和｛双向地震｝，否则计算会出错。

《抗规》5.1.1-3：质量和刚度分布明显不对称的结构，应计入双向水平地震作用下的扭转影响；其他情况，应允许采用调整地震作用效应的方法计入扭转影响。《高规》4.3.2-2：质量与刚度分布明显不对称的结构，应计算双向水平地震作用下的扭转影响；其他情况，应计算单向水平地震作用下的扭转影响。

（13）X 向相对偶然偏心、Y 向相对偶然偏心

默认 0.05，一般不需要改。

（14）计算振型个数

地震力振型数至少取 3，由于程序按三个振型一页输出，所以振型数最好为 3 的倍数。一般对于进行耦联计算的高层建筑，所选振型数不应小于 9 个，对于高层建筑应至少取 15 个；多塔结构计算振型数应取更多，但要注意此处的振型数不能超过结构的固有振型的总数（刚性楼板假定时），比如一个规则的两层结构，采用刚性楼板假定，共 6 个有效自由度，此时振型个数最多取 6，否则会造成地震力计算异常。对于复杂、多塔以及平

面不规则的建筑计算振型个数要多选，一般要求"有效质量数大于 90%。振型数取得越多，计算一次时间越长。

（15）活荷重力代表值组合系数

默认 0.5，一般不需要改。该参数值改变楼层质量，不改变荷载总值（即对属相荷载作用下的内力计算无影响），应按《抗规》5.1.3 条及《高规》4.3.6 条取值。一般民用建筑楼面等效均布活荷载取 0.5（对于藏书库、档案库、库房等建筑应特别注意，应取 0.8）。调整系数只改变楼层质量，从而改变地震力的大小，但不改变荷载总值，即对竖向荷载作用下的内力计算无影响。

在 WMASS.OUT 中"各层的质量、质心坐标信息"项输出的"活载产生的总质量"为已乘上组合系数后的结果。在"地震信息"选项卡里修改本参数，则"荷载组合"选项卡中"活荷重力代表值系数"联动改变。在 WMASS.OUT 中"各楼层的单位面积质量分布"项输出的单位面积质量为"1.0 恒+0.5 活"组合；而 PM 竖向导荷默认采用"1.2 恒+1.4 活"组合，两者结果可能有差异。

（16）周期折减系数

计算各振型地震影响系数所采用的结构自振周期应考虑非承重填充墙体对结构刚度增强的影响，采用周期折减予以反映。因此当承重墙体为填充砖墙时，高层建筑结构的计算自振周期折减系数可按《高规》4.3.17 取值：

1）框架结构可取 0.6～0.7；

2）框架-剪力墙结构可取 0.7～0.8；

3）框架-核心筒结构可取 0.8～0.9；

4）剪力墙结构可取 0.8～1.0。

对于其他结构体系或采用其他非承重墙时，可根据工程情况确定周期折减系数。具体折减数值应根据填充墙的多少及其对结构整体刚度影响的强弱来确定（如轻质砌体填充墙，周期折减系数可取大一些）。周期折减是强制性条文，但减多少不是强制性条文，这就要求在折减时慎重考虑，既不能太多，也不能太少，因为周期折减不仅影响结构内力，同时还影响结构的位移，当周期折减过多，地震作用加大，可能导致梁超筋。周期折减系数不影响建筑本身的周期，即 WZQ 文件中的前几阶周期，所以周期折减系数对于风荷载是没有影响的，风荷载在 SATWE 计算中与周期折减系数无关。周期折减系数只放大地震力，不放大结构刚度。

注：1. 厂房和砖墙较少的民用建筑，周期折减系数一般取 0.80～0.85，砖墙较多的民用建筑取 0.6～0.7，（一般取 0.65）。框架-剪力墙结构：填充墙较多的民用建筑取 0.7～0.8，填充墙较少的公共建筑可取大些（0.80～0.85）。剪力墙结构：取 0.9～1.0，有填充墙取低值，无填充墙取高值，一般取 0.95。

2. 空心砌块应少折减，一般可为 0.8～0.9。

（17）结构的阻尼比

对于一些常规结构，程序给出了结构阻尼的隐含值。除有专门规定外，钢筋混凝土高层建筑结构的阻尼比应取 0.05；钢结构在多遇地震下的阻尼比，对不超过 12 层的钢结构可采用 0.035，对超过 12 层的钢结构可采用 0.02；在罕遇地震下的分析，阻尼比可采用 0.05；对于钢－混凝土混合结构则根据钢和混凝土对结构整体刚度的贡献率取为

0.025～0.035。

（18）特征周期 T_g、地震影响系数最大值

特征周期 T_g：根据实际工程情况查看《高层民用建筑钢结构技术规程》（JGJ99-2015）5.3.4（表3-14）。

特征周期值（s）   表3-14

设计地震分组	场地类别				
	I_0	I_1	II	III	IV
第一组	0.20	0.25	0.35	0.45	0.65
第二组	0.25	0.30	0.40	0.55	0.75
第三组	0.30	0.35	0.45	0.65	0.90

地震影响系数最大值：即"多遇地震影响系数最大值"，用于地震作用的计算时，无论多遇地震或中、大震弹性或不屈服计算时均应在此处填写"地震影响系数最大值"。

具体值可根据《抗规》表5.1.4-1来确定，如表3-15所示。

水平地震影响系数最大值   表3-15

地震影响	6度	7度	8度	9度
多遇地震	0.04	0.08(0.12)	0.16(0.24)	0.32
罕遇地震	0.28	0.50(0.72)	0.90(1.20)	1.40

注：括号中数值分别用于设计基本地震加速度为0.15g和0.30g的地区。

（19）用于12层以下规则混凝土框架结构薄弱层验算的地震影响系数最大值

此参数为"罕遇地震影响系数最大值"，仅用于12层以下规则混凝土框架结构的薄弱层验算，一般不需要改。

（20）竖向地震作用系数底线值

该参数作用相当于竖向地震作用的最小剪重比。在WZQ.OUT文件中输出竖向地震作用系数的计算结果，如果不满足要求则自动进行调整。

（21）自定义地震影响系数曲线

SATWE允许用户输入任意形状的地震设计谱，以考虑来自安评报告或其他情形的比规范设计谱更贴切的反应谱曲线。点击该按钮，在弹出的对话框中可查看按规范公式的地震影响系数曲线，并可在此基础上根据需要进行修改，形成自定义的地震影响系数曲线。其中"按规范定义的时间"项，代表该时间之前曲线采用规范值，之后采用自定义值。如填3s就代表前3s按规范反应谱取值。

4. 活载信息（图3-52）

（1）柱墙设计时活荷载

程序默认为"不折减"，一般不需要改。SATWE根据《荷规》第4.1.2条第2款设置此选项，点选"折减"，程序会按照右侧输入的楼层折减系数进行活荷载折减，生成的墙、柱轴压比及配筋会比点选"不折减"稍微小一些。所以，当需要以结构偏安全性为先的时候，建议点选"不折减"；当需要以墙、柱尺寸和结构经济性为先的时候，建议点选"折减"。

如在PMCAD中考虑了梁的活荷载折减（荷载输入/恒活设置/考虑活荷载折减），则

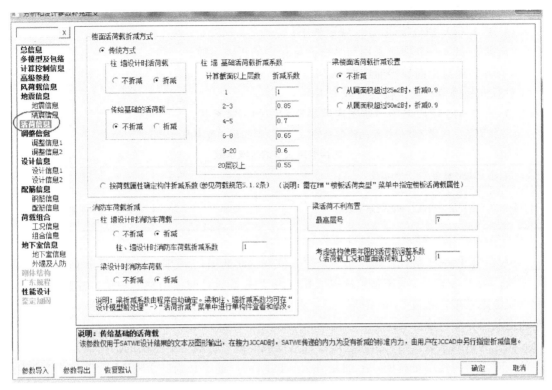

图 3-52　SATWE活载信息页

在 SATWE、TAT、PMSAP 中最好不要选择"柱墙活荷载折减",以避免活荷载折减过多。对于带裙房的高层建筑,裙房不宜按主楼的层数取用活荷载折减系数。同理,顶部带小塔楼的结构、错层结构、多塔结构等,都存在同一楼层柱墙活荷载系数不同的情况,应按实际情况灵活处理。

（2）传给基础的活荷载

程序默认为"折减",不需要改。SATWE 根据《荷规》第 4.1.2 条第 2 款设置此选项,点选"折减",程序会按照右侧输入的楼层折减系数进行活荷载折减,生成传到底层的最大组合内力,但没有传到 JCCAD,JCCAD 读取的是程序计算后各工况的标准值。所以,当需要考虑传给基础的活荷载折减时,应到 JCCAD 的"荷载参数"中点选"自动按楼层折减活荷载"。

（3）活荷载不利布置（最高层号）

此参数若取 0,表示不考虑活荷载不利布置。若取 > 0 的数 NL,就表示 1~NL 各层均考虑梁活载的不利布置。考虑活荷载不利布置后,程序仅对梁活荷不利布置作用计算,对墙柱等竖向构件并不考虑活荷不利布置作用,而只考虑活荷一次性满布作用。偏于安全,一般多层混凝土结构应取全部楼层;高层宜取全部楼层。

《高规》5.1.8:高层建筑结构内力计算中,当楼面活荷载大于 $4kN/m^2$ 时,应考虑楼面活荷载不利布置引起的结构内力的增大;当整体计算中未考虑楼面活荷载不利布置时,应适当增大楼面梁的计算弯矩。

（4）柱墙基础活荷载折减系数

《建筑结构荷载规范》GB 50009—2012 第 5.1.2-2 条：

1）第 1（1）项应按表 3-16 规定采用；

2）第 1（2）～7 项应采用与其楼面梁相同的折减系数；

3）第 8 项对单向板楼盖应取 0.5；

对双向板楼盖和无梁楼盖应取 0.8；

4）第 9～13 项应采用与所属房屋类别相同的折减系数。

注：楼面梁的从属面积应按梁两侧各延伸二分之一梁间距的范围内的实际面积确定。

活荷载按楼层的折减系数 表 3-16

墙、柱、基础计算截面以上的层数	1	2～3	4～5	6～8	9～20	＞20
计算截面以上各楼层活荷载总和的折减系数	1.00 (0.90)	0.85	0.70	0.65	0.60	0.55

注：当楼面梁的从属面积超过 25m² 时，应采用括号内的系数。

SATWE 根据《荷规》第 4.1.2 条第 2 款设置此选项，《荷规》4.1.1 第 1（1）项按程序默认；第 1（2）～7 按基础从属面积（因"柱 墙设计时活荷载"中梁、柱按不折减，此处仅考虑基础）超过 50m² 时取 0.9，否则取 1，一般多层可取 1，高层 0.9；第 8 项汽车通道及停车库可取 0.8。

此处的折减系数仅当"折减柱墙设计活荷载"或"折减传给基础的活荷载"勾选后才生效。对于下面几层是商场，上面是办公楼的结构，鉴于目前的 PKPM 版本对于上下楼层不同功能区域活荷载传给墙柱基础时的折减系数不能分别按规范取值，故折减系数建议按偏安全的取值方法。

（5）考虑结构使用年限的活荷载调整系数

《高规》5.6.1 做了有关规定。在设计时，设计使用年限为 50 年时取 1.0，设计使用年限为 100 年时取 1.1。

（6）梁楼面活荷载折减设置

对于普通楼面（非汽车通道及客车停车库）一般可偏于安全不折减。

5. 调整信息（图 3-53、图 3-54）

（1）梁端负弯矩调幅系数

现浇框架梁 0.8～0.9；装配整体式框架梁 0.7～0.8。调幅方法一般可选择：通过竖向构件判断调幅梁支座。

框架梁在竖向荷载作用下梁端负弯矩调整系数，是考虑梁的塑性内力重分布。通过调整使梁端负弯矩减小，跨中正弯矩加大（程序自动加）。梁端负弯矩调整系数一般取 0.85。

注意：1. 程序隐含钢梁为不调幅梁；不要将梁跨中弯矩放大系数与其混淆。

2. 弯矩调幅法是考虑塑性内力重分布的分析方法，与弹性设计相对；弯矩调幅法可以求得结构的经济，充分挖掘混凝土结构的潜力和利用其优点；弯矩调幅法可以使得内力均匀。对于承受动力荷载、使用上要求不出现裂缝的构件，要尽量少调幅。

3. 调幅与"强柱弱梁"并无直接关系，要保证强柱弱梁，强度是关键，刚度不是关键，即柱截面承载能力要大于梁（满足规范要求），在地震灾害地区的很多房屋，并没有出现预期的"强柱弱梁"，反而是"强梁弱柱"，是因为忽略了楼板钢筋参与负弯矩分配，还有其他原因，比如：梁端配筋时内力所用截面为矩形截面，计算结果比 T 形截面大、习惯性放大梁支座配筋及跨中配筋的纵筋 5%～10%、基于裂

图 3-53　SATWE 调整信息页（1）

缝控制，两端配筋远大于计算配筋、未计入双筋截面及受压翼缘的有利影响，低估截面承载能力、施工原因。

（2）梁活荷载内力放大系数

用于考虑活荷载不利布置对梁内力的影响，将活荷载作用下的梁内力（包括弯矩、剪力、轴力）进行放大。一般工程建议取值1.1～1.2，如果已考虑了活荷载不利布置，则应填1。

（3）梁扭矩折减系数

现浇楼板（刚性假定）取值 0.4～1.0，一般取 0.4；现浇楼板（弹性楼板）取 1.0。

注意：程序规定对于不与刚性楼板相连的梁及弧梁不起作用。

（4）托梁刚度放大系数

默认值：1，一般不需改，仅有转换结构时需修改。对于实际工程中"转换大梁上面托剪力墙"的情况，当用户使用梁单元模拟转换大梁，用壳单元模式的墙单元模拟剪力墙时，墙与梁之间的实际的协调工作关系在计算模型中不能得到充分体现。实际的结构受力情况是，剪力墙的下边缘与转换大梁的上表面变形协调。计算模型的情况是：剪力墙的下边缘与转换大梁的中性轴变形协调。于是计算模型中的转换大梁的上表面在荷载作用下将会与剪力墙脱开，失去本应存在的变形协调性。与实际情况相比，这样计算模型的刚度偏柔了。这就是软件提供墙梁刚度放大系数的原因。为了再现真实刚度，根据经验，托墙梁刚度放大系数一般取为 100 左右。当考虑托墙梁刚度放大时，转换层附近的超筋情况（若有）通常可以缓解。当然，为了使设计保持一定的富裕度，也可以不考虑或少考虑托墙梁

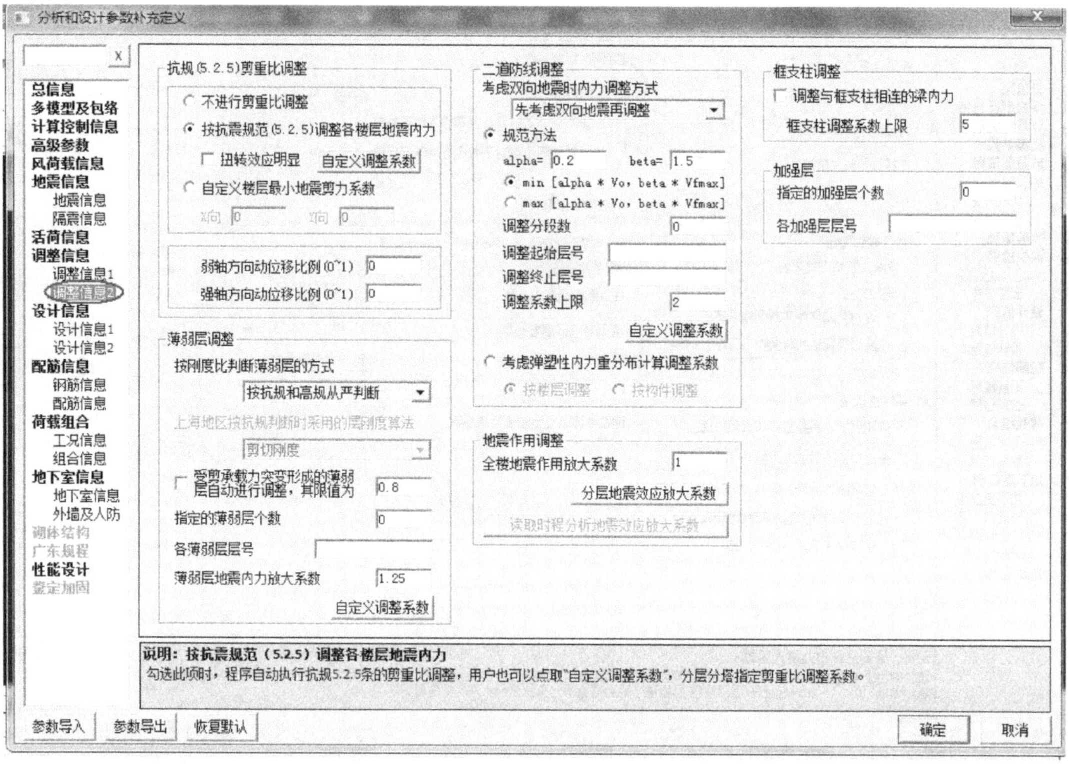

图 3-54　SATWE 调整信息页（2）

刚度放大系数。

使用该功能时，用户只需指定托墙梁刚度放大系数，托墙梁段的搜索由软件自动完成，即剪力墙（不包括洞口）下的那段转换梁，按此处输入的系数对抗弯刚度进行放大。最后指出一点，这里所说的"托墙梁段"在概念上不同于规范中的"转换梁"，"托墙梁段"特指转换梁与剪力墙"墙柱"部分直接相接、共同工作的部分，比如说转换梁上托开门洞或窗洞的剪力墙，对洞口下的梁段，程序就不看作"托墙梁段"，不作刚度放大。建议一般取默认值 100。目前对刚性杆上托墙还不能进行该项识别。

（5）连梁刚度折减系数

一般工程剪力墙连梁刚度折减系数取 0.7，8、9 度时可取 0.5；位移由风载控制时取≥0.8；

连梁刚度折减系数主要是针对那些与剪力墙一端或两端平行连接的梁，由于连梁两端位移差很大，剪力会很大，很可能出现超筋，于是要求连梁在进入塑性状态后，允许其卸载给剪力墙。计算地震内力时，连梁刚度可折减；对如计算重力荷载、风荷载作用效应时，不易考虑折减。框架梁方式输入的连梁，旧版本中抗震等级默认取框架结构抗震等级；在 PKPM2011/09/30 版本中，默认取剪力墙抗震等级。

注：连梁的跨高比大于等于 5 时，建议按框架梁输入。

（6）支撑临界角（度）

一般可以这样认为：当斜杠与 Z 轴夹角小于 20 度时，按柱处理，大于 20 度时按支撑处理。但有时候也不一定遵循以上准则，可以由用户根据工程需要自行指定。

（7）柱实配钢筋超配系数

默认值：1.15；不需改，只对一级框架结构或 9 度区起作用。对于 9 度设防烈度的各类框架和一级抗震等级的框架结构，剪力调整应按实配钢筋和材料强度标准值来计算。由于程序在接＜梁平法施工图＞前并不知道实际配筋面积，所以程序将此参数提供给用户，由用户根据工程实际情况填写。程序根据用户输入的超配系数，并取钢筋超强系数（材料强度标准值与设计值的比值）为 1.1（330/300MPa＝1.1）。本参数只对一级框架结构或 9 度区框架起作用，程序可自动识别；当为其他类型结构时，也不需要用户手工修改为 1.0。

注：9 度及一级框架结构仅调整梁柱钢筋的超配系数是不全面的，按规范要求采用其他有效抗震措施。

（8）墙实配钢筋超配系数

一般可按默认值填写 1.15.不用修改。

（9）自定义超配系数

可以分层号、分塔楼自行定义。

（10）梁刚度放大系数按 2010 规范取值

默认：勾选；一般不需改。考虑楼板作为翼缘对梁刚度的贡献时，每根梁，由于截面尺寸和楼板厚度有差异，其刚度放大系数可能各不相同，SATWE 提供了按 2010 规范取值选项，勾选此项后，程序将根据《混规》5.2.4 条的表格，自动计算每根梁的楼板有效翼缘宽度，按照 T 形截面与梁截面的刚度比例，确定每根梁的刚度系数。刚度系数计算结果可在"特殊构件补充定义"中查看，也可在此基础上修改。如果不勾选，仍按上一条所述，对全楼指定唯一的刚度系数。

注：剪力墙结构连梁刚度一般不用放大，因为楼板的支座主要是墙，墙对板起了很大的支撑作用，墙刚度大，力主要流向刚度大墙支座，可以取个极端情况，不要连梁，对楼板的影响一般也不大，所以楼板对连梁的约束作用较弱，一般连梁刚度可不放大。类似的东西，作用效果不同，就看其边界条件，分析边界条件，可以用类比或者极端、逆向的思维方法。

（11）采用中梁刚度放大系数 B_k。

默认：灰色不用选，一般不需改。根据《高规》5.2.2 条，"现浇楼面中梁的刚度可考虑翼缘的作用予以增大，现浇楼板取值 1.3～2.0"。通常现浇楼面的边框梁可取 1.5，中框梁可取 2.0；对压型钢板组合楼板中的边梁取 1.2，中梁取 1.5（详见《高钢规》5.1.3 条）梁翼缘厚度与梁高相比较小时梁刚度增大系数可取较小值，反之取较大值，而对其他情况下（包括弹性楼板和花纹钢板楼面）梁的刚度不应放大。该参数对连梁不起作用，对两侧有弹性板的梁仍然有效；对于板柱结构，应取 1。梁刚度放大的主要目的，是为了考虑在刚性板假定下楼板刚度对结构的贡献。梁的刚度放大并非是为了在计算梁的内力和配筋时，将楼板作为梁的翼缘，按 T 形梁设计，以达到降低梁的内力和配筋的目的，而仅仅是为了近似考虑楼板刚度对结构的影响。该参数的大小对结构的周期、位移等均有影响。参见《PKPM 新天地》2008 年 4 期中"浅谈 PKPM 系列软件在工程设计中应注意的问题（一）"及 2008 年 6 期中"再谈中梁刚度放大系数"两文。

SATWE 前处理"特殊构件补充定义"中的右侧菜单"特殊梁"下，用户可以交互指定楼层中各梁的刚度放大系数。在此处程序默认显示的放大系数，是没有搜索边梁的结果，即所有梁的刚度放大系数均按中梁刚度放大系数显示。但在后面计算时，SATWE 软件自动判断梁与楼板的连接关系，对于两侧都与楼板相连的梁，直接取交互指定的值来计算；对于仅有一侧与楼板相连的梁，梁刚度放大系数取 $(B_k+1)/2$；对两侧都不与楼板相连的独立梁，不管交互指定的值为多少，均按 1.0 计算。梁刚度放大系数只影响梁的内力（即效应计算），在 SATWE 里不影响梁的配筋计算（即抗力计算），在 PMSAP 里会影响梁的配筋计算。因为 SATWE 计算承载力是按矩形截面的，而 PMSAP 可以选择按 T 形截面。

注：由于单向填充空心现浇预应力楼板的各向异性，宜在平行和垂直填充空心管的方向取用不同的梁刚度放大系数。

（12）混凝土矩形梁转 T 形（自动附加楼板翼缘）

勾选后，程序自动搜索与梁相邻的楼板，将矩形梁转成 T 形或 L 形梁进行内力和配筋计算，同时梁刚度放大系数和梁扭矩折减系数应取 1。需要注意的是，10、11、12 只可同时选择一个。一般可选择 10。

（13）部分框支剪力墙结构底部加强区剪力墙抗震等级自动提高一级

根据《高规》表 3.9.3、表 3.9.4，部分框支剪力墙结构底部加强区和非底部加强区的剪力墙抗震等级可能不同，但在实际设计中，都是先在"地震信息"页"剪力墙抗震等级"中填入部分框支剪力墙结构中一般部位剪力墙的抗震等级，若勾选该项，则程序将自动对底部加强区的剪力墙抗震等级提高一级。程序默认为勾选，当为框支剪力墙时可勾选，当不是时可不勾选。

（14）调整与框支柱相连的梁内力

一般不应勾选，不调整（按实际工程选），因为程序对框支柱的弯矩、剪力调整系数往往很大，若此时调整与框支柱相连的梁内力，会出现异常，

《高规》10.2.17 条：框支柱剪力调整后，应相应调整框支柱的弯矩及柱端框架梁（不包括转换梁）的剪力、弯矩，但框支梁的剪力、弯矩和框支柱轴力可不调整。由于框支柱的内力调整幅度较大，若相应调整框架梁的内力，则有可能使框架梁设计不下来。2010 年 9 月之前的版本，此项参数不起作用，勾不勾选程序都不会调整；2010 年 9 月版勾选后程序会调整与框支柱相连的框架梁的内力。PMSAP 默认不调。

（15）框支柱调整上限

框支柱的调整系数值可能很大，用户可设置调整系数的上限值，框支柱调整上限为5.0。一般可按默认值，不用修改。

（16）指定的加强层个数、层号

默认值：0，一般不需改。各加强层层号，默认值：空白，一般不填。加强层是新版SATWE 新增参数，由用户指定，程序自动实现如下功能：

1）加强层及相邻层柱、墙抗震等级自动提高一级；

2）加强层及相邻轴压比限制减小 0.05；依据见《高规》10.3.3 条（强条）；

3）加强层及相邻层设置约束边缘构件。

多塔结构还可在"多塔结构构件定义"菜单分塔指定加强层。

（17）《抗规》第 5.2.5 条调整各层地震内力

默认：勾选；不需改。用于调整剪重比，详见《抗规》5.2.5 条和《高规》4.3.12条。抗震验算时，结构任一楼层的水平地震的剪重比不应小于《抗规》中表 5.2.5 给出的

最小地震剪力系数 λ。当结构某楼层的地震剪力小得过多，地震剪力调整系数过大（调整系数大于 1.2 时）说明该楼层结构刚度过小，其地震作用主要不是地震加速度而是地震地面运动速度和位移引起的。此时应先调整结构布置和相关构件的截面尺寸，提高结构刚度，使计算的剪重比能自然满足规范要求；其次才考虑调整地震力。而根据《抗规》5.2.5条文说明：只要求底部总剪力不满足要求，则结构各楼层的剪力均需要调整，继而原先计算的倾覆力矩、内力和位移均需相应调整。

按《抗规》第 5.2.5 条规定，抗震验算时，结构任一楼层的水平地震的剪重比不应小于表 3-17 给出的最小地震剪力系数 λ。

楼层最小地震剪力系数

表 3-17

类别	6 度	7 度	8 度	9 度
扭转效应明显或基本周期小于 3.5s 的结构	0.008	0.016(0.024)	0.032(0.048)	0.064
基本周期大于 5.0s 的结构	0.006	0.012(0.018)	0.024(0.036)	0.048

注：1. 基本周期介于 3.5s 和 5s 之间的结构，按插入法取值；
　　2. 括号内数值分别用于设计基本地震加速度为 0.15g 和 0.30g 的地区。

弱轴方向动位移比例：

默认值：0，剪重比不满足时按实际改。

强轴方向动位移比例：

默认值：0，剪重比不满足时按实际改。

按照《抗规》5.2.5 的条文说明，在剪重比调整时，根据结构基本周期采用相应调整，即加速度段调整、速度段调整和位移段调整。弱轴方向即结构第一平动周期方向，强轴方向即结构第二平动周期方向一般可根据结构自振周期 T 与场地特征周期 T_g 的比值来确定：当 $T < T_g$ 时，属加速度控制段，参数取 0；当 $T_g < T < 5T_g$ 时，属速度控制段，参数取 0.5；当 $T > 5T_g$ 时，属位移控制段，参数取 1。按照《抗规》5.2.5 的条文说明，在减重比调整时，根据结构基本周期采用相应调整，即加速度段调整、速度段调整和位移段调整。

（18）按刚度比判断薄弱层的方式

应根据工程项目实际情况选用（高层还是多层）。分为"按《抗规》和《抗规》从严判断"、"仅按《抗规》判断"、"仅按《高规》判断"和"不自动判断"四个选项，可由用户选择判断标准。旧版软件是《抗规》和《高规》同时执行，并从严控制。

规范规定：

《抗规》3.4.4-2：平面规则而竖向不规则的建筑，应采用空间结构计算模型，刚度小的楼层的地震剪力应乘以不小于 1.15 的增大系数，其薄弱层应按本规范有关规定进行弹塑性变形分析，并应符合下列要求：

1）竖向抗侧力构件不连续时，该构件传递给水平转换构件的地震内力应根据烈度高低和水平转换构件的类型、受力情况、几何尺寸等，乘以 1.25～2.0 的增大系数；

2）侧向刚度不规则时，相邻层的侧向刚度比应依据其结构类型符合本规范相关章节的规定；

3）楼层承载力突变时，薄弱层抗侧力结构的受剪承载力不应小于相邻上一楼层的65％。

《高规》3.5.8：侧向刚度变化、承载力变化、竖向抗侧力构件连续性不符合本规程第3.5.2、3.5.3、3.5.4条要求的楼层，其对应于地震作用标准值的剪力应乘以1.25的增大系数。

（19）指定薄弱层个数及相应的各薄弱层层号

薄弱层个数默认值为：0，一般不改。各层薄弱层层号，默认值为：空白，一般不填。

SATWE自动按刚度比判断薄弱层并对薄弱层进行地震内力放大，但对竖向构件不连续结构形成的薄弱层、对承载力突变形成的薄弱层（比如"层间受剪承载力比"不满足规范要求时）、对有转换构件形成的薄弱层不能自动判断为薄弱层，需要用户在此指定。输入各层号时以逗号或空格隔开。

（20）薄弱层调整（自定义调整系数）

可以自己根据实际工程分层号、分塔号、分X、Y方向定义不同的调整系数。

（21）薄弱层地震内力放大系数

应根据工程实际情况（多层还是高层）填写该参数。《抗规》规定薄弱层的地震剪力增大系数不小于1.15，《高规》规定薄弱层的地震剪力增大系数不小于1.25。SATWE对薄弱层地震剪力调整的做法是直接放大薄弱层构件的地震作用内力。程序缺省值为1.25。

竖向不规则结构的薄弱层有三种情况：①楼层侧向刚度突变；②层间受剪承载力突变；③竖向构件不连续。

（22）全楼地震作用放大系数

通过此参数来放大地震作用，提高结构的抗震安全度，其经验取值范围是1.0～1.5。在实际设计时，对于超高层建筑，用时程分析判断出结构的薄层部位后，可以用"全楼地震作用放大系数"或"分层调整系数"来提高结构的抗震安全度。

（23）地震作用调整/分层调整系数

地震作用放大系数可以自己根据实际工程分层号、分塔号、分X、Y方向定义。

（24）$0.2V_0$分段调整

程序开放了二道防线控制参数，允许取小值或者取大值，程序默认为min。

此处指定$0.2V_0$调整的分段数，每段的起始层号和终止层号，以空格或逗号隔开。如果不分段，则分段数填1。如不进行$0.2V_0$调整，应将分段数填为0。

$0.2V_0$调整系数的上限值由参数"$0.2V_0$调整上限"控制，如果将起始层号填为负值，则不受上限控制。用户也可点取"自定义调整系数"，分层分塔指定$0.2V_0$调整系数，但仍应在参数中正确填入$0.2V_0$调整的分段数和起始、终止层号，否则，自定义调整系数将不起作用。程序缺省$0.2V_0$调整上限为2.0，框支柱调整上限为5.0，可以自行修改。

注：1. 对有少量柱的剪力墙结构，让框架柱承担20%的基底剪力会使放大系数过大，以致框架梁、柱无法设计，所以20%的调整一般只用于主体结构。

2. 电梯机房，不属于调整范围。

（25）上海地区采用的楼层刚度算法

在上海地区，一般情况下采用等效剪切刚度计算侧向刚度，对于带支撑的结构可采用剪弯刚度。在选择上海地区且薄弱层判断方式考虑抗震以后，该选项生效。

6. 设计信息（图3-55、图3-56）

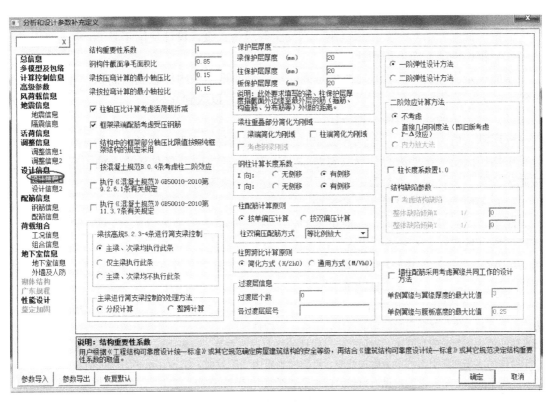

图 3-55　SATWE 设计信息页（1）

图 3-56　SATWE 设计信息页（2）

（1）结构重要性系数

应按《混规》第 3.3.2 条来确定。当安全等级为二级，设计使用年限 50 年，取 1.00

（2）钢构件截面净毛面积比

净面积是构件去掉螺栓孔之后的截面面积，毛面积就是构件总截面面积，此值一般为 0.85～0.92。轻钢结构最大可以取到 0.92，钢框架可以取到 0.85。

（3）梁按压弯计算的最小轴压比

程序默认值为 0.15，一般可按此默认值。梁类构件，一般所受轴力均较小，所以日常计算中均按照受弯构件进行计算（忽略轴力作用），若结构中存在某些梁轴力很大时，再按此法计算不尽合理，本参数则是按照梁轴压比大小来区分梁计算方法。

（4）考虑 P-Δ 效应（重力二阶效应）

对于常规的混凝土结构，一般可不勾选。通常混凝土结构可以不考虑重力二阶效应，钢结构按《抗规》8.2.3 条的规定，应考虑重力二阶效应。是否考虑重力二阶效应可以参考 SATWE 输出文件 WMASS.OUT 中的提示，若显示"可以不考虑重力二阶效应"，则可以不选择此项，否则应选择此项。

注：1. 建筑结构的二阶效应由两部分组成：P-δ 效应和 P-Δ 效应。P-δ 效应是指由于构件在轴向压力作用下，自身发生挠曲引起的附加效应，可称之为构件挠曲二阶效应，通常指轴向压力在产生了挠曲变形的构件中引起的附加弯矩，附加弯矩与构件的挠曲形态有关，一般中间大，两端小。P-Δ 效应是指由于结构的水平变形引起的重力附加效应，可称之为重力二阶效应，结构在水平力（风荷载或水平地震力）作用下发生水平变形后，重力荷载因该水平变形而引起附加效应，结构发生的水平侧移绝对值较大，P-Δ 效应越显著，若结构的水平变形过大，可能因重力二阶效应而导致结构失稳。

2. 一般来说，7 度以上抗震设防的建筑，其结构刚度由地震或风荷载作用的位移控制，只要满足位移要求，整体稳定性自动满足，可不考虑 P-Δ 效应。SATWE 软件采用的是等效几何刚度的有限元算法，修正结构总刚，考虑 P-Δ 效应后结构周期不变。

（5）按《高规》或者《高钢规》进行构件设计

点取此项，程序按《高规》进行荷载组合计算，按《高钢规》进行构件设计计算，否则，按多层结构进行荷载组合计算，按普通钢结构规范进行构件设计计算。高层建筑一般都勾选。

（6）框架梁端配筋考虑受压钢筋：

默认勾选，建议不修改。

（7）结构中的框架部分轴压比按照纯框架结构的规定采用

默认不勾选，主要是为执行《高规》8.1.3-4 条：框架部分承受的地震倾覆力矩大于结构总地震倾覆力矩的 80% 时，按框架-剪力墙结构进行设计，但其最大适用高度宜按框架结构采用，框架部分的抗震等级和轴压比限值应按框架结构的规定采用。当结构的层间位移角不满足框架-剪力墙结构的规定时，可按本规程第 3.11 节的有关规定进行结构抗震性能分析和论证。

（8）剪力墙构造边缘构件的设计执行《高规》7.2.16-4 条

对于非连体结构、错层结构以及 B 级高度高层建筑结构中的剪力墙（筒体），一般可不勾选。《高规》7.2.16-4 条规定：抗震设计时，对于连体结构、错层结构以及 B 级高度高层建筑结构中的剪力墙（筒体），其构造边缘构件的最小配筋率应按照要求相应提高。

勾选此项时，程序将一律按《高规》7.2.16-4 条的要求控制构造边缘构件的最小配筋，即对于不符合上述条件的结构类型，也进行从严控制；如不勾选，则程序一律不执行此条规定。

（9）当边缘构件轴压比小于《抗规》6.4.5 条规定的限值时一律设置构造边缘构件

一般可勾选。《抗规》6.4.5：抗震墙两端和洞口两侧应设置边缘构件，边缘构件包括暗柱、端柱和翼墙，并应符合下列要求：

对于抗震墙结构，底层墙肢底截面的轴压比不大于表 3-18 规定的一、二、三级抗震墙及四级抗震墙，墙肢两端可设置构造边缘构件，构造边缘构件的配筋除应满足受弯承载力要求外，并宜符合表 3-19 的要求。

抗震墙设置构造边缘构件的最大轴压比 表 3-18

抗震等级或烈度	一级(9 度)	一级(7,8 度)	二、三级
轴压比	0.1	0.2	0.3

抗震墙构造边缘构件的配筋要求 表 3-19

抗震等级	底部加强部位			其他部位		
	纵向钢筋最小量（取较大值）	箍筋		纵向钢筋最小量（取较大值）	拉筋	
		最小直径（mm）	沿竖向最大间距（mm）		最小直径（mm）	沿竖向最大间距（mm）
一	$0.010A_c,6\phi16$	8	100	$0.008A_c,6\phi14$	8	150
二	$0.008A_c,6\phi14$	8	150	$0.006A_c,6\phi12$	8	200
三	$0.006A_c,6\phi12$	8	150	$0.005A_c,4\phi12$	6	200
四	$0.005A_c,4\phi12$	6	200	$0.004A_c,4\phi12$	6	250

注：1. A_c 为边缘构件的截面面积；
2. 其他部位的拉筋、水平间距不应大于纵筋间距的 2 倍；转角处宜采用箍筋；
3. 当端柱承受集中荷载时，其纵向钢筋、箍筋直径和间距应满足柱的相应要求。

（10）按《混规》B.0.4 条考虑柱二阶效应

默认不勾选，一般不需要改，对排架结构柱，应勾选。对于非排架结构，如认为《混规》6.2.4 条的配筋结果过小，也可勾选；勾选该参数后，相同内力情况下，柱配筋与旧版程序基本相当。

（11）次梁设计执行《高规》5.2.3-4 条

程序默认为勾选。《高规》5.2.3-4：在竖向荷载作用下，可考虑框架梁端塑性变形内力重分布对梁端负弯矩乘以调幅系数进行调幅，并应符合下列规定：截面设计时，框架梁跨中截面正弯矩设计值不应小于竖向荷载作用下按简支梁计算的跨中弯矩设计值的 50%。

（12）柱剪跨比计算原则

程序默认为简化方式。在实际设计中，两种方式均可以，均能满足工程的精度要求。

（13）指定的过渡层个数及相应的各过渡层层号

默认为 0，不修改。《高规》7.2.14-3 条规定：B 级高度高层建筑的剪力墙，宜在约束边缘构件层与构造边缘构件层之间设置 1～2 层过渡层。程序不能自动判断过渡层，用户可在此指定。

（14）梁、柱保护层厚度

应根据工程实际情况查《混规》表 8.2.1。《混规》中有说明，保护层厚度指截面外边缘至最外层钢筋（箍筋、构造筋、分布筋等）外缘的距离。

（15）梁柱重叠部分简化为刚域

一般不选；大截面柱和异形柱应考虑选择该项；考虑后，梁长变短，刚度变大，自重变小，梁端负弯矩变小。

（16）钢柱计算长度系数

该参数仅对钢结构有效，对混凝土结构不起作用，通常钢结构宜选择"有侧移"，如不考虑地震、风作用时，可以选择"无侧移"。

无侧移与填充墙无关，与支撑的抗侧刚度有关。，钢结构建筑满足《抗规》相应要求，而层间位移不大于 1/1000 时，方可考虑按无侧移方法取计算长度系数。有支撑就认为结构无侧移的说法也是不对的。填充墙更不能作为考虑无侧移的条件。桁架计算长度是按无侧移取的。

（17）柱配筋计算原则

默认为按单偏压计算，一般不需要修改。〔单偏压〕在计算 X 方向配筋时不考虑 Y 向钢筋的作用，计算结果具有唯一性，详见《混规》7.3 节；而〔双偏压〕在计算 X 方向配筋时考虑了 Y 向钢筋的作用，计算结果不唯一，详见《混规》附录 F。建议采用〔单偏压〕计算，采用〔双偏压〕验算。《高规》6.2.4 条规定，"抗震设计时，框架角柱应按双向偏心受力构件进行正截面承载力设计"。如果用户在＜特殊构件补充定义＞中"特殊柱"菜单下指定了角柱，程序对其自动按照〔双偏压〕计算。对于异形柱结构，程序自动按〔双偏压〕计算异形柱配筋。详见 2009 年 2 期《PKPM 新天地》中"柱单偏压与双偏压配筋的两个问题"一文。

注：1. 角柱是指建筑角部柱的两个方向各只有一根框架梁与之相连的框架柱，故建筑凸角处的框架柱为角柱，而凹角处框架柱并非角柱。

2. 全钢结构中，指定角柱并选《高钢规》验算时，程序自动按《高钢规》5.3.4 条放大角柱内力 30％。一般单偏压计算，双偏压验算；考虑双向地震时，采用单偏压计算；对于异形柱，结构程序自动采用双偏压计算。

7. 配筋信息（图 3-57、图 3-58）

（1）梁主筋级别、梁箍筋级别、柱主筋级别、柱箍筋级别、墙主筋级别、墙水平分布筋级别、墙竖向分布筋级别、边缘构件箍筋级别

一般应根据实际工程填写，主筋一般都填写为 HRB400，箍筋也以 HRB400 居多。本工程均为 HRB400。

（2）梁、柱箍筋间距

程序默认为 100mm，不可修改。

（3）墙水平分布筋间距

抗震墙的竖向和横向分布钢筋的间距不宜大于 300mm，部分框支抗震墙结构的落地抗震墙底部加强部位，竖向和横向分布钢筋的间距不宜大于 200mm。

在实际设计中一般填写 200mm。

（4）墙竖向分布筋配筋率

一、二、三级抗震墙的竖向和横向分布钢筋最小配筋率均不应小于 0.25％，四级抗震

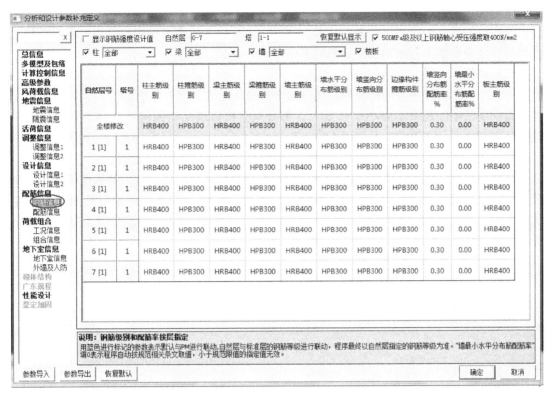

图 3-57 SATWE 配筋信息页（1）

图 3-58 SATWE 配筋信息页（2）

墙分布钢筋最小配筋率不应小于0.20%。高度小于24m且剪压比很小的四级抗震墙，其竖向分布筋的最小配筋率应允许按0.15%采用。部分框支抗震墙结构的落地抗震墙底部加强部位，竖向和横向分布钢筋配筋率均不应小于0.3%。

（5）墙最小水平分布筋配筋率

一、二、三级抗震墙的竖向和横向分布钢筋最小配筋率均不应小于0.25%，四级抗震墙分布钢筋最小配筋率不应小于0.20%。部分框支抗震墙结构的落地抗震墙底部加强部位，竖向和横向分布钢筋配筋率均不应小于0.3%。

（6）梁抗剪配筋采用交叉斜筋方式时，箍筋与对角斜筋的配筋强度比

一般可按默认值1.0填写。《混规》11.7.10对此作了相关的规定。其属性可在"特殊梁"中指定。当采用"交叉斜筋"方式时，需要用户指定"箍筋与对角斜筋的配筋强度比"参数，一般可取0.6～1.2，详见《混规》第11.7.10-1条。经计算后，程序会给出A_{sd}面积，单位cm^2。

（7）钢筋级别与配筋率按层指定

可以分层指定构件纵筋、箍筋的级别、墙竖向、墙水平方向纵筋配筋率。

8. 荷载组合（图3-59、图3-60）

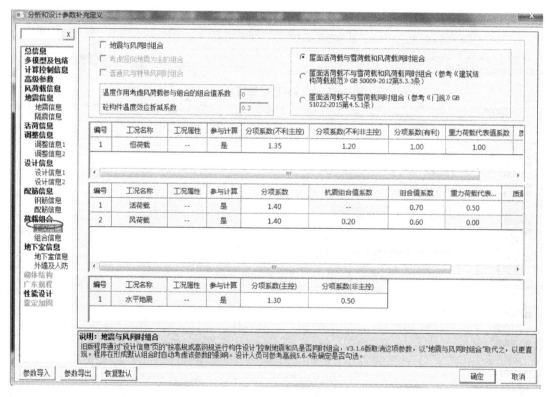

图3-59　SATWE荷载组合页（1）

（1）一般来说，本页中的这些系数是不用修改的，因为程序在做内力组合时是根据规范的要求来处理的。只有在有特殊需要的时候，一定要修改其组合系数的情况下，才有必要根据实际情况对相应的组合系数做修改。

《荷规》第3.2.5条

图 3-60 SATWE荷载组合页 (2)

基本组合的荷载分项系数，应按下列规定采用：

1）永久荷载的分项系数：

① 当其效应对结构不利时

一对由可变荷载效应控制的组合，应取 1.2；

一对由永久荷载效应控制的组合，应取 1.35；

② 当其效应对结构有利时的组合，应取 1.0。

2）可变荷载的分项系数：

一般情况下取 1.4；

对标准值大于 $4kN/m^2$ 的工业房屋楼面结构的活荷载取 1.3。

（2）采用自定义组合及工况：

点取〔采用自定义组合及工况〕按钮，程序弹出对话框，用户可自定义荷载组合。首次进入该对话框，程序显示缺省组合，用户可直接对组合系数进行修改，或者通过下方的按钮增加、删除荷载组合。删除荷载组合时，需首先点击要删除的组合号，然后点删除按钮。用户修改的信息保存在 SAT_LD.PM 和 SAT_LF.PM 文件中，如果要恢复缺省组合，删除这两个文件即可。

（3）地震与风同时组合

参考《高规》5.6.4，60m以上的高层建筑考虑风荷载。

（4）屋面活荷载与雪荷载及风荷载同时组合：

根据规范，可以不考虑活＋雪＋风，而是考虑"活＋风"或者"雪＋风"的最不利。

9. 地下室信息（图 3-61、图 3-62）

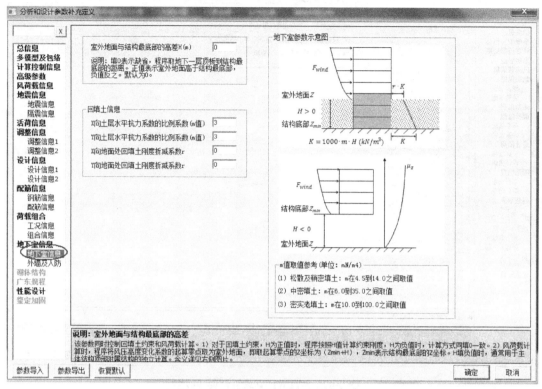

图 3-61　SATWE 地下室信息页（1）

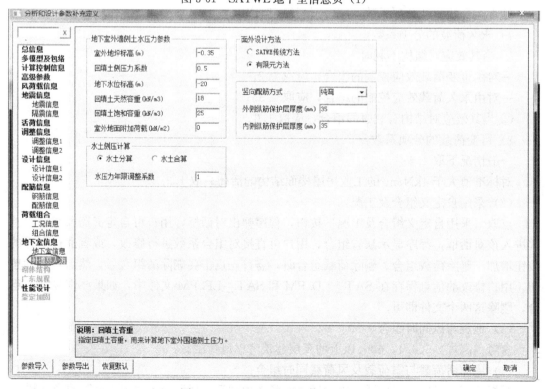

图 3-62　SATWE 地下室信息页（2）

地下室层数为零时，"地下室信息"页为灰，不允许选择；在 PMCAD 设计信息中填入地下室层数时，"地下室信息"页变亮，允许选择。

当四周有覆土、地下室相关范围刚度满足规范要求、水平力在地下室顶板处传递连续、板厚满足规范要求时，一般可将嵌固端定在地下室顶板处，这样的模型比较理想，也比较经济。地下室部分刚度大时（满足规范要求），地下室顶板处水平位移较小，同时若地下室四周覆土约束住了地下室水平扭转变形，地下室部分可不考虑地震作用。当不是四周有覆土时，比如三面有覆土，且地下室形状比较规则，地震作用下地下室扭转变形较小时，我们应该"抓大放小"，较准确地模拟结构的边界条件，将嵌固端定位地下室顶板处，但是用该上述边界条件模拟整个结构受力会对某些构件不利，此时应该分别取不同的嵌固端，进行包络设计。当地下室覆土较小且地下室最终的扭转变形较大时，应当满足结构的实际受力情况，将嵌固端下移。地下室设计时，有两个关键要点，第一是刚度比约束水平位移，第二是四周覆土约束水平扭转变形。

（1）X、Y 土层水平抗力系数的比值系数（M 值）

默认值为 3，需修改。土层水平抗力系数的比例系数 m，其计算方法即是土力学中水平力计算常用的 m 法。M 值的大小随土类及土状态而不同；对于松散及稍密填土，m 在 4.5 到 6.0 之间取值；对于中密填土，m 在 6.0 到 10.0 之间取值；对于密实老填土，m 在 10.0～22.0 之间取值。需要注意的是，负值仍保留原有版本的意义，即为绝对嵌固层数。该值≤地下室层数，如果有 2 层地下室，该值填写-2，则表示 2 层地下室无水平位移。

土层水平抗力系数的比例系数 m，用 m 值求出的地下室侧向刚度约束呈三角形分布，在地下室顶层处为 0，并随深度增加而增加。

（2）外墙分布筋保护层厚度

默认值为 35，一般可根据实际工程填写，比如南方地区，当作了防水处理措施时，可取 30mm。根据《混规》表 8.2.1 选择，环境类别见表 3.5.2。在地下室外围墙平面外配筋计算时用到此参数。外墙计算时没有考虑裂缝问题；外墙中的边框柱也不参与水土压力计算。《混规》8.2.2-4 条：对地下室墙体采取可靠的建筑防水做法或防护措施时，与土层接触一侧钢筋的保护层厚度可适当减少，但不应小于 25mm。《耐久性规范》3.5.4 条：当保护层设计厚度超过 30mm 时，可将厚度取为 30mm 计算裂缝最大宽度。

（3）扣除地面以下几层的回填土约束

默认值为 0，一般不改。该参数的主要作用是由设计人员指定从第几层地下室考虑基础回填土对结构的约束作用，比如某工程有 3 层地下室，"土层水平抗力系数的比例系数"填 10，若设计人员将此项参数填为 1，则程序只考虑地下 3 层和地下 2 层回填土对结构有约束作用，而地下 1 层则不考虑回填土对结构的约束作用。

（4）回填土重度

默认值为 18，一般不改。该参数用来计算回填土对地下室侧壁的水平压力。建议一般取 18.0。

（5）室外地坪标高（m）

默认值为-0.45，一般按实际情况填写。当用户指定地下室时，该参数是指以结构地下室顶板标高为参照，高为正、低位负（目前的）《用户手册》及其他相关资料中对该项参数的描述均有误）；当没有指定地下室时，则以柱（或墙）脚标高为准。单建式地下室的室外地坪标高一般均为正值。建议一般按实际情况填写。

（6）回填土侧压力系数

默认值为 0.5，建议一般不改。

该参数用来计算回填土对地下室外墙的水平压力。由于地下车库外墙在净高范围内的土压力由于墙顶部的位移可认为等于 0，因此应按静止土压力计算。根据《2003 技术措施》中 2.6.2 条，"地下室侧墙承受的土压力宜取静止土压力"，而静止土压力的系数可近似按 $K_0=1-\sin\varphi$（土的内摩擦角＝30°）计算。建议一般取默认值 0.5。当地下室施工采用护坡桩时，该值可乘以折减系数 0.66 后取 0.33。

注：手算时，回填土的侧压力宜按恒载考虑，分项系数根据荷载效应的控制组合取 1.2 或 1.35。

（7）地下水位标高（m）

该参数标高系统的确定基准同〔室外地坪标高〕，但应满足≤0。建议一般按实际情况填写。若勘察未提供防水设计水位和抗浮设计水位时，宜从填土完成面（设计室外地坪）满水位计算。上海地区，一般情况可按设计室外地坪以下 0.5m 计算。

（8）室外地面附加荷载

该参数用来计算地面附加荷载对地下室外墙的水平压力。建议一般取 5.0kN/m²（详见《2009 技术措施-结构体系》F.1-4 条 7）。

3.14.2 特殊构件补充定义

点击【设计模型前处理/特殊梁、特殊柱】，进入"特殊构件补充定义"对话框，如图 3-63、图 3-64 所示。

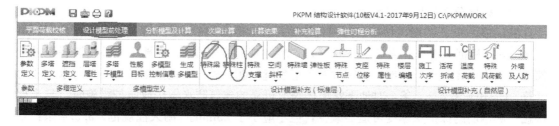

图 3-63 设计模型前处理

注：1. 点击【楼层选择】，可以对选择的楼层同时进行特殊构件定义。

2. 点击【弹性板】，会有以下三种选择：弹性楼板 6：程序真实考虑楼板平面内、外刚度对结构的影响，采用壳单元，原则上适用于所有结构。但采用弹性楼板 6 计算时，由于是弹性楼板，楼板的平面外刚度与梁的平面内刚度都是竖向，板与梁会共同分配水平风荷载或地震作用产生的弯矩，这样计算出来的梁的内力和配筋会较刚性板假设时算出的要少，且与真实情况不相符合（楼板是不参与抗震的），梁会变得不安全，因此该模型仅适用板柱结构。弹性楼板 3：程序设定楼板平面内刚度为无限大，真实考虑平面外刚度，采用壳单元，因此该模型仅适用厚板结构。弹性膜：程序真实考虑楼板平面内刚度，而假定平面外刚度为零。采用膜剪切单元，因此该模型适用钢楼板结构。刚性楼板是指平面内刚度无限大，平面外刚度为 0，内力计算时不考虑平面内外变形，与板厚无关，程序默认楼板为刚性楼板。

3. 点击【特殊梁/两端铰接】，可以把次梁始末两端点铰。如果再次点击"两端铰接"，则又变成两端固接梁。本工程钢框架次梁两端点铰接。

其他工程还会经常使用【抗震等级】、【强度等级】等。【特殊梁】中能定义"不调幅梁"、"连梁"、"转换梁"等。还能定义梁的""抗震等级"、"刚度系数"、"扭矩折减"、"调幅系数"等；【抗震等级】、

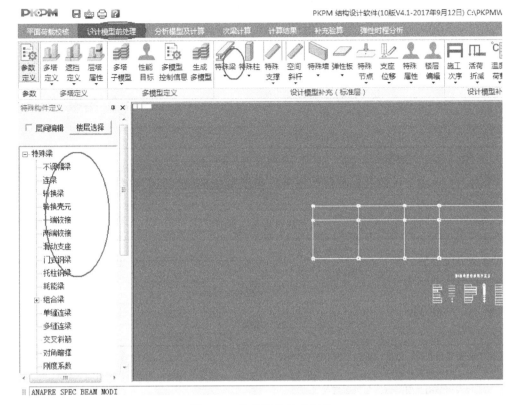

图 3-64　特殊构件补充定义

【强度等级】能定义"梁"、"柱"、"墙"、"支撑"构件的抗震等级与强度等级。

4. 点击【特殊柱】，定义钢框架的角柱，支撑两端点铰接。

3.14.3　结构内力、配筋计算

点击【分析模型及计算/生成数据/生成数据＋全部计算】，如图 3-65 所示。

图 3-65　SATWE 计算

3.15　SATWE 计算结果分析与调整

（1）规范对钢框架周期比、位移比、轴压比等都没有明确的规定（可参考混凝土结构），只有弹性层间位移角有规范。《抗规》5.5.1：表 3-20 所列各类结构应进行多遇地震作用下的抗震变形验算，其楼层内最大的弹性层间位移应符合下式要求。

弹性层间位移角限值

表 3-20

结构类型	$[\theta_e]$
钢筋混凝土框架	1/550
钢筋混凝土框架-抗震墙、板柱-抗震墙、框架-核心筒	1/800
钢筋混凝土抗震墙、筒中筒	1/1000
钢筋混凝土框支层	1/1000
多、高层钢结构	1/250

注：位移比、周期比等参数指标可参考规范对"混凝土"结构的要求。

《钢标》C.0.2：风荷载标准值作用下，多层钢结构的层间位移角不宜超过表 3-21 的数值。

层间位移角容许值

表 3-21

结构体系			层间位移角
框架、框架-支撑			1/250
框-排架	侧向框-排架		1/250
	竖向框-排架	排架	1/150
		框架	1/250

注：1. 有桥式吊车时，层间位移角不宜超过 1/400。

　　2. 对室内装修要求较高的建筑，层间位移角宜适当减小；无墙壁的建筑，层间位移角可适当放宽。

　　3. 轻型钢结构的层间位移角可适当放宽。

多遇和罕遇地震作用下，多层钢结构的层间位移角不宜超过表 3-22 的数值。

层间位移角容许值

表 3-22

结构体系			弹性层间位移角	弹塑性层间位移角
框架			1/250	1/50
框架-支撑				1/70
框-排架	侧向框-排架			1/50
	竖向框-排架	排架		1/30
		框架		1/50

注：框架-墙板体系、框架-剪力墙体系、框架-核心筒体系可参照框架-支撑限值要求。

《钢规》C.0.3 高层钢结构层间位移角限值：

高层建筑钢结构在风荷载、多遇地震和罕遇地震作用下，的质心处水平层间位移，不宜超过表 3-23 的数值。

层间位移角容许值

表 3-23

结构体系	风和多遇地震下弹性层间位移角			罕遇地震弹塑性层间位移角
	脆性非结构构件与主体结构刚性连接时	延性非结构构件与主体结构刚性连接时	当延性非结构构件与主体结构柔性连接时	
框架	1/300	1/250	1/200	1/50
其他				1/70

注：在风荷载、多遇地震作用下，高层建筑钢结构首层的弹性层间位移角不宜超过 1/1000。

（2）多层钢框架钢梁应力比一般按照重要性划，分次梁接近1，主梁0.8～0.9关键构件更严一些。如果主梁、次梁抗弯超筋，一般加钢梁高度，再加钢梁翼缘宽度。

（3）点击【计算结果/设计结果/配筋】→【2.混凝土构件配筋及钢构件验算】，会弹出SATWE的配筋计算结果。对于钢梁，每根钢梁下方都标有"steel"字符，表示该梁是钢梁。若该梁与刚性铺板相连，不需验算整体稳定，则R2处的数值以R2字符代替。输出格式如图3-66、图3-67所示。

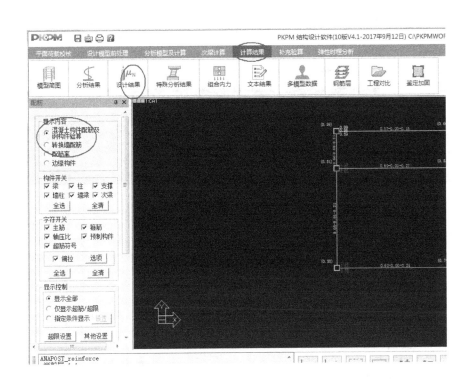

图 3-66　设计结果

R1：钢梁正应力强度与抗拉、抗压强度设计值的比值 F1/f；

R2：钢梁整体稳定应力与抗拉、抗压强度设计值的比值 F2/f；

F1，F2，F3-具体含义见相应的文本输出小结。

钢柱与方钢管混凝土柱的输出格式如下，如图3-68所示。

R1–R2–R3

STEEL

图 3-67　钢梁表达方式

	R1
Uc	R2
	R3

图 3-68　钢柱和方钢管混凝土柱的表达方式

Uc：柱的轴压比；

R1：钢柱正应力强度与抗拉、抗压强度设计值的比值；

R2：钢柱 X 向稳定应力与抗拉、抗压强度设计值的比值；

R3：钢柱 Y 向稳定应力与抗拉、抗压强度设计值的比值。

3.16 施工图绘制

3.16.1 软件操作

点击【钢结构施工图/设计参数/连接参数】，如图 3-69～图 3-80 所示。

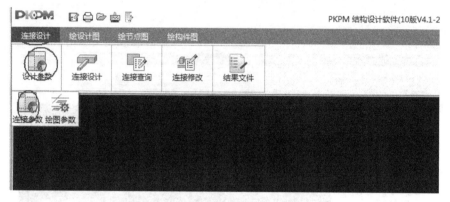

图 3-69 连接参数

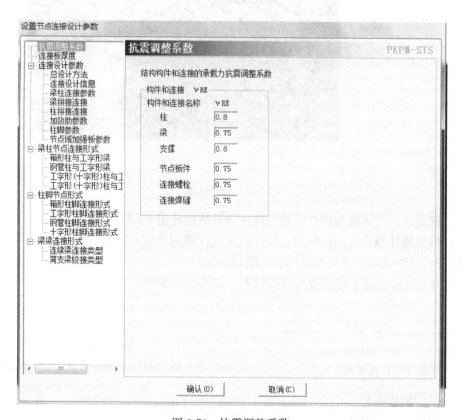

图 3-70 抗震调整系数

注：该页参数设置一般可按默认值，柱 0.8、梁、0.7、支撑 0.8、节点板 0.75、连接螺栓 0.75、连接焊缝 0.75。

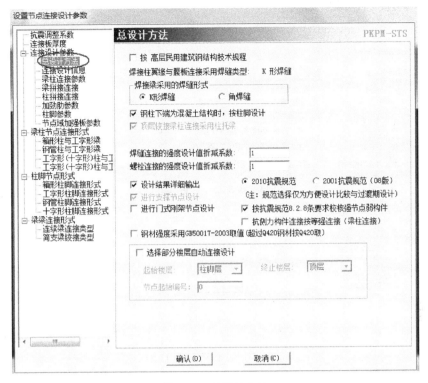

图 3-71　总设计方法

参数注释：

1. 按高层民用建筑钢结构技术规程

多层一般不勾选，高层应勾选。

2. 焊接梁采用的焊缝形式

一般选用 K 形焊缝，程序提供两种选择，K 形焊缝与角焊缝。

3. 钢柱下端为混凝土结构时，按柱脚设计

一般可勾选。

4. 焊缝连接的强度设计值折减系数

可按默认值 1.0，当某些工程重要时可取 0.9。

5. 螺栓连接的强度设计值折减系数

可按默认值 1.0，当某些工程重要时可取 0.9。

6. 设计结果详细输出

应勾选。

7. 进行门式刚架节点设计

应勾选。

8. 2010 抗震规范

应勾选。

9. 按抗震规范 8.2.8 条要求校核强节点弱构件

应勾选。

10. 抗侧力构件连接按等强连接

采用螺栓连接应勾选，采用等强焊接，勾选与否都可以。

11. 选择部分楼层自动连接设计

可勾选。

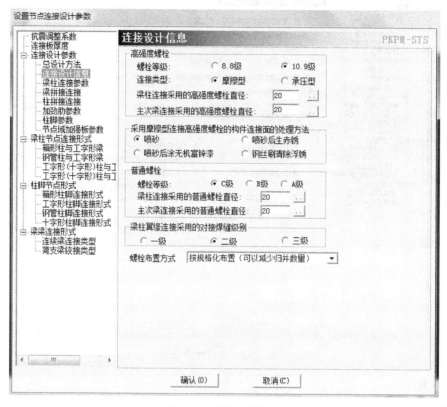

图 3-72　连接设计信息

参数注释：

1. 螺栓等级

一般选用 10.9 级。

2. 连接类型

一般选择摩擦型。

3. 梁柱连接采用的高强度螺栓直径

一般可选取 20。

4. 主次梁连接采用的高强度螺栓直径

一般可选取 20。

5. 采用摩擦型连接高强度螺栓的构件连接面的处理方法

一般选用喷砂后生赤锈。

6. 普通螺栓（螺栓等级）

一般选 C 级。

7. 梁柱连接采用的普通螺栓直径

一般可选取 20。

8. 主次梁连接采用的普通螺栓直径

一般可选取 20。

9. 梁柱翼缘连接采用的对接焊缝级别

一般为二级。

10. 螺栓布置方式

两者均可选取；程序提供两种选择，按螺栓数量最少布置与按规格化布置（可以减少归并数量）。

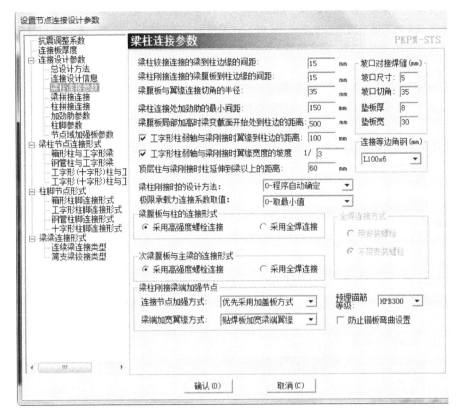

图 3-73　梁柱连接参数

参数注释：

1. 梁柱铰接连接的梁到柱边缘的间距

可按默认值。

2. 梁柱刚接连接的梁腹板到柱边缘的间距

可按默认值。

3. 梁腹板与翼缘连接切角的半径

可按默认值。

4. 梁柱连接处加劲肋的最小间距

可按默认值。

5. 梁腹板局部加高时梁变截面开始处到柱边的距离

可按默认值。

6. 工字形柱弱轴与梁刚接时翼缘到柱边的距离

可按默认值。

7. 工字形柱弱轴与梁刚接时翼缘宽度的坡度

可按默认值。

8. 顶层柱与梁刚接时柱延伸到梁以上的距离

可按默认值。

9. 梁腹板与柱的连接形式

采用高强度螺栓连接。

10. 梁柱刚接梁端加强节点（连接节点加强方式）

应根据实际工程具体情况填写，当柱翼缘厚度大于等于梁翼缘厚度＋6时，可按优先采用加盖板方式；当柱翼缘宽度大于等于梁翼缘宽度＋100时，可采用加宽翼缘方式，并且加宽后的翼缘满足宽厚比的要求；其他可选择 加腋方式；程序提供三种选择方式，优先采用加盖板方式、优先采用加宽翼缘方式与加腋方式。

11. 柱刚接梁端加强节点（梁端加宽翼缘方式）

一般可选择贴焊板加宽梁端翼缘；程序提供两种选择方式，贴焊板加宽梁端翼缘、直接加宽梁翼缘板端头。

12. 坡口尺寸

一般可按默认值。

13. 坡口切角

应根据梁翼缘厚度填写，通常为45°。

14. 垫板厚

一般可填写6。

15. 垫板宽

一般可填写30。

16. 连接等边角钢（mm）

一般可按默认值，不小于L 100×6。

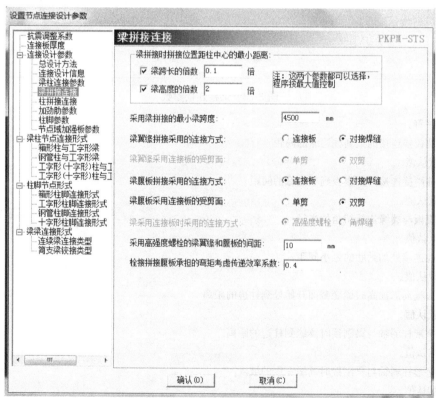

图 3-74　梁拼接连接

100

参数注释：

1. 梁拼接时拼接位置距柱中心的最小距离

一般可填写，梁跨长倍数的 0.1 倍，梁高度倍数的 2 倍。

2. 采用梁拼接的最小梁跨度

一般可填写默认值；在实际设计中，梁一般都需要拼接。

3. 梁翼缘拼接采用的连接方式

一般可选择对接焊缝。

4. 梁腹板拼接采用的连接方式

一般可选择连接板。

5. 梁腹板采用连接板的受剪面

一般可选择双剪，这样比较经济，节省螺栓。

6. 采用高强度螺栓的梁翼缘和腹板的间距

一般可填写 10。

7. 栓接拼接腹板承担的弯矩考虑传递效率系数

一般可按默认值。

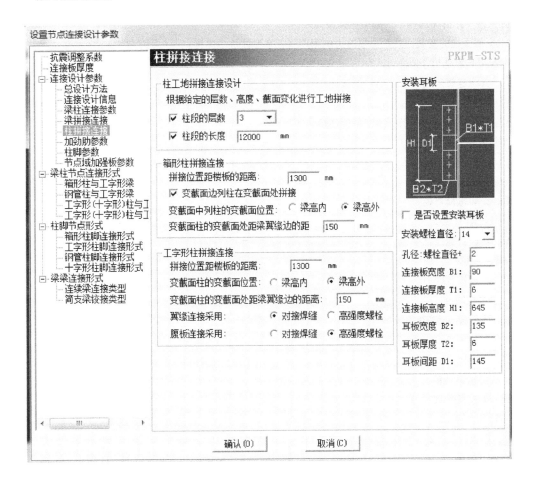

图 3-75　柱拼接连接

参数注释：

1. 柱段的层数
一般可按默认值 3。

2. 柱段的长度
一般可按默认值 12000。

3. 拼接位置距楼板的距离（箱形柱拼接连接）
一般可按默认值 1300。

4. 变截面边列柱在变截面处拼接（箱形柱拼接连接）
一般应勾选。

5. 变截面中列柱的变截面位置（箱形柱拼接连接）
应根据实际情况选择，一般可选择梁高外。

6. 变截面柱的变截面处距梁翼缘边的距（箱形柱拼接连接）
一般可按默认值 150。

7. 拼接位置距楼板的距离（工字形柱拼接连接）
一般可按默认值 1300。

8. 变截面柱的变截面位置（工字形柱拼接连接）
应根据实际情况选择，一般可选择梁高外。

9. 变截面柱的变截面处距梁翼缘边的距离（工字形柱拼接连接）
一般可按默认值 150。

10. 翼缘连接采用（工字形柱拼接连接）
对接焊缝。

11. 腹板连接采用（工字形柱拼接连接）
高强度螺栓连接。

12. 是否设置安装耳板
一般应设置。

13. 安装螺栓直径
一般可填写 20。

14. 孔径：螺栓直径＋
一般可填写 2。

15. 连接板宽度 B1
一般可填写 90。

16. 连接板厚度 T1
一般可填写 10。

17. 连接板高度 H1
一般可按默认值。

18. 耳板宽度 B2
一般可填写 135。

19. 耳板厚度 T2
一般可填写 10。

20. 耳板间距 D1
一般可填写 100。

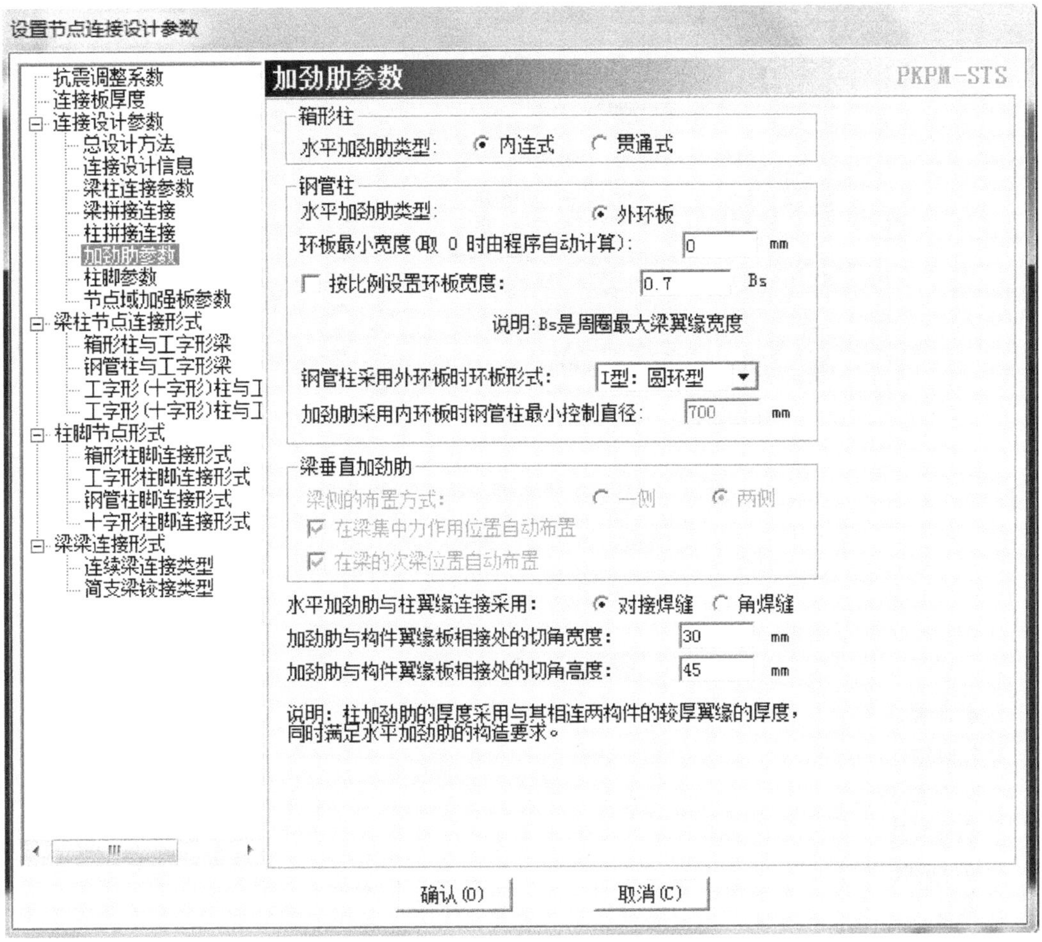

图 3-76 加劲肋参数

参数注释：

1. 水平加劲肋类型（箱形柱）

一般可选择内连式。

2. 水平加劲肋类型（钢管柱）

一般可选择，外环板。

3. 环板最小宽度（取 0 时由程序自动计算）

一般可填写 0。

4. 钢管柱采用外环板时环板形式

程序提供两种选择，Ⅰ型：圆环型；Ⅱ型：直线型。一般可选择Ⅱ型，直线型，但当结构比较重要时，选择Ⅰ型：圆环型。

5. 加劲肋与构件翼缘板相接处的切角宽度

一般可取 20。

6. 加劲肋与构件翼缘板相接处的切角高度

一般可取 20。

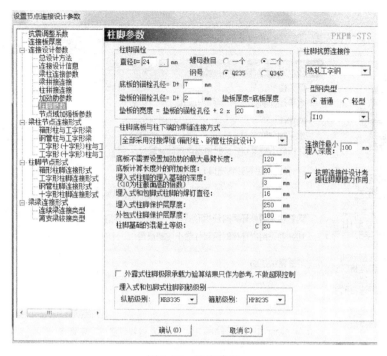

图 3-77 柱脚参数

参数注释：

1. 柱脚锚栓，直径 D

一般可选取 24。

2. 螺母数量

一般可选取二个。

3. 钢号

一般可选择 Q235。

4. 底板的锚栓孔径＝D＋

一般可取默认值。

5. 垫板的锚栓孔径＝D＋

一般可取默认值。

6. 垫板的宽度＝垫板的锚栓孔径＋2×

一般可取默认值。

7. 柱脚底板与柱下端的焊缝连接方式

程序提供三种选择方式，全部采用对接焊缝（箱形柱、钢管柱按此设计）、全部采用角焊缝、翼缘连接采用对接焊缝、腹板连接采用角焊缝；一般可选择全部采用对接焊缝。

8. 底板不需要设置加劲肋的最大悬臂长度

一般可取默认值。

9. 底板计算长度外的附加长度

一般可取默认值。

10. 埋入式柱脚的埋入基础的深度

一般不小于柱子截面高度的 2 倍；当为高层时，一般不小于柱子截面高度的 3 倍。

11. 埋入式和包脚式柱脚的焊钉直径

一般可填写 19。

12. 埋入式柱脚保护层厚度

一般可填写 180。

13. 外包式柱脚保护层厚度

一般可填写 180。

14. 柱脚几乎的混凝土等级

应按实际工程填写，一般可填写 C30、C35。

15. 钢管柱脚底板类型

一般可选择圆形。

16. 钢管柱脚锚栓排列方式

一般可选择圆形。

17. 埋入式和包脚式柱脚钢筋级别

应按实际工程填写，一般可分别填写 HRB400。

18. 柱脚抗剪连接件

程序提供两种选择，热轧槽钢与热轧工字钢。一般可选择热轧工字钢。

19. 型钢类别

一般选择，普通。

20. 抗剪键截面

在下拉列表中试算，一般可选择Ⅱ10。

21. 连接键最小埋入深度

一般可填写 150。

22. 抗剪连接件设计考虑柱角摩擦力的作用

一般应勾选。

图 3-78　节点域加强板参数

参数注释：

1. 节点验算不满足时，自动补强

一般应勾选。

2. 单侧补强最大补强板厚（柱腹板厚度的）

一般可填写 1。

3. 最大补强板厚

一般可填写 10。

4. 节点域加强方式

程序提供两种选择方式，贴焊补强板、柱腹板局部加厚；一般加厚尺寸不大于腹板厚度＋6，取柱腹板局部加厚，其他情况可选取贴焊补强板。

5. 柱腹板最大加厚厚度

一般可填写 6。

6. 板件局部加厚（或补强板）伸出加劲肋长度 h

一般可填写 150。

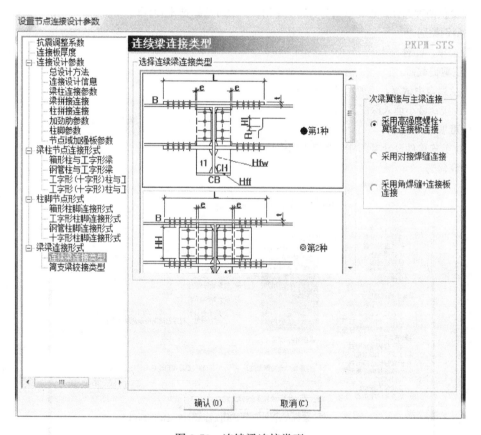

图 3-79　连续梁连接类型

参数注释：

1. 选择连续梁连接类型

程序提供三种选择类型，一般可选择第二种。

2. 次梁翼缘与主梁连接

一般可选择对接焊缝连接。

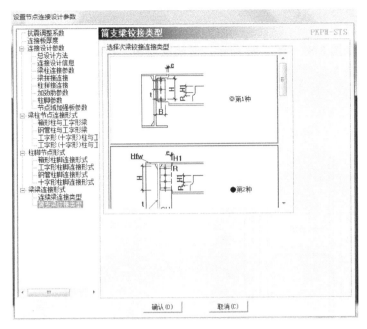

图 3-80　简支梁铰接类型

参数注释：

选择次梁铰接连接类型

程序提供 4 种选择类型，一般可选择第 2 种。

点击【连接设计/自动设计＋生成连接】→【绘施工图/自动绘图】，程序弹出对话框，如图 3-81 所示。

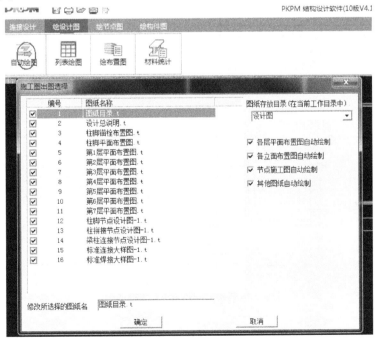

图 3-81　施工图出图选择

3.16.2 节点施工图

节点施工图如图 3-82～图 3-91 所示。框架梁与箱形柱的刚性连接如表 3-24 所示,梁与梁铰接连接如表 3-25 所示。

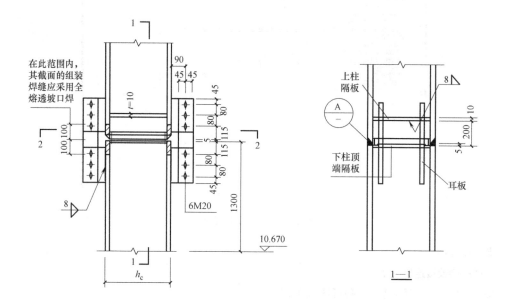

箱形截面柱的工地拼接及设置
安装耳板和水平加劲肋的构造

(箱壁采用全熔透的坡口对接焊缝连接)

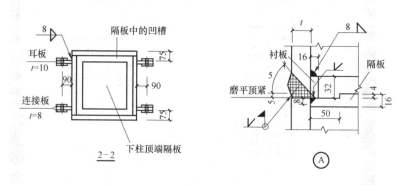

说明:图中未标注的框架柱以轴线居中。

图 3-82　箱形截面柱的工地拼接及设置

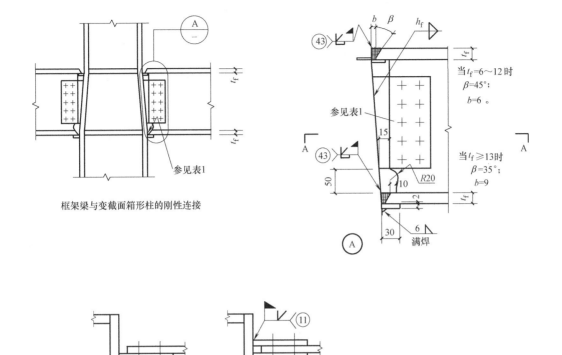

框架梁与变截面箱形柱的刚性连接

当 $t_f=6\sim12$ 时
$\beta=45°$;
$b=6$。

参见表1

当 $t_f\geqslant13$ 时
$\beta=35°$;
$b=9$

满焊

A-A
连接板为单剪板

A-A
连接板为双剪板

图 3-83　框架梁与变截面箱形柱的刚性连接

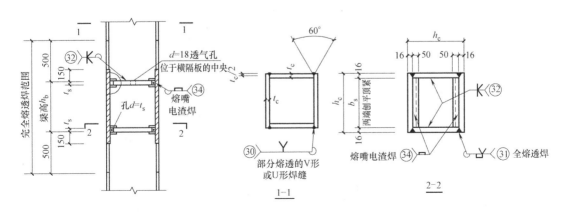

$d=18$透气孔
位于横隔板的中央

孔$d=t_s$

熔嘴电渣焊

部分熔透的V形
或U形焊缝

熔嘴电渣焊

全熔透焊

1-1

2-2

图 3-84　箱形截面柱的工厂拼接及当框架梁与柱刚性连接时柱中设置水平加劲肋的构造

注：框架梁翼缘所在位置设置的水平加劲肋，其中心线应与梁翼缘的中心线对准，且厚度 t_s 应等于梁翼缘厚度中之最大者。

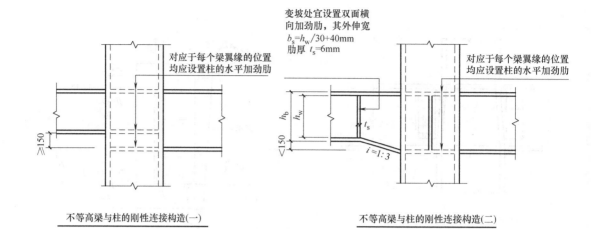

不等高梁与柱的刚性连接构造(一)

不等高梁与柱的刚性连接构造(二)

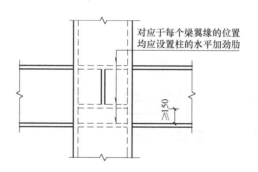

不等高梁与柱的刚性连接构造(三)

图 3-85 不等高梁与柱的刚性连接构造

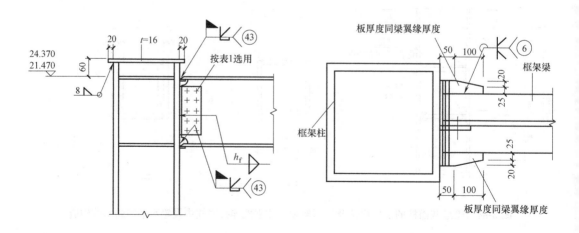

图 3-86 顶层框架梁与箱形截面柱的刚性连接

图 3-87 框架梁柱刚接时梁上下翼缘补强板大样

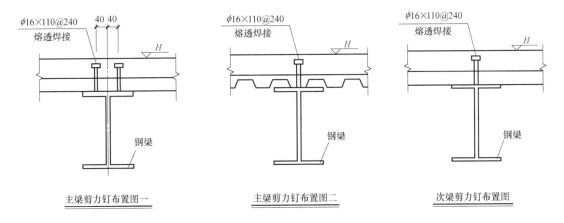

图 3-88　剪力钉布置图

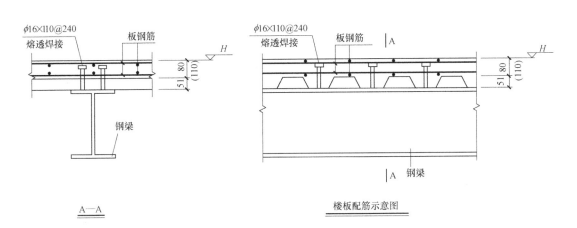

图 3-89　楼板配筋示意图

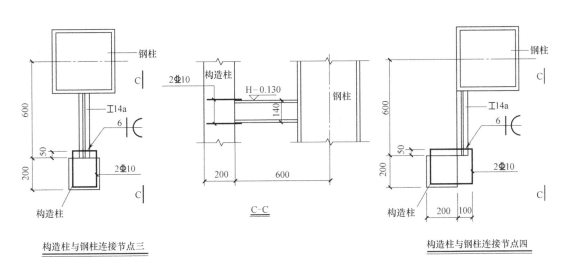

图 3-90　构造柱与钢柱连接节点

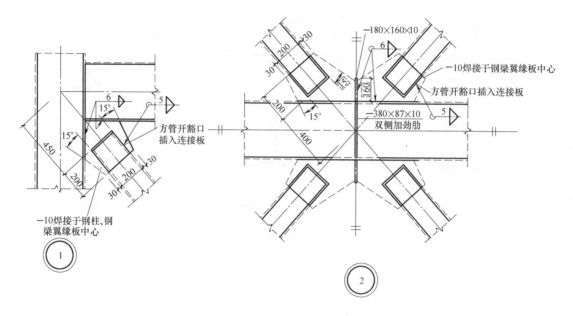

图 3-91　支撑节点

框架梁与箱形柱的刚性连接　　　　　　　　　　　　　　表 3-24

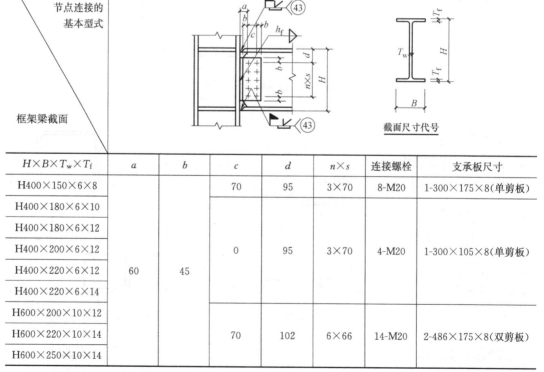

$H \times B \times T_w \times T_f$	a	b	c	d	$n \times s$	连接螺栓	支承板尺寸
H400×150×6×8			70	95	3×70	8-M20	1-300×175×8(单剪板)
H400×180×6×10							
H400×180×6×12							
H400×200×6×12			0	95	3×70	4-M20	1-300×105×8(单剪板)
H400×220×6×12	60	45					
H400×220×6×14							
H600×200×10×12							
H600×220×10×14			70	102	6×66	14-M20	2-486×175×8(双剪板)
H600×250×10×14							

注：变截面柱与梁连接支承板的尺寸由实际放样确定。

| 梁与梁铰接连接 | | | | | | 表 3-25 |

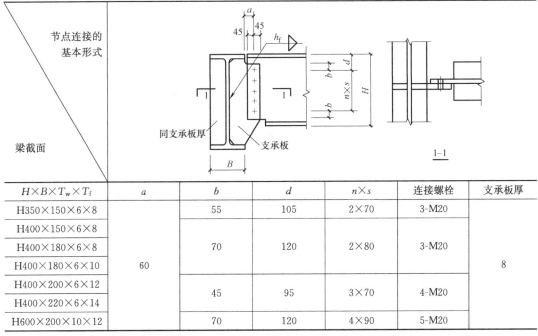

| 节点连接的基本形式 | | | | | | |

$H \times B \times T_w \times T_f$	a	b	d	$n \times s$	连接螺栓	支承板厚
H350×150×6×8		55	105	2×70	3-M20	
H400×150×6×8						
H400×180×6×8	60	70	120	2×80	3-M20	8
H400×180×6×10						
H400×200×6×12		45	95	3×70	4-M20	
H400×220×6×14						
H600×200×10×12		70	120	4×90	5-M20	

注：支承板的尺寸由实际放样确定。

3.17 基础设计

本工程采用柱下独立基础，柱下独立基础基底持力层为粉质黏层，$f_{ak}=140\text{kPa}$，设计过程与传统混凝土框架结构一样。

3.17.1 JCCAD 软件操作

在 JCCAD 中计算，操作过程如下：

（1）在屏幕的右上方点击"基础设计"（图 3-92），进入 JCCAD 对话框，分别点击"荷载组合"与"读取荷载"，如图 3-93～图 3-95 所示。

图 3-92 菜单

113

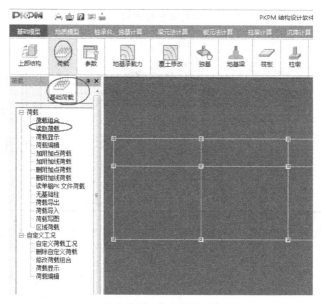

图 3-93　JCCAD/基础人机交互输入

图 3-94　读取荷载对话框

注：一般选择 SATWE 荷载，对于某些工程的独立基础，应根据《抗规》4.2.1 的要求，去掉 SATWE 地 X 标准值、SATWE 地 Y 标准值。

《抗规》4.2.1：下列建筑可不进行天然地基及基础的抗震承载力验算：

1）本规范规定可不进行上部结构抗震验算的建筑。

2）地基主要受力层范围内不存在软弱黏性土层的下列建筑：

① 一般的单层厂房和单层空旷房屋；

② 砌体房屋；

③ 不超过 8 层且高度在 24m 以下的一般民用框架和框架-抗震墙房屋；

④ 基础荷载与③项相当的多层框架厂房和多层混凝土抗震墙房屋。

注：软弱黏性土层指 7 度、8 度和 9 度时，地基承载力特征值分别小于 80kPa、100kPa 和 120kPa 的土层。

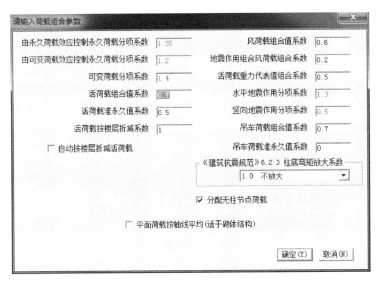

图 3-95 "荷载组合参数"对话框

注：1. 荷载分项系数一般情况下可不修改，灰色的数值是规范指定值，一般不修改，若用户要修改，则可以双击灰色的数值，将其变成白色的输入框后再修改。

2. 当"分配无柱节点荷载"打"勾号"后，程序可将墙间无柱节点或无基础柱上的荷载分配到节点周围的墙上，从而使墙下基础不会产生丢荷载情况。分配原则是按周围墙的长度加权分配，长墙分配的荷载多，短墙分配的荷载少。

3. JCCAD 读入的是上部未折减的荷载标准值，读入 JCCAD 的荷载应折减。当"自动按楼层折减或荷载"打"勾号"后，程序会根据与基础相连的每个柱、墙上面的楼层数进行活荷载折减。

4. 由《抗规》4.2.1 可知，本工程不需要进行天然地基及基础的抗震承载力验算，故柱底弯矩放大系数可不放大。

（2）点击【基础模型/参数】→【参数】，如图 3-96～图 3-104 所示。

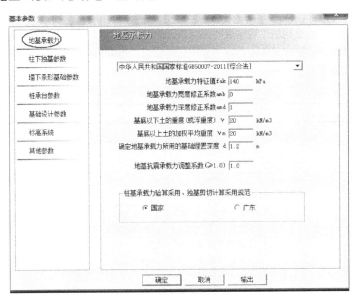

图 3-96　地基承载力

参数注释：

1. 计算承载力的方法

程序提供 5 种计算方法，设计人员应根据实际情况选择不同的规范，一般可选择"中华人民共和国国家标准 GB 50007—2011 综合法"，如图 3-90 所示。选择"中华人民共和国国家标准 GB 50007—2011 综合法"和"北京地区建筑地基基础勘察设计规范 DBJ 11-501—2009"需要输入的参数相同，"中华人民共和国国家标准 GB 50007—2011 抗剪强度指标法"和"上海市工程建设规范 DGJ 08-11—2010 抗剪强度指标法"需输入的参数也相同。

图 3-97 计算承载力方法

2. 地基承载力特征值 f_{ak}(kPa)

"地基承载力特征值 f_{ak}(kPa)"应根据地质报告输入。

3. 地基承载力宽度修正系数 amb

初始值为 0，当基础宽度大于 3m 时，从载荷试验或其他原位测试、经验值等方法确定的地基承载力应按《建筑地基基础设计规范》GB 50007—2011 第 5.2.4 条确定：当基础宽度大于 3m 或埋置深度大于 0.5m 时，从载荷试验或其他原位测试、经验值等方法确定的地基承载力特征值，尚应按下式修正：

$$f_a = f_{ak} + \eta_b \gamma (b-3) + \eta_d \gamma_m (d-0.5)\tag{3-1}$$

式中　f_a——修正后的地基承载力特征值（kPa）；

　　　f_{ak}——地基承载力特征值（kPa），按本规范第 5.2.3 条的原则确定；

　η_b、η_d——基础宽度和埋置深度的地基承载力修正系数，按基底下土的类别查表 3-26 取值；

　　　γ——基础底面以下土的重度（kN/m³），地下水位以下取浮重度；

　　　b——基础底面宽度（m），当基础底面宽度小于 3m 时按 3m 取值，大于 6m 时按 6m 取值；

　　　γ_m——基础底面以上土的加权平均重度（kN/m³），位于地下水位以下的土层取有效重度；

　　　d——基础埋置深度（m），宜自室外地面标高算起。在填方整平地区，可自填土地面标高算起，但填土在上部结构施工后完成时，应从天然地面标高算起。对于地下室，当采用箱形基础或筏基时，基础埋置深度自室外地面标高算起；当采用独立基础或条形基础时，应从室内地面标高算起。

承载力修正系数　　　　　　　　　　　　　　　　表 3-26

土的类别			η_b	η_d
淤泥和淤泥质土			0	1.0
人工填土 e 或 I_L 大于等于 0.85 的黏性土			0	1.0
红黏土		含水比 $a_w > 0.8$	0	1.2
		含水比 $a_w \leqslant 0.8$	0.15	1.4
大面积压实填土		压实系数大于 0.95、黏粒含量 $\rho_c \geqslant 10\%$ 的粉土	0	1.5
		最大干密度大于 2100kg/m³ 的级配砂石	0	2.0
粉土		黏粒含量 $p_c \geqslant 10\%$ 的粉土	0.3	1.5
		黏粒含量 $P_c < 10\%$ 的粉土	0.5	2.0
e 及 I_L 均小于 0.85 的黏性土			0.3	1.6
粉砂、细砂（不包括很湿与饱和时的稍密状态）			2.0	3.0
中砂、粗砂、砾砂和碎石土			3.0	4.4

4. 地基承载力深度修正系数 amd

初始值为 1，当基础埋置深度大于 0.5m 时，从载荷试验或其他原位测试、经验值等方法确定的地基承载力应《建筑地基基础设计规范》GB 50007—2011 第 5.2.4 条确定。

5. 基底以下土的重度（或浮重度）γ(kN/m³)

初始值为 20，应根据地质报告填入。

6. 基底以下土的加权平均重度（或浮重度）γ_m(kN/m³)

初始值为 20，应取加权平均重度。

7. 确定地基承载力所用的基础埋置深度 d(m)

基础埋置深度，一般自室外地面标高算起。在填方整平地区，可自填土地面标高算起，但填土在上部结构施工完成时，应从天然地面标高算起。对于地下室，当周围无可靠侧向限制时，埋置深度应从具有侧限的地面算起，如采用箱型或筏板基础，基础埋置深度自室外地面标高算起，如果采用独立基础或条形基础而无满堂抗水板时，应从室内地面标高算起。

《北京细则》规定，地基承载力进行深度修正时，对于有地下室之满堂基础（包括箱基、筏基以及有整体防水板之单独柱基），其埋置深度一律从室外地面算起。当高层建筑侧面附有裙房且为整体基础时（无论是否由沉降缝分开），可将裙房基础底面以上的总荷载折合成土重，再以此土重换算成若干深度的土，并以此深度进行修正。当高层建州四边的裙房形式不同，或仅一、二边为裙房，其他两边为天然地面时，可按加权平均方法进行深度修正。

规范要求的基础最小埋置深度无论有无地下室都从室外地面算至结构最外侧基础底面（主要考虑整体结构的抗倾覆能力，稳定性和冻土层深度）。当室外地面为斜坡时基础的最小埋置以建筑两侧较低一侧的室外地面算起。

8. 地基抗震承载力调整系数

按《抗规》第 4.2.3 条确定，如表 3-27 所示。一般填写 1.0 偏于安全。地基抗震承载力调整系数，实际上是吃了以下两方面的潜力：动荷载下地基承载力比静荷载下高、地震是小概率事件，地基的抗震验算安全度可适当减低。在实际设计中，对强夯、排水固结法等地基处理，由于地基的性能在处理前后有很大的改变，可根据处理后地基的性状按规范表 4-2 直接决定 ζ_a 值。对换填等地基处理（包括普通地基下面有软弱土层），如果基础底面积由软弱下卧层决定，宜根据软弱下卧层的性状按规范表 3-26 决定 ζ_a 值；否则按上面较好土层性状决定 ζ_a 值。对水泥搅拌桩、CFG 桩等复合地基，由于一般增强体的置换率都比较小，原天然地基的性状占主导地位，可以按天然地基的性状决定 ζ_a 值。

地基抗震承载力调整系数   表 3-27

岩土名称和性状	ζ_a
岩石,密实的碎石土,密实的砾、粗、中砂,$f_{ak} \geqslant 300$ 的黏性土和粉土	1.5
中密、稍密的碎石土,中密和稍密的砾、粗、中砂,密实和中密的细、粉砂,$150\text{kPa} \leqslant f_{ak} < 300\text{kPa}$ 的黏性土和粉土,坚硬黄土	1.3
稍密的细、粉砂,$100\text{kPa} \leqslant f_{ak} < 150\text{kPa}$ 的黏性土和粉土,可塑黄土	1.1
淤泥,淤泥质土,松散的砂,杂填土,新近堆积黄土及流塑黄土	1.0

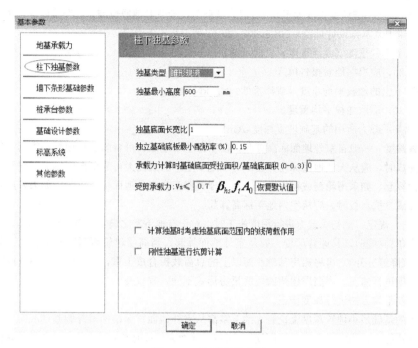

图 3-98　柱下独基参数

注：此部分参数，可以根据实际工程具体填写。

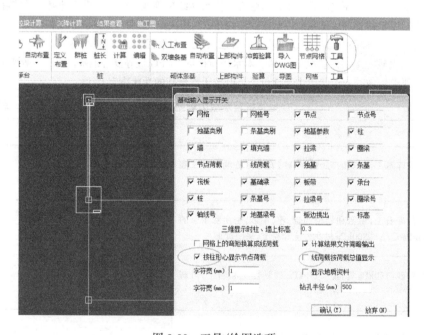

图 3-99　工具/绘图选项

图 3-100　墙下条形基础参数

注：一般根据实际工程填写。

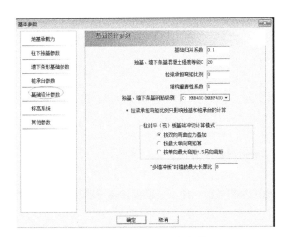

图 3-101　桩承台参数

注：一般根据实际工程填写。

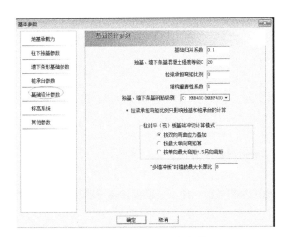

图 3-102　基础设计参数

参数注释：

1. 基础归并系数

一般可填写 0.1。

2. 独基、条基、桩承台底板混凝土强度等级 C

一般按实际工程填写，取 C30 居多。

3. 拉梁弯矩承台比例

由于拉梁一般不在 JCCAD 中计算，此参数可填写 0。

4. 结构重要性系数

应和上部结构统一，可按《混规》3.3.2 条确定，普通工程一般取 1.0。

在持久设计状况和短暂设计状况下，对安全等级为一级的结构构件不应小于 1.1，对安全等级为二级的结构构件不应小于 1.0，对安全等级为三级的结构构件不应小于 0.9；对地震设计状况下应取 1.0。

5. 多墙冲板时墙肢最大长厚比

一般可按默认值 8 填写。

6. 柱对平（筏）板基础冲切计算模式

程序提供三种选择模式：按双向弯曲应力叠加、按最大单向弯矩算、按单向最大弯矩＋0.5 另向弯矩；一般可选择，按双向弯曲应力叠加。

7. 独基、墙下条基钢筋级别：一般可取 HRB400。

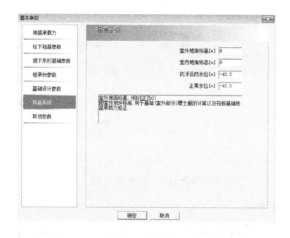

图 3-103　标高系统

参数注释：

1. 室外地面标高

初始值为－0.3，应根据实际工程填写，应由建筑师提供；用于基础（室外部分）覆土重的计算以及筏板基础地基承载力修正。

2. 室内地面标高

应根据实际工程填写，一般可按默认值 0。

3. 抗浮设防水位

用于基础抗浮计算，一般楼层组装时，地下室顶板标高可填写 0.00m，然后再根据实际工程换算得到抗浮设防水位。

4. 正常水位

应根据实际工程填写。

120

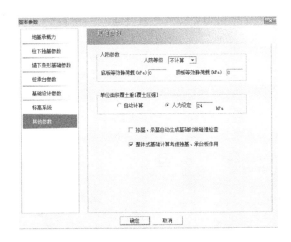

图 3-104　其他参数

参数注释：

1. 人防等级

普通工程一般选择"不计算"，此参数应根据实际工程选用。

2. 底板等效静荷载、顶板等效静荷载

不选择"人防等级"，等效静荷载为 0，选择"人防等级"后，对话框会自动显示在该人防等级下，无桩无地下水时的等效静荷载，可以根据工程需要，调整等效静荷载的数值。对于筏板基础，如采用【桩筏筏板有限元计算】的计算方法，则"底板等效静荷载、顶板等效静荷载"的数值还可在【桩筏筏板有限元计算】→【模型参数】中修改，但"人防等级"参数必须在此设定；如采用【基础梁板弹性地基梁法计算】，则只能在此输入。

3. 单位面积覆土重（覆土压强）

一般可按默认值，人为设定 24kPa。该项参数对筏板基础不起作用，筏板基础覆土重在"筏板荷载"菜单里输入。

（3）【独基/独立基础】→【自动布置/单柱基础】，按 Tab 键，选择"窗口方式选取"，框选要布置的范围，弹出对话框，如图 3-105 所示，根据实际工程填写相关参数，点击确定后，程序会自动生成独立基础。

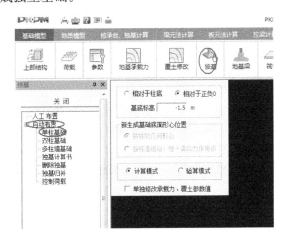

图 3-105　独立基础布置方式

（4）【施工图】→【制图/基础详图/插入详图】，可以自动生成独立基础详图，如图3-106所示。

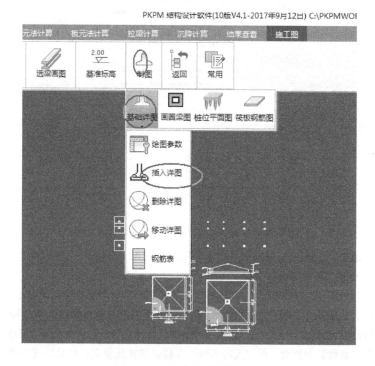

图 3-106　独立基础详图（1）

注：在实战设计中，独立基础的布置可总结如下：

1. 点击：工具/绘图选项/（显示内容，勾选节点荷载、线荷载、按柱形心显示节点荷载，线荷载按荷载总值显示）；点击：荷载-基础荷载-荷载写图，（写图文件/全不选，再勾选标准组合，最大轴力），将 Ftarget_1 Nmax，T（标准组合、最大轴力）图转换为 dwg 图。

2. 对照 Ftarget_1 Nmax 图，按轴力大小值进行归并，一般来说，轴力相差 200～300kN 左右的独立基础进行归并。选一个最不利荷载的柱子，点击：JCCAD/基础人机交互输入/独立基础/自动生成，即生成了独立基础，可以查看其截面大小与配筋。

3. 在基础平面图中把该独立基础用平法表示，再把其他轴力比该值小 200～300kN 范围的柱子也布置该独立基础，并用平法标注。布置独立基础可以在 TSSD 中点击：基础布置/独立基础。再用同样的方法完成剩下的独立基础布置。

4. 如果用程序自动生成独立基础，设置好参数后，点击：独基/独立基础/自动布置/单柱基础，框选即可；再在基础平面施工图中，插入大样，并在屏幕上方点击：施工图/标注/标注字符、独基编号。有时候，需要生成双柱或三柱联合独立基础，如果勾选了进行"基础碰撞检查"，可能无法生成联合基础。可以不勾选"基础碰撞检查"，再改变基础的形状，在参数设置中填写基础的长宽比大小即可。

3.17.2　基础大样

基础大样，如图 3-107、图 3-108 所示。

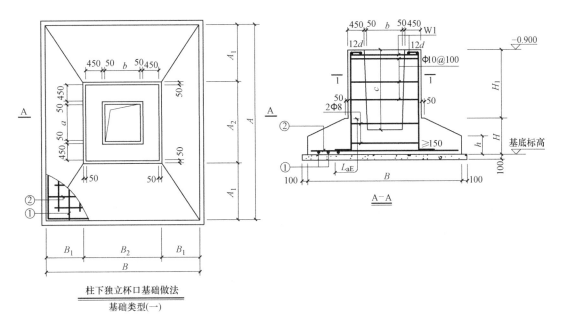

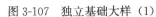

柱下独立杯口基础做法
基础类型(一)

图 3-107　独立基础大样（1）

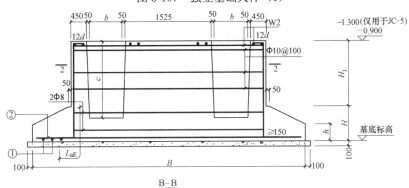

柱下独立杯口基础做法
基础类型(二)

图 3-108　独立基础大样（2）

4 桁架设计

4.1 工程概况

本工程位于山东省蓬莱市经济开发区，主体建筑高度：33.080m（室外地面至檐口高度），建筑物抗震设防烈度：7度（0.15g），设计地震分组第二组，抗震设防类别丙类；建筑物结构设计使用年限：50年；建筑物的耐火等级为：二级；屋面防水等级：Ⅱ级；建筑层数：一层；设计基准期为50年的基本风压值为0.55kN/m²，地面粗糙度为A类，基本雪压为0.45kN/m²，场地类别：Ⅱ类。

屋檐处标高32.530m、屋脊处标高34.360m，坡度5%，两跨，每跨36m。

4.2 构件截面选取

弦杆TW150×300×10×15、下弦杆TW150×300×10×15、腹杆本工程采用了四种截面，分别为：2L80×8、2L100×8、2L90×8、2L125×10。如图4-1、图4-2所示。

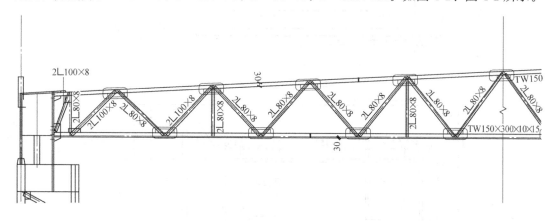

图4-1 桁架截面尺寸（1）（剖断线左侧）

桁架的钢柱采用格构式柱，截面尺寸为2H400×220×8×12，斜缀条：L125×80×10、平缀条：L110×70×8、附加缀条：L50×5；与桁架相连的钢柱采用工字型钢，截面为H1200×376×14×20、H1300×400×16×20。

经验：

上弦一般最小取2L70×6、下弦一般最小取2L70×6，腹板一般最小取2L50×5，格构式柱一般最小取2H400×220×8×10（间距1500mm）。上弦选一种截面，下弦选一种截面，腹板选3~4种；端部腹板受力较大，截面较大。

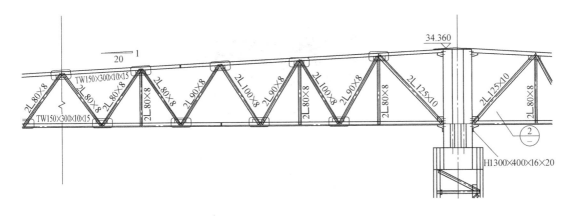

图 4-2　桁架截面尺寸（2）（剖断线右侧）

4.3　桁架 STS 建模与计算

点击【钢结构/钢结构二维设计】→【桁架】，如图 4-3～图 4-8 所示。

图 4-3　桁架

图 4-4　新建工程文件

图 4-5　PK 交互输入主菜单

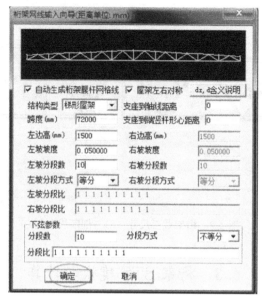

图 4-6　桁架网线输入向导

参数注释：

1. 自动生成桁架腹杆网格线

一般应勾选。

2. 屋架左右对称

一般应勾选。

3. 结构类型

应根据实际工程填写，当跨度大于 18m 时多采用梯形屋架，小于 15m 时可采用三角形屋架；程序提供三种选择，分别为：梯形屋架、三角形屋架、托架类；本工程选择"梯形屋架"。

4. 跨度、左边高

应按实际工程填写；本工程跨度为 72m。由于该工程在跨中设置格构式柱，中间支座高度可按 $L/12$ 取，即 36m/12＝3m，按坡度计算，则左柱高可为 1.2m，又因为腹杆与弦杆的角度一般应在 30°～60°（一般可取 45°），左柱高可以取 1.5m。

5. 支座到轴线距离

本工程填写 0。

6. 支座到端竖杆形心距离

与竖杆的截面大小有关，本工程填写 0。

7. 左坡分段数

一般每段 1.5m 左右；由于本工程采用附檩＋主檩的形式，主檩（高频焊钢）截面较大，为了减小主檩数量以及考虑支撑在主檩上楼承板跨度的要求，主檩间距采用 3.6m；附檩支撑在楼承板上，附檩间距可取 1.5m；本工程左坡分段数取 10。

8. 左坡分段方式

一般选择等分。

9. 下弦分段数

可与上弦分段数相对应；填写上弦分段数后，程序会自动算出下弦分段数；本工程填写 10。

10. 下弦分段方式

一般可选择等分。

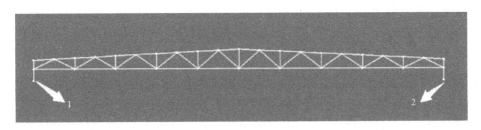

图 4-7　STS 自动生成的桁架

点击【删除节点】，在图 4-7 中点击节点 1、节点 2，按回车键。如图 4-8 所示。

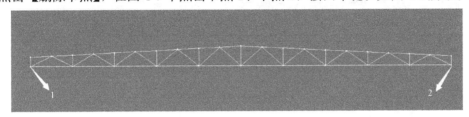

图 4-8　桁架立面图（1）

点击【轴线网格/连续直线】，在图 4-8 中点击节点 2，选择垂直方向的角度，在屏幕左下方命令栏中输入：@0，－1000，按 Esc 键退出，再按回车键，再按 Esc 键退出，绘制直线段 1；点击绘制直线段 1 的末端节点，点击【轴线网格/连续直线】，选择垂直方向的角度，在屏幕左下方命令栏中输入：@0，－30000，按 Esc 键退出，再按回车键，再按 Esc 键退出，绘制直线段 2；对图 4-8 中节点 1 进行以上操作，操作完成后，如图 4-9、图 4-10 所示。

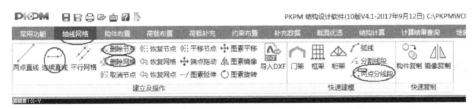

图 4-9　轴线网格

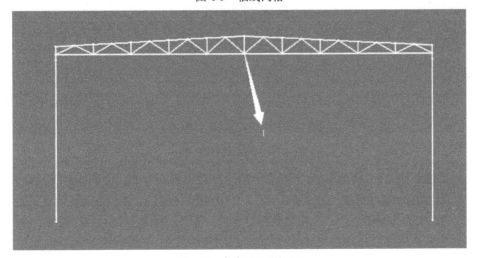

图 4-10　桁架立面图（2）

点击【轴线网格/连续直线】，在图 4-9 中点击节点 1，选择垂直方向的角度，在屏幕左下方命令栏中输入：@0，－1000，按 ESC 键退出，再按回车键，再按 Esc 键退出，绘制直线段 3；如图 4-11 所示。

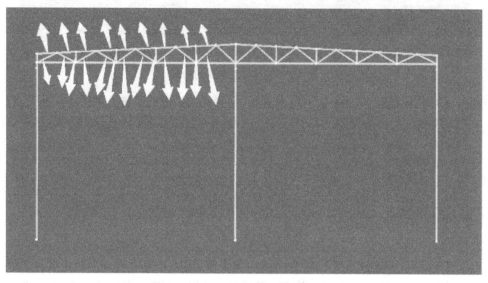

图 4-11 桁架立面图（3）

点击【轴线网格/2 点分线段】，将图 4-11 中箭头指向的上弦杆 2 等分，点击【删除网格】，将图 4-11 中的箭头指向的腹杆删除，如图 4-12 所示。

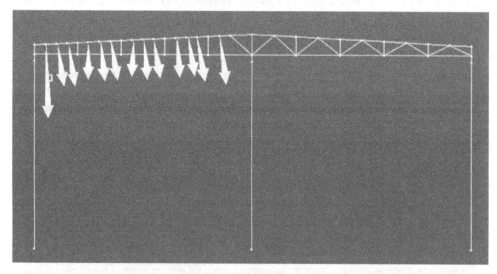

图 4-12 桁架立面图（4）

点击【两点直线】，从图 4-12 中箭头指向的单点引垂直直线，如图 4-13 所示。

点击【连续直线】，将图 4-13 中的节点 1、2 连成腹杆线段，再依次连接剩下的点；点击【取消节点】，切换为窗口的形式，将下弦杆下面的所有节点取消并删除。如图 4-14 所示。

点击【取消节点】，切换为光标的形式，依次将图 4-14 中箭头指向的节点取消，如图 4-15 所示。

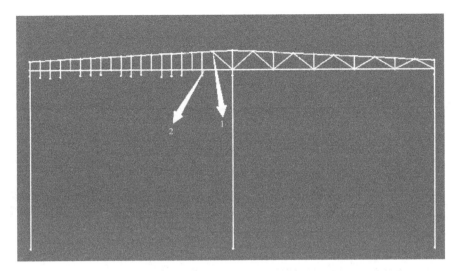

图 4-13　桁架立面图（5）

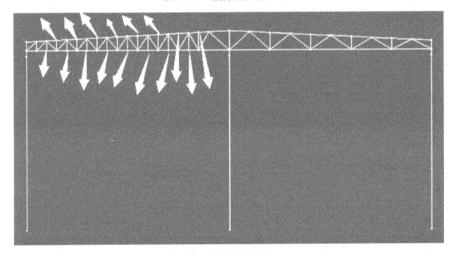

图 4-14　桁架立面图（6）

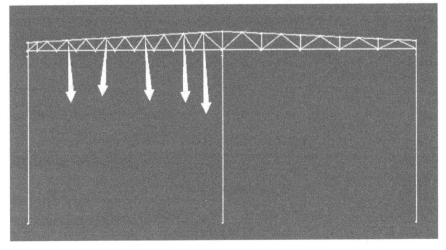

图 4-15　桁架立面图（7）

点击【两点直线】，选择垂直方向，将图 4-15 中的节点向下绘制腹杆线段，如图 4-16 所示。

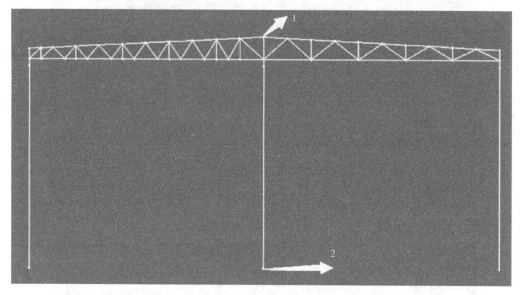

图 4-16 桁架立面图（8）

点击【删除节点、网格】，删除图 4-16 中右部分的桁架，点击【镜像复制】，依次点击图 4-16 中的节点 1、2，框选左边的图素，完成整个桁架网格线的绘制，如图 4-17 所示。

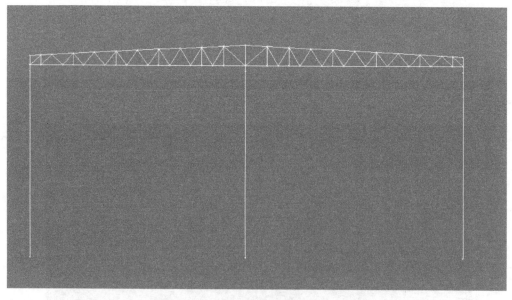

图 4-17 桁架立面图（9）

注：手动修改腹杆位置，是为了使得受力更加合理，桁架整体与柱子为刚接。

点击【构件布置/柱布置】，在弹出的对话框中点击"增加"，选择"标准型钢 H 型钢"（TW150×300×10×15）；如图 4-18～图 4-20 所示。

图 4-18　构件布置

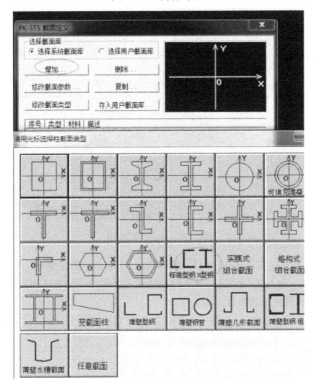

图 4-19　PK-STS 截面定义

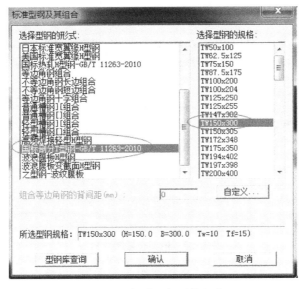

图 4-20　标准型钢及其组合

在图4-19中点击"增加"，定义等边角钢2∟80×8，肢间距为8，再点击"复制"，依次定义截面2∟100×8、2∟90×8、2∟125×10，肢间距为8；参考图4-1、图4-2，布置上弦、下弦及腹杆截面，布置完成后如图4-21所示。

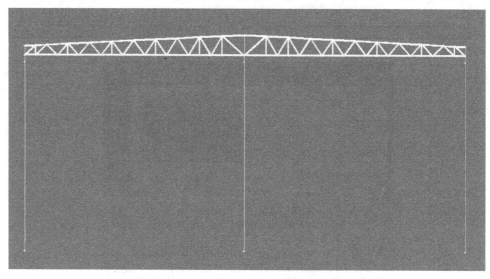

图4-21 桁架布置图

注：1. 布置上弦、下弦杆时可采用窗口框选的方式，左坡部分的上弦杆，可均按回车键，程序默认为0，右坡上弦杆布置时，输入0，180，布置下弦杆时，可采用轴线的方式布置，输入0，180；

2. 布置腹杆时，角钢翼缘应放置在上面。

在图4-19中点击"增加"，选择"工字型钢"，定义截面为：H 1200×376×14×20、H 1300×400×16×20；点击要布置的截面H 1200×376×14×20，布置杆件1、3；点击要布置的截面1300×400×16×20，布置杆件2；如图4-22所示。

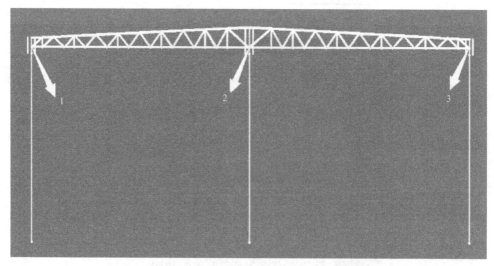

图4-22 桁架布置图（1）

在图4-19中点击"增加"，选择"格构式组合截面"，在弹出的对话框（图4-23）中选择截面6，定义截面尺寸为2 H 400×220×8×12。

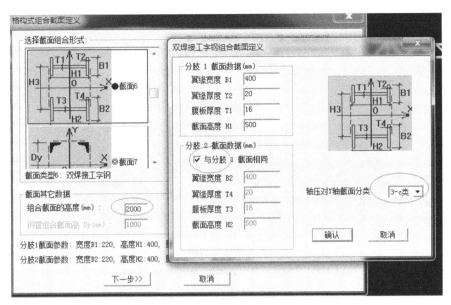

图 4-23 格构式组合截面定义

注：截面定义完成后，在图 4-23 中点击"下一步"，弹出"格构式组合截面缀件定义"对话框，如图 4-24 所示。

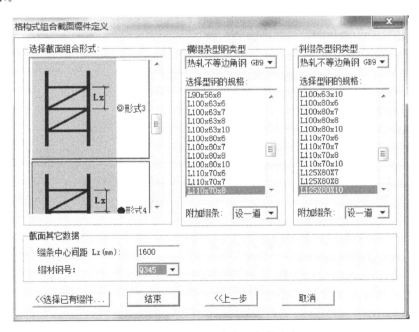

图 4-24 格构式组合截面缀件定义

注：完成参数设置与构件选择后，点击"结束"，在选择该格构式截面，点击确定，输入偏心距离（左偏为正，右偏为负），布置在钢柱轴线上，如图 4-25 所示。

点击【支座修改/删除支座】，将图 4-26 中画圈的支座删除。

点击【构件布置/计算长度/平面外】，弹出对话框如图 4-27 所示，将格构式钢柱平面外计算长度改为 10000。

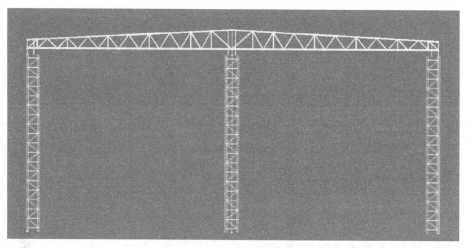

图 4-25 桁架布置图（2）

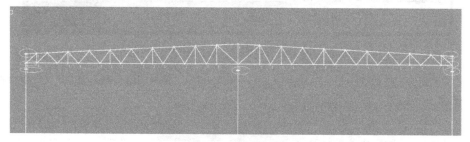

图 4-26 删除支座

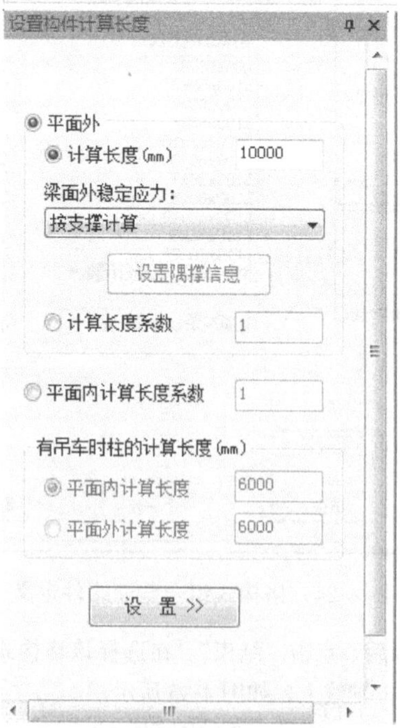

设置构件计算长度

◉ 平面外
　◉ 计算长度(mm)　　10000
　梁面外稳定应力：
　按支撑计算
　　　　设置隔撑信息
　◎ 计算长度系数　　1

◎ 平面内计算长度系数　1
有吊车时柱的计算长度(mm)
　◉ 平面内计算长度　6000
　◎ 平面外计算长度　6000

设　置 >>

图 4-27 构件平面外计算长度

注：由于每隔 10m 设置柱间支撑，所以柱平面外计算长度可修改为 10m。

点击【约束布置/节点铰】，按回车键，切换为窗口选择方式，除了图 4-28 中画圈的杆件不框选外，桁架其他部位的杆件都可框选。

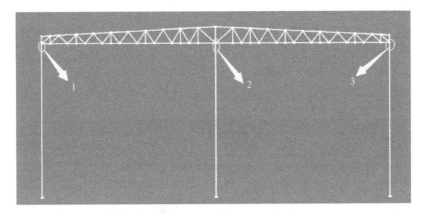

图 4-28　铰接构件/布置柱铰接

下弦杆竖向腹杆之间（除了端部）都设置有通长系杆，所以系杆（配合下弦支撑）可以作为下弦杆的平面外支撑，平面外计算长度可取 7200mm；点击【计算长度】，弹出对话框（图 4-27），将"柱平面外计算长度"输入 7200，然后切换为"轴线输入"，将下弦杆的平面外计算长度改为 7200。

点击【计算长度】，弹出对话框（图 4-27），将"柱平面外计算长度"输入 3600，将图 4-29 中的画圈的上弦杆计算长度改为 3600。

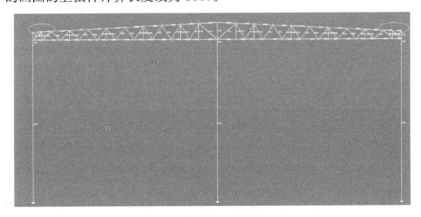

图 4-29　桁架平面外计算长度

注：《钢标》8.4.1 中规定了对于桁架平面内其他腹杆，平面内计算长度可取 0.8*l*，但偏于安全计算，一般不修改程序默认的平面内计算长度。

点击【计算长度】，将图 4-28 中的画圈中的杆件 1、2、3 的平面内计算长度改为 45（此值是按等截面柱近似估算的，偏于安全，节点上下的长度约为 30，还应乘以一个 1.5 的系数，悬臂柱乘以系数 2）。

布置屋面恒载，对于桁架，由于檩条都位于节点处，应按节点恒载输入；檩条间距为 3.6m，柱距为 9m，恒载为 $0.45kN/m^2$（双层板＋檩条、拉条＋支撑等），所以节点荷载＝$0.45 \times 3.6 \times 9m = 14.6kN$；点击【荷载布置/节点恒载】，弹出对话框，如图 4-30 所示，以窗口的方式布置节点恒载（除图 4-31 中画圈节点与节点 1、2 外的其他所有节点），节点 1、2

由于没有布置檩条，一般不用输入节点恒载，画圈的节点荷载可以按一半荷载输入，7.5kN。

布置屋面活荷载，对于桁架，由于檩条都位于节点处，应按节点活载输入；檩条间距为 3.6m，柱距为 9m，活载为 $0.5kN/m^2$，所以节点荷载＝$0.5 \times 3.6 \times 9m＝16.2kN$；点击【荷载布置（活）/节点活载】，弹出对话框，如图 4-32 所示，以窗口的方式布置节点活载（除图 4-31 中画圈节点与节点 1 、2 外的其他所有节点），节点 1 、2 由于没有布置檩条，一般不用输入节点活载，画圈的节点活载可以按一半荷载输入，8.5kN。

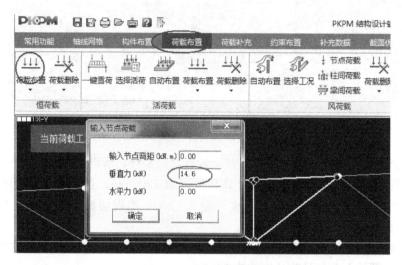

图 4-30　输入节点荷载

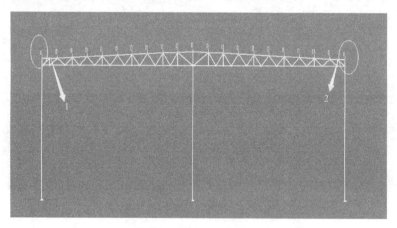

图 4-31　输入节点荷载（1）

点击【荷载布置/自动布置】，参数注释可见第 6 章 ，如图 4-33 所示。

点击【荷载删除/柱荷删除】，删除图 4-34 中的屋面风荷载（画圈）；点击【节点荷载】，弹出对话框，如图 4-35 所示。

点击【选择工况/右风】，点击确定，然后按布置左风节点风荷载的方式布置右坡节点风荷载（图 4-37）。

点击【结构计算/参数输入】，参数注释可参考第 6 章：6.3.12 参数输入，需要注意的是，应选择"1-单层钢结构厂房"、"0-按钢结构设计标准 GB 50017—2017 计算"。

图 4-32　输入节点荷载（2）

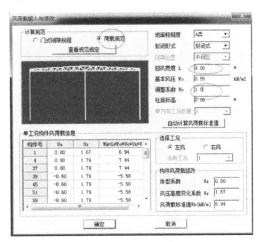

图 4-33　风荷载输入与修改

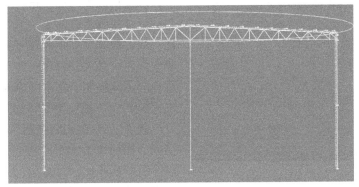

图 4-34　左风荷载（1）

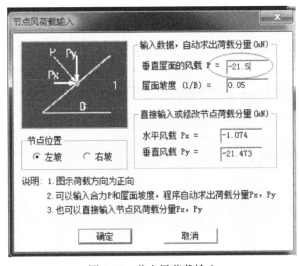

图 4-35　节点风荷载输入

注：1. 屋檐高度 32.530m，查《荷规》8.2.1 可知，风压高度变化系数为 1.7；查《荷规》表 8.3.1 项次 7，可知屋面风荷载体型系数可取 -0.7，所以垂直屋面的风荷载 $p = -0.55 \times 3.6 \times 9 \times 1.7 \times 0.7 = -21.5$kN；

2. 选择左坡，点击确定，用框选的方式在图 4-36 中布置左坡节点风荷载（除节点 1、2 外），节点 1 不需要布置风荷载，节点 2 的风节点值为 $1/2 \times 21.5 = 11$kN。

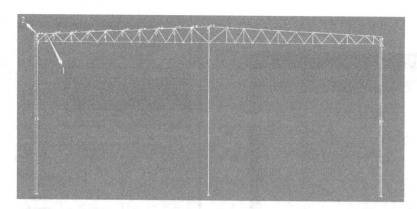

图 4-36　左风荷载（2）

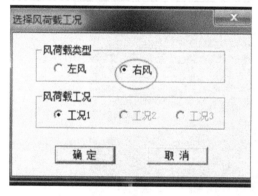

图 4-37　选择风荷载工况

点击【结构计算】，可以查看其计算结果，注意可以参考第 6 章：6.3.14 结构计算与计算结果查看。需要注意的是，计算应力比一般比较小，在控制腹杆截面类型种类不是很多时，最大长细比一般可富余 20%；上弦杆应力比控制，富余 20% 即可。下弦杆长细比控制，一般富余 20% 即可。桁架挠度，可以查看"D 节点位移图"，然后自己换成挠度，挠度按 1/400 控制；腹板满足相应抗震等级的高厚比，翼缘应满足相应抗震等级的宽厚比；《抗规》9.2.14；把所有的节点都框选为铰接。即使是刚接，计算模型也应按铰接。

4.4　桁架节点及施工图绘制

点击【绘施工图/设计参数】→如图 4-38、图 4-39 所示。

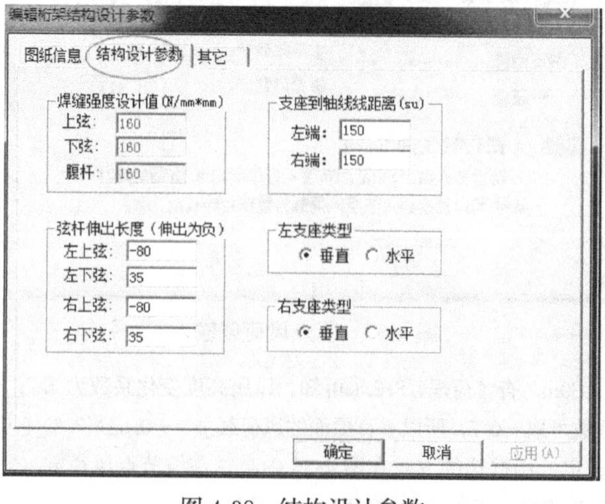

![图 4-38 结构设计参数]

图 4-38　结构设计参数

参数注释：

1. 弦杆伸出长度（左上弦、左下弦、右上弦、右下弦）

左上弦可填写－80、左下弦可填写 35、右上弦可填写－80、右下弦可填写 35。

2. 支座到轴线线距离（左端、右端）：

左端一般可填写 150，右端一般可填写 150。

3. 左支座类型

一般选择垂直。

4. 右支座类型：

一般选择垂直。

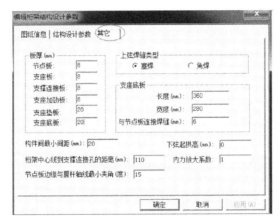

图 4-39　其他

参数注释：

1. 板厚（节点板、支座板、支撑连接板、支座加劲板、支座垫板、支座底板）

节点板可填写 8、支座板可填写 8、支撑连接板可填写 8、支座加劲板可填写 8、支座垫板可填写 20、支座底板可填写 20。

2. 构件间最小间距

一般可填写 20。

3. 桁架中心线到支撑连接孔的距离

一般可填写 110。

4. 节点板边缘与腹杆轴线最小夹角

一般可填写 15。

5. 上弦焊缝类型

一般选择塞焊。

6. 支座底板（长度、宽度）

长度一般可填写 360；宽度一般可填写 280。

7. 与节点板连接焊缝

一般可填写 6。

8. 下弦起拱高

当跨度大于 18m 时，一般可填写 1/500；小于等于 18m 时，可填写 0。

9. 内力放大系数

一般填写 1.0。

桁架节点施工图如图 4-40～图 4-43 所示。

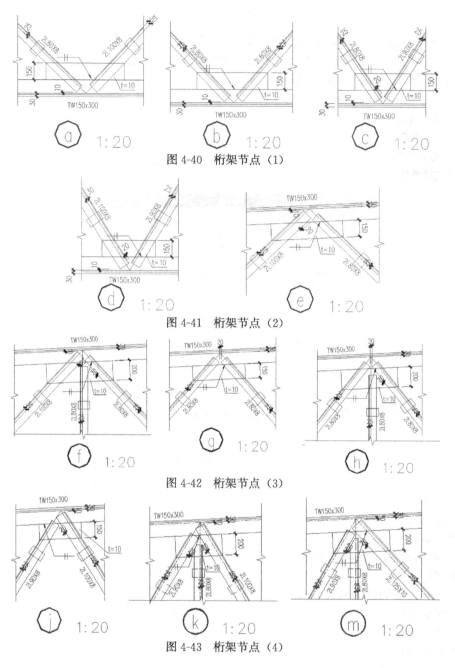

图 4-40　桁架节点（1）

图 4-41　桁架节点（2）

图 4-42　桁架节点（3）

图 4-43　桁架节点（4）

4.5　屋面支撑、系杆设计

参考第 6 章"6.8 屋面支撑、系杆设计"。

4.6　柱间支撑设计

柱间支撑设计参考第 6 章"6.9 柱间支撑设计"；其柱间支撑布置图如图 4-44 所示，ZC3 连接节点如图 4-45、图 4-46 所示。

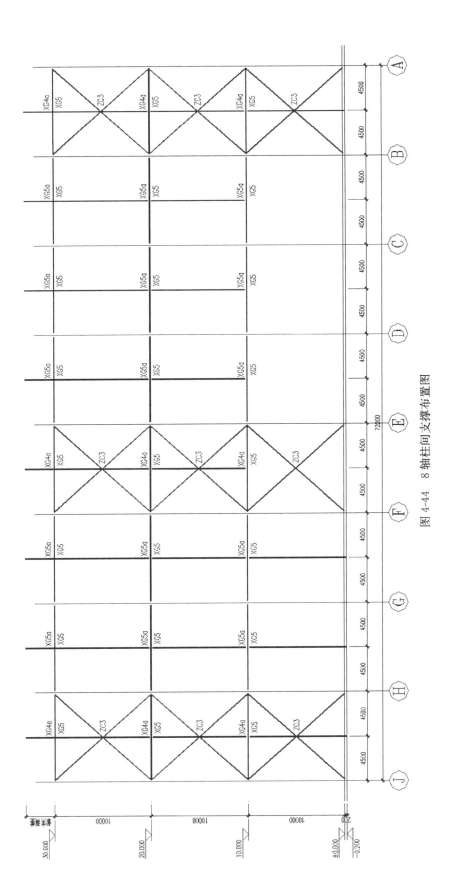

图 4-44   8 轴柱间支撑布置图

141

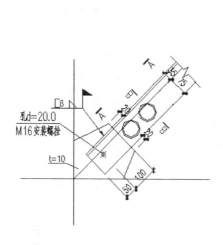

孔d=20.0
M16安装螺栓

t=10

ZC3连接节点一 1:10

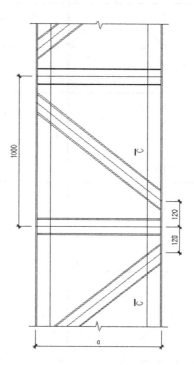

A—A

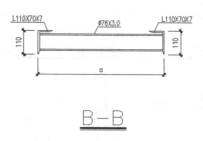

L110X70X7   φ76X3.0   L110X70X7

110   110

a

B—B

图 4-45 ZC3 连接节点 1

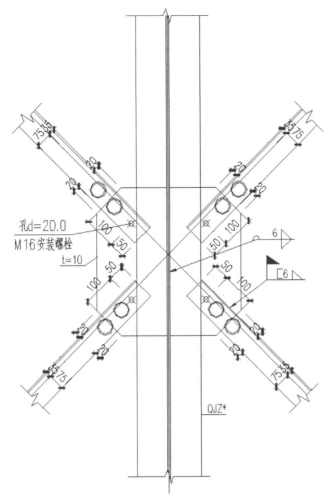

图 4-46 ZC3 连接节点 2

4.7 檩条、拉条、隔撑设计

参考第 6 章 "6.10 檩条、拉条、隔撑设计"。

4.8 基 础 设 计

参考第 6 章 "6.11 基础设计"。

5 网架设计

5.1 工程概况

本工程位于辽宁省沈阳市,抗震设防烈度为 6 度,设计基本地震加速度为 $0.05g$,设计地震分组为第一组,场地类别为 Ⅱ 类。结构设计使用年限 50 年,建筑结构安全等级为二级,设计基准期为 50 年的基本风压值为 $0.55kN/m^2$,地面粗糙度为 B 类,基本雪压为 $0.50kN/m^2$。

本工程网架平面尺寸为 59.5m×59.5m,下弦周边支承,螺栓球节点,正放四角锥网架,网格尺寸为 4.25m×4.25m,厚度为 3.013~4.5m。

5.2 MST 建模

在桌面上点击 MST2014,进入 MST2014 主菜单,如图 5-1 所示。

图 5-1 MST 主菜单

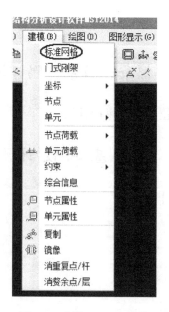

图 5-2 建模(B)主菜单

在图 5-2 中点击【编辑/标准网格】，在弹出的对话框（图 5-3）中选择"矩形平板网架"，点击"下一步"，进入"矩形平板网架向导之一"（图 5-4），填写相关参数后，进入"矩形平板网架向导之三"（图 5-5），选取相关参数后，点击"完成"，程序自动生成"网架平面图"，如图 5-6 所示。

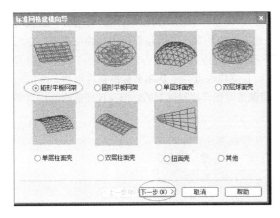
图 5-3　标准网格建模向导

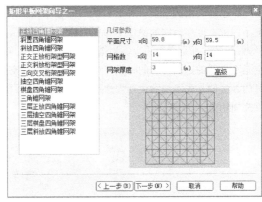
图 5-4　矩形平板网架向导之一

注：1. 从材料用量来看，当平面接近正方形时，以斜放四角锥网架最经济，其次是正放四角锥网架，但后者杆件标准化、节点统一化程度较高，便于工厂化生产，因此应用较广。当平面为矩形时，宜选用斜放四角锥网架、棋盘形四角锥网架和正放抽空四角锥网架。对于平面形状为圆形、多边形等，宜选用三向网架、三角锥网架和抽空三角锥网架。

2. 网格尺寸主要取决于屋面材料的选用，若屋面采用无檩体系，即采用钢丝网水泥板或带肋钢筋混凝土屋面板，网格尺寸不宜超过 4m，否则屋面板将很笨重；若屋面采用有檩体系，受檩条经济跨度的影响，网格尺寸不宜超过 6m。综合国内工程经验，对于矩形平面的网架，上弦网格一般应设计成正方形，上弦网格尺寸与网架短向跨度 L 有关。若 $L<30m$ 上弦网格尺寸为 $(1/6\sim1/12)L$；若 $30m<L<60m$，上弦网格尺寸为 $(1/10\sim1/16)L$；若 $L>60m$，上弦网格尺寸为 $(1/12\sim1/20)L$。

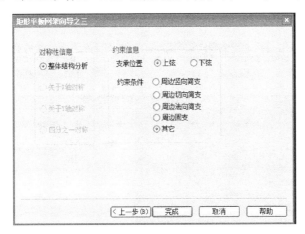
图 5-5　矩形平板网架向导之三

参数注释：
1. 对称性信息

一般选择"整体结构分析"。

2. 支承位置

根据实际情况填写，当约束条件选择"其他"时，支座失去了意义；如果选择上弦，则可以保证上弦间距相等；当选择下弦时，下弦间距相等，上弦边布间距为中间长度的1/2；本工程选择下弦。

3. 约束条件

在选择约束的时候，对于后面的操作中有一项是"约束信息"中的"约束条件"，先选择"其他"，即不约束，等在后面的操作中添加完荷载后再在合适的地方施加约束。原因是程序中"约束信息"中的"约束条件"都是周边约束，当选择这项的时候会发现，程序在周边每个网格的节点上都加了支座，这肯定是不合适的。因为有的时候可能是几个独立柱支撑，而且支撑的点并不是那么标准都在周边，所以最好的办法就是先不加约束，先选择"其他"，等添加完荷载的时候再根据网架的外形及现场能给的约束条件来加约束。

图 5-6　网架平面图

在屏幕左上方快捷菜单中点击【分层/分区显示】（图 5-7），在弹出的对话框中选择"弦层 2"，点击确定，弹出"弦层 2"平面图（图 5-8）。

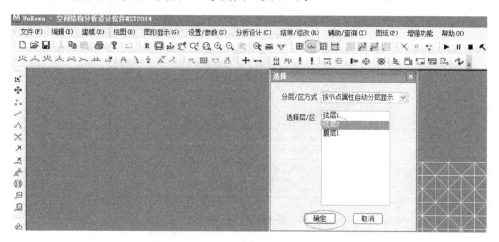

图 5-7　分层/分区显示

点击【建模/复制】，依次框选图 5-8 中画圈的 1、2、3、4 线段，双击右键，在弹出的对话框中（图 5-9）中选择"偏移量"，然后 DX 依次输入－2.125、－2.125、2.125、2.125，完成以上操作后，如图 5-10 所示。

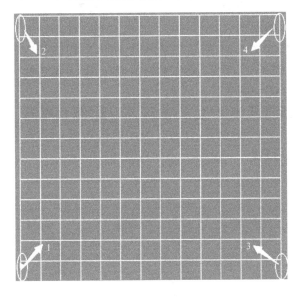

图 5-8 弦层 2 平面图

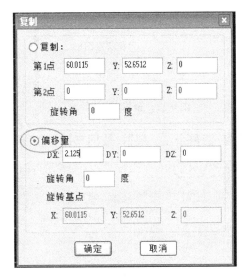

图 5-9 复制对话框

参数注释：因为选择上弦支撑，自动生成时上弦比下弦多 1/2 格的长度，所以，下弦应该人为偏移 1/2 格＝0.5×4.25＝2.125。

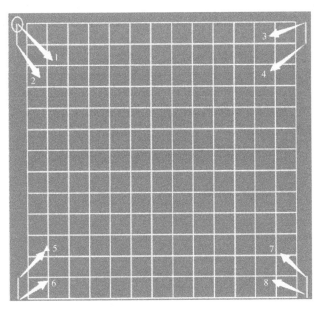

图 5-10 弦层 2 平面图（1）

点击【建模/坐标/指定原点】将图 5-10 中的端点 1 指定为原点。点击【建模/镜像】，框选图 5-10 中的端点 1、2、3、4，点击右键，弹出镜像对话框如图 5-11 所示。

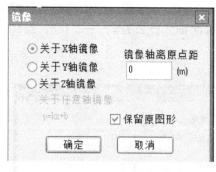

图 5-11　镜像对话框

注：选择"关于 X 轴镜像"；"镜像轴离原点距"：可按默认值填写 0。

点击【建模/坐标/指定原点】将图 5-10 中的端点 6 指定为原点。点击【建模/镜像】，框选图 5-10 中的端点 5、6、7、8，点击右键，弹出镜像对话框如图 5-11 所示，选择"关于 X 轴镜像"；"镜像轴离原点距"：可按默认值填写 0；镜像后的弦层 2 平面图如图 5-12 所示。

点击【建模/节点/删除节点】，依次框选图 5-12 中的端点 1、2、3、4，单击右键，点击【建模/消赘余点、层】，按回车键，如图 5-13 所示。

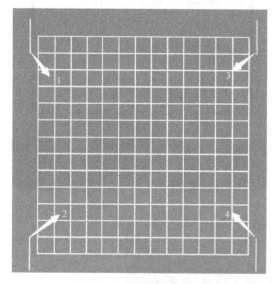

图 5-12　弦层 2 平面图（2）

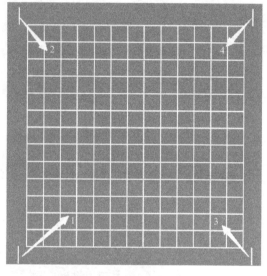

图 5-13　弦层 2 平面图（3）

点击【建模/单元/等分】，依次框选图 5-13 中的杆件 1、2、3、4，单击右键，弹出杆件等分对话框，如图 5-14 所示。

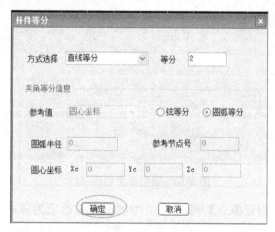

图 5-14　杆件等分对话框

注：一般选择"直线等分"，等分数为"2"。

点击【建模/单元/增加杆件/单杆】，点击图 5-13 中杆件 1、3 的中点；点击鼠标右键，选择"加杆"，再点击杆件 2、4 的中点，完成增加单杆任务，如图 5-15 所示。

点击【建模/节点/删除节点】，依次点击图中单杆的端点 1、2、3、4、5、6、7、8，单击右键，再点击【建模/消赘余点、层】，按回车键，如图 5-16 所示。

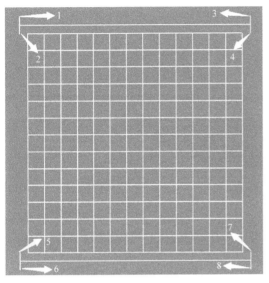

图 5-15 弦层 2 平面图（4）

图 5-16 弦层 2 平面图（5）

点击【建模/单元/增加杆件/单杆】，点击端点 1、2，再点击鼠标右键，选择"加杆"，点击端点 3、4，如图 5-17 所示。

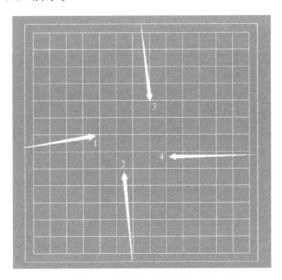

图 5-17 弦层 2 平面图（6）

点击【建模/单元/等分】，依次框选图 5-17 中的杆件 1、2、3、4，单击右键，弹出杆件等分对话框，如图 5-14 所示。一般选择"直线等分"，将等分数为"14"，分段距离可与每个小网段距离相等。

点击【建模/单元/增加杆件/连续】，依次将图 5-17 的斜向两点连接成线，如图 5-18 所示。

点击快捷键"左下视图"（图 5-19），屏幕下方显示该网架网格的"左下视图"，点击快捷键"3D旋转"调整角度后，如图 5-19 所示。

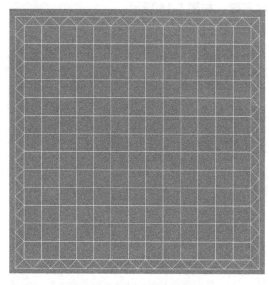

图 5-18　弦层 2 平面图（7）

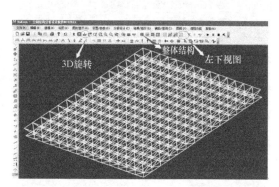

图 5-19　网架"左下视图"

注：可以在快捷键中选择"图形移动"，移动网架在屏幕中的位置。

点击【建模/单元/增加杆件/单杆】，将弦层 1 与弦层 2 之间的竖向腹杆在图 5-19"左下视图"中连接，四周都要相连，连接时应上下对齐，如图 5-20、图 5-21 所示。

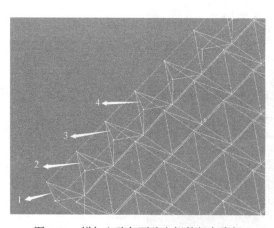

图 5-20　增加上弦与下弦之间的竖向腹杆

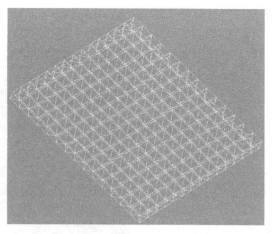

图 5-21　网架"左下视图"（增加腹杆后）

注：1、2、3、4 均为添加的竖向腹杆。

在屏幕左上方快捷菜单中点击【分层/分区显示】（图 5-7），在弹出对话框中选择"弦层 2"，点击确定，弹出"弦层 2"平面图（图 5-18）。

点击【建模/节点荷载/静荷载/均布荷载】，框选整个"弦层 2"平面图，单击右键，弹出对话框，如图 5-22 所示。

150

注：静荷载值一般可填写0.2。

在屏幕左上方快捷菜单中点击【分层/分区显示】（图5-7），在弹出对话框中选择"弦层1"，点击确定，弹出"弦层1"平面图（图5-23）。

图5-22　均布荷载对话框

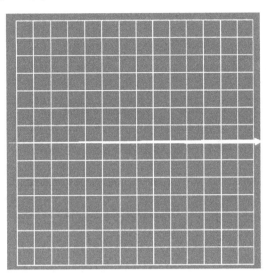

图5-23　弦层1平面图

活荷载的不均匀分布解决办法：将局部（一般是半跨）的活载设为不同工况的活载，然后在组合时按需要考虑添加。

点击【建模/节点荷载/静荷载/均布荷载】，框选整个"弦层1"平面图，单击右键，弹出对话框，如图5-22所示；对于"弦层1"，静荷载值一般可填写0.3。

点击【建模/节点荷载/活荷载/均布荷载】，框选整个"弦层1"平面图，单击右键，弹出对话框，如图5-24所示；对于"弦层1"，活荷载1均布荷载一般可填写0.5，定义为活荷载工况1。

单击鼠标右键，选择"均布活荷载"，然后框选图5-23中箭头线的上部分，单击右键，弹出对话框，如图5-24所示；对于"弦层1"，活荷载2均布荷载一般可填写0.5，定义为活荷载工况2。

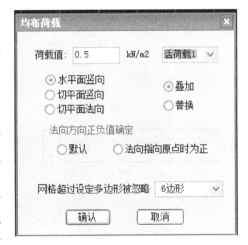

图5-24　均布荷载（1）

单击鼠标右键，选择"均布活荷载"，然后框选图5-23中箭头线的下部分，单击右键，弹出对话框，如图5-24所示；对于"弦层1"，活荷载3均布荷载一般可填写0.5，定义为活荷载工况3。

点击【建模/节点荷载/风荷载/均布荷载】，框选图5-23中箭头线的上部分，单击右键，弹出对话框，如图5-25所示；对于"弦层1"，风荷载1均布荷载一般应自己手算，具体可查看《荷规》8.1.1-1；对于体型系数，可查看《荷规》表8.3.1，项次2（封闭式双坡屋面），本工程计算值分别为 0.37 与 0.31，可填写－0.37。

图 5-25　均布荷载（风荷载 1）

点击【建模/节点荷载/风荷载/均布荷载】，框选图 5-23 中箭头线的下部分，单击右键，弹出对话框，如图 5-25 所示，选择风荷载 1，填写－0.31。

点击【建模/节点荷载/风荷载/均布荷载】，框选图 5-23 中箭头线的下部分，单击右键，弹出对话框，如 5-25 所示，选择风荷载 2，填写－0.37。

点击【建模/节点荷载/风荷载/均布荷载】，框选图 5-23 中箭头线的上部分，单击右键，弹出对话框，如图 5-25 所示，选择风荷载 2，填写－0.31。

在屏幕左上方快捷菜单中点击【分层/分区显示】（图 5-7），在弹出对话框中选择"弦层 1"，点击确定，弹出"弦层 1"平面图（图 5-23）。点击【建模/坐标起坡/整体起坡】，在图 5-26 中点击点 1，单击右键，弹出对话框，如图 5-26 所示。点击确定后，可在快捷键菜单中分别点击"整体结构"、"X-Z 立面"、"Y-Z"立面，可以查看起坡后的图形。网架起坡后的三维图如图 5-27 所示。

图 5-26　整体起坡对话框

152

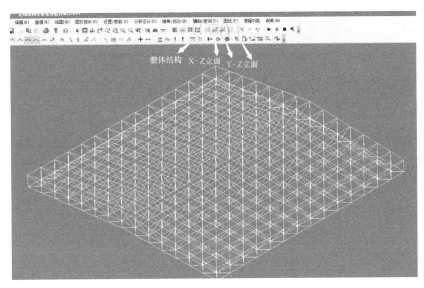

图 5-27　网架起坡后的三维图

在屏幕左上方快捷键菜单中点击"俯视图"，在屏幕左上方快捷菜单中点击【分层/分区显示】（图 5-7），在弹出对话框中选择"弦层 2"，点击确定，如图 5-28 所示。

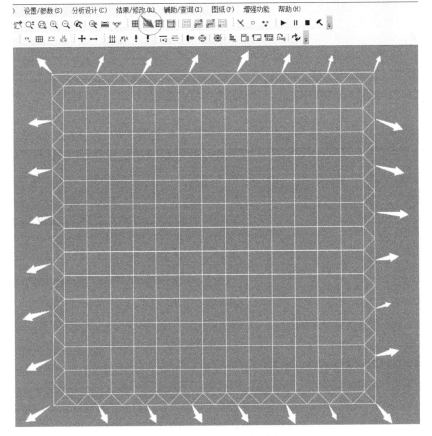

图 5-28　弦层 2 平面图

点击【建模/约束/弹性约束】，将图 5-28 中箭头处的端点都框选，然后点击鼠标右键，弹出弹性约束信息对话框，如图 5-29 所示。

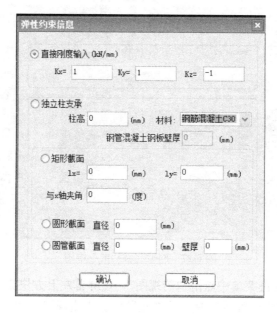

图 5-29　弹性约束信息对话框

参数注释：

弹性约束，意思是在网架的支座处的 X/Y/Z 方向的线位移不是 0，但也不是自由移动，而是用 3 个方向的弹簧来模拟支座的性能，需要我们计算的是弹簧刚度 K，这是弹性力学中的概念。因为既然世界中不存在绝对刚体，那自然一切物体在一定变形的范围内它就是弹性的，因此弹性约束才是最接近物理世界中的真实约束。

图 5-30　综合信息对话框

X、Y 刚度输入 0.3～1 时，水平方向的刚度会较小，使得算出的水平推力较小，从而，跨中偏于安全；在计算完成后，还应分别填写 $K_x=10$、$K_y=10$（水平方向刚度较大），来复核支座处的腹杆应力是否满足要求，使得支座处杆件的内力偏于安全；K_z 填写 −1，表示 z 方向的刚度无穷大，没有位移。

在快捷键菜单中点击"整体结构"，点击【建模/综合信息】，弹出对话框，如图 5-30 所示。

参数注释：

正温度指安装时的温度与 30 年一遇最高日平均气温之差；

负温度指安装时的温度与 30 年一遇最低日平均气温之差。

温度作用的添加要谨慎，要首先排除掉规程中不考虑温度作用的条件才可以添加。如果要考虑，尽量用构造的方法来处理温度作用，比如滑动支座，加大支座的可移动位移等。

点击【设置（参数 s）/杆件材料】，弹出对话框如图 5-31 所示。可以自己根据市场供货情况建立自己的材料库，并与自己的材料库相对应；然后在此菜单中进行修改即可，一般可按图 5-31 中的杆件截面定义进行网架设计。

点击【设置（参数 s）/节点规格设置】，弹出对话框如图 5-32 所示，可以自己根据市场供货情况建立自己的螺栓球、焊接球和节点规格库，然后在此菜单中进行修改即可，一般可按图 5-32 中的规格进行网架设计。

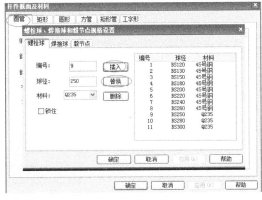

图 5-31　杆件截面及材料　　　　　　　图 5-32　螺栓球、焊接球和节点规格设置

点击【设置（参数 s）/设计信息】，弹出对话框如图 5-33 所示。

图 5-33　设计信息

参数注释：

1. 拉杆容许长细比

支座处可按 300，其他部分可按 400（《网规》），直接承受动荷载时可填写 250（《网规》）；当没有直接承受动荷载时，一般可按 300 偏于安全。

2. 压杆容许长细比

可填写 180（《网规》）。

3. 当轴力小于××KN 时，按压杆长细比控制

一般可填写 15kN；当设计完成时，如果存在有的拉杆的内力比较小，应换成大直径的钢管并按照压杆的长细比要求来选取直径，因为当没有考虑进去的工况组合发生的时候有可能使小内力的拉杆变成压

杆导致失稳。

点击图 5-33 中的修改，弹出对话框，如图 5-34 所示。

图 5-34　材料属性输入

注：网架应力比一般控制在 0.9 以内，所以强度折减系数一般可填写为 0.9。

5.3　计算结构查看与分析

点击【分析设计/数据检查】，点击【分析设计/工况组合】，弹出对话框，如图 5-35 所示。

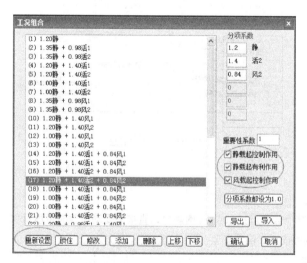

图 5-35　工况组合对话框

注：一般同时勾选："静载起控制作用"、"静载起有利作用"、"风载起控制作用"；这样选择是为了考虑当一种荷载起控制作用的时候相应的控制组合，是为了多添加一种分析组合，把可能的情况都包括进来。

点击【分析设计/满应力设计】，弹出对话框，如图 5-36 所示，在图 5-36 中点击"开始计算"，程序自动完成所有计算。

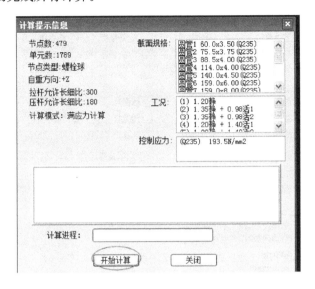

图 5-36　计算提示信息

点击【分析设计/高强螺栓、套筒设计、验算】，如图 5-37 所示。

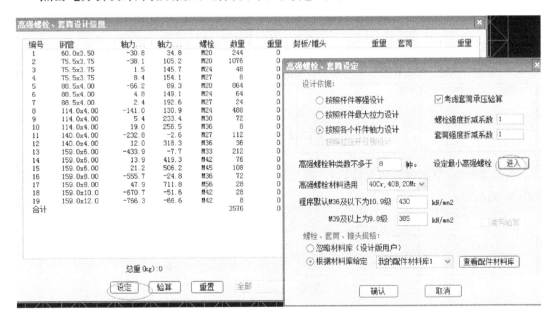

图 5-37　高强度螺栓、套筒设计信息

注：在图 5-37 中点击"进入"，可以设定最小高强度螺栓，直到验算都通过为止。当材料库比较多时，一般都会满足。

点击【设置（参数 s）/显示设置】，如图 5-38 所示，勾选"z 向位移"，可以查看各个节点的竖向位移值。

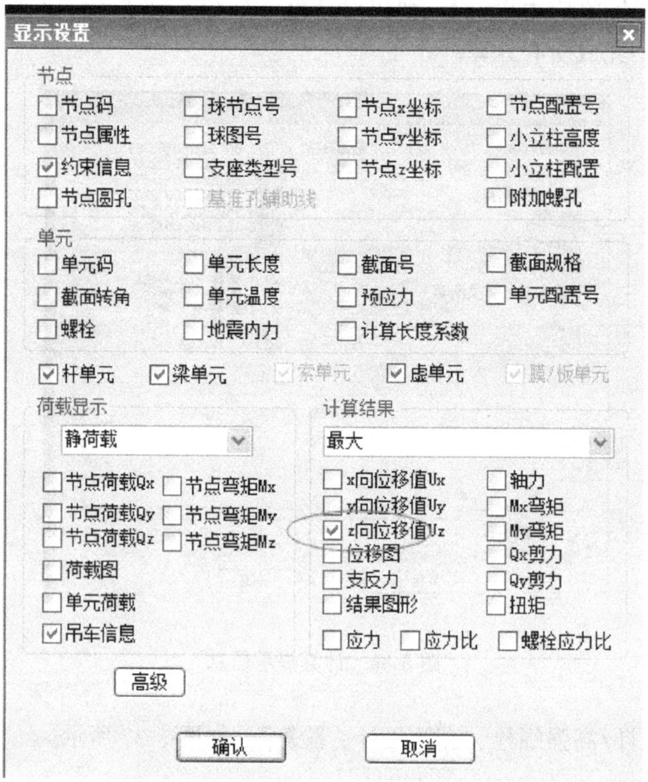

图 5-38　显示设置

注：挠度计算时，需要在图 5-35 中将"分项系数都设为 1.0"，然后查看"最大 z 向位移值"，最后除以跨度，可以得到其挠度值。

5.4　MST 施工图生成

点击【图纸/节点螺孔角度计算】，框选整个网架"俯视图"，单击右键，弹出对话框，如图 5-39 所示。

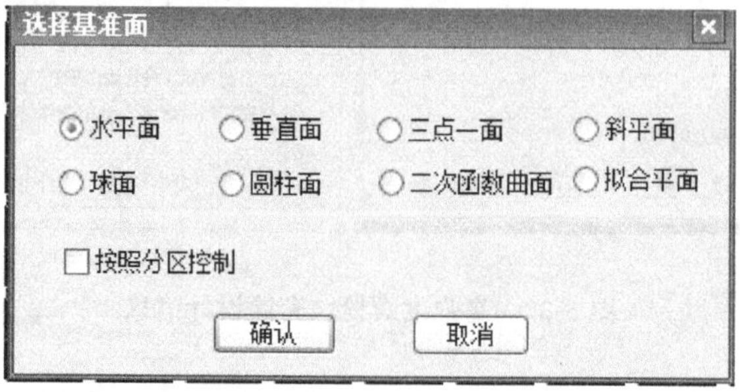

图 5-39　选择基准面

注：一般选择水平面。

点击【图纸/绘图综合信息】，弹出对话框，如图 5-40 所示。

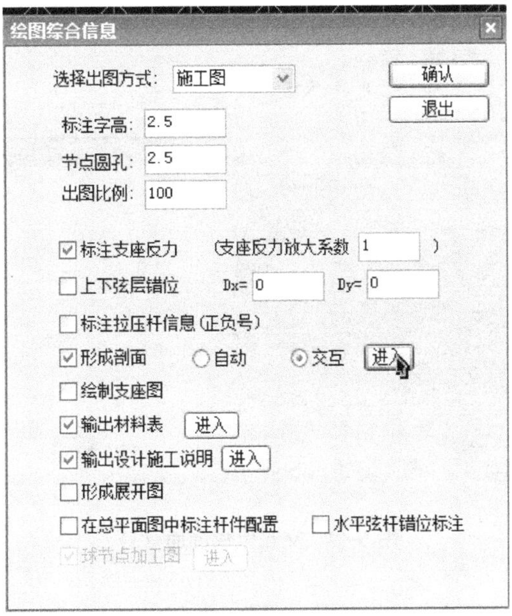

图 5-40　绘图综合信息

参数注释：

1. 选择出图方式

设计院一般可选择施工图。

2. 标注支座反力

一般应勾选，方便下部结构计算。

3. 形成剖面

应勾选。

4. 输出材料表

应勾选。

5. 形成剖面：

一般应勾选，选择"交互"后，点击"进入"，弹出对话框如图 5-41 所示，点击"窗选"，再点击快捷键"Y-Z 立面"，在图 5-42 中点击画圈中的部位，单击鼠标右键，点击"添加"。

图 5-41　交互生成剖面

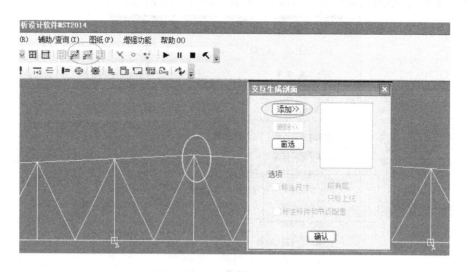

图 5-42 交互生成剖面 (1)

注：在图 5-42 中点击"窗选"，点击"X-Z 立面"，在"X-Z 立面"点击要生成剖面图的部位，点击添加。

在快捷键中点击"俯视图"，点击【图纸/布图】，弹出对话框如图 5-43 所示，点击确认。点击【图纸/图纸生成】，弹出对话框如图 5-44 所示，点击确认，程序会自动生成图纸，如图 5-45 所示。

图 5-43　布图

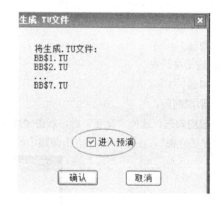

图 5-44　生成.TU 文件

在图 5-45 中单击鼠标右键，选择"图纸预演"，选择第一页，确认，如图 5-46 所示；点击【图纸/生成 dwg 文件】，点击确认，滚动鼠标中键，即可生成"网架杆件材料表"、"高强螺栓材料表"、"网架球节点材料表"，点击"保存"。

打开模型文件夹，模型中生成有多个 dwg 文件：BB＄1、BB＄2、BB＄3、BB＄4、BB＄5、BB＄6、BB＄7 等，包含有：网架布置图＋剖面图、网架上弦结构图、网架下弦结构图、网架腹杆结构图如图 5-47～图 5-50 所示。

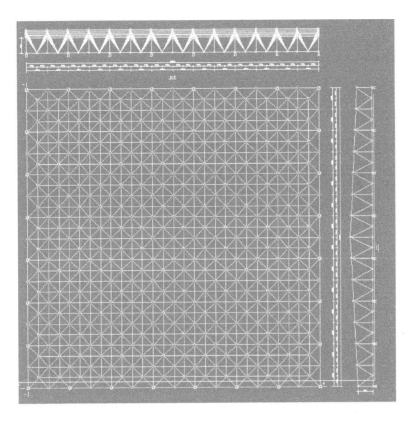

图 5-45　网架布置图＋剖面图

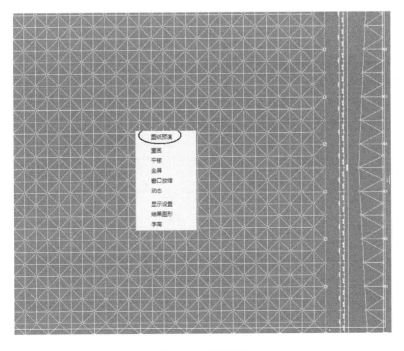

图 5-46　图纸预演

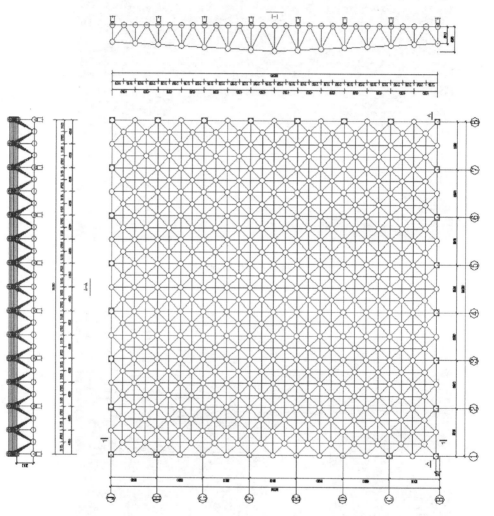

图 5-47　网架布置图＋剖面图

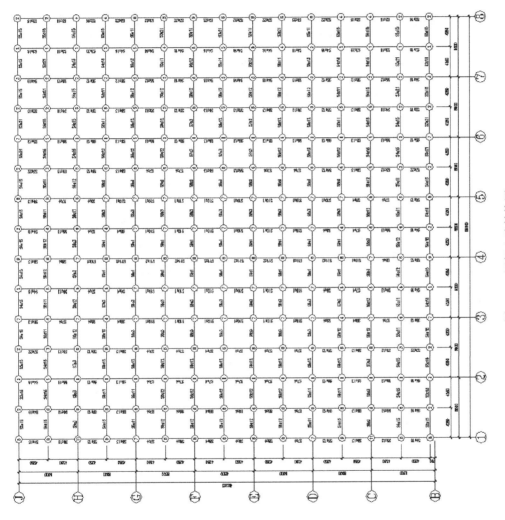

图 5-48 网架上弦结构图

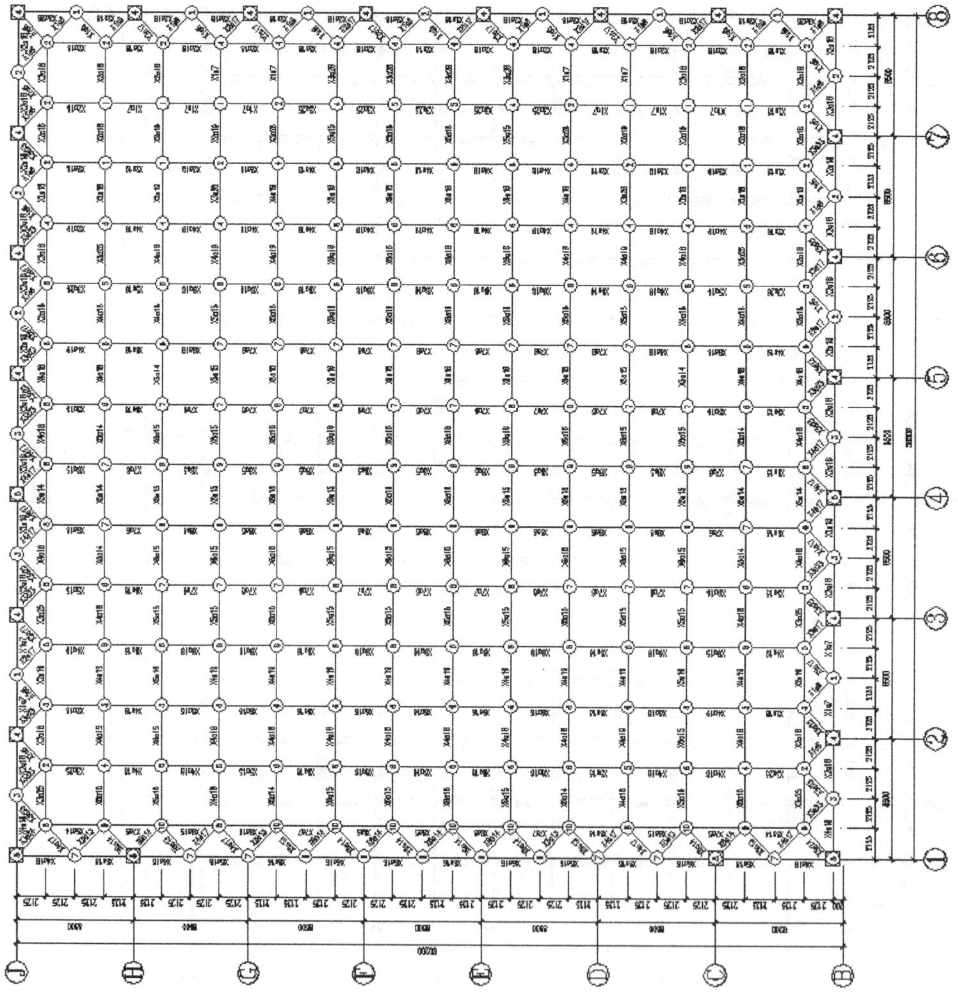

图 5-49 网架下弦结构图

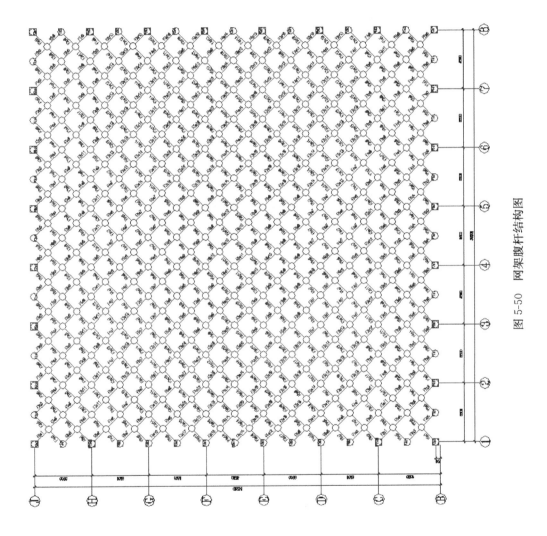

图 5-50 网架腹杆结构图

从方便施工的角度考虑，每个网架所选截面规格不宜过多，较小跨度时以 2～3 种为宜，较大跨度时不宜超过 6～7 种。根据《空间网格结构技术规格》JGJ 7—2010 规定，网架杆件的最小截面尺寸对普通型钢不宜小于 ∟ 50×3，钢管不宜小于 ϕ48×2，轻钢结构建议不宜小于 ϕ40×2。当设计完成后，应尽量避免 48mm 的钢管，如果有而且不是那种特别小的网架，建议用大的管子替代，原因是杆件太细容易在运输的时候发生弯曲，再安装的时候影响美观和受力。

网架是空间杆系结构，节点连接假定为铰接，忽略节点刚度的影响。模型试验和工程实践都表明，铰接假定是完全许可的，所带来的误差可忽略不计。

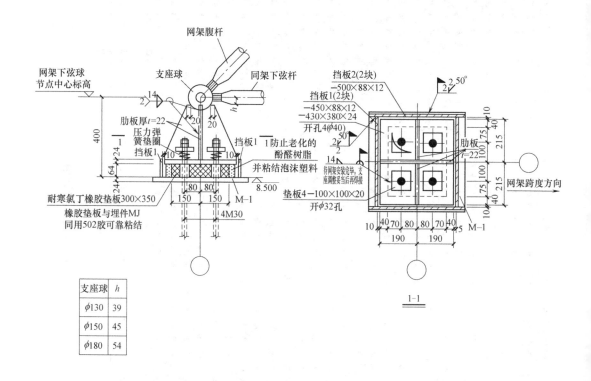

图 5-51　网架支座示意图

注：支座球按程序自动生成填取；M24（30M 以下）、M30（30M 以上），可以根据实际工程来调整；其他一般可按 5-51 取构造。

5.5　支座设计

1. 网架支座示意图

网架支座示意图如图 5-51 所示；点击【工具箱/钢构件设计】→【柱构件验算】，如图 5-52 所示。

参数注释：

1. 构件所属结构类型

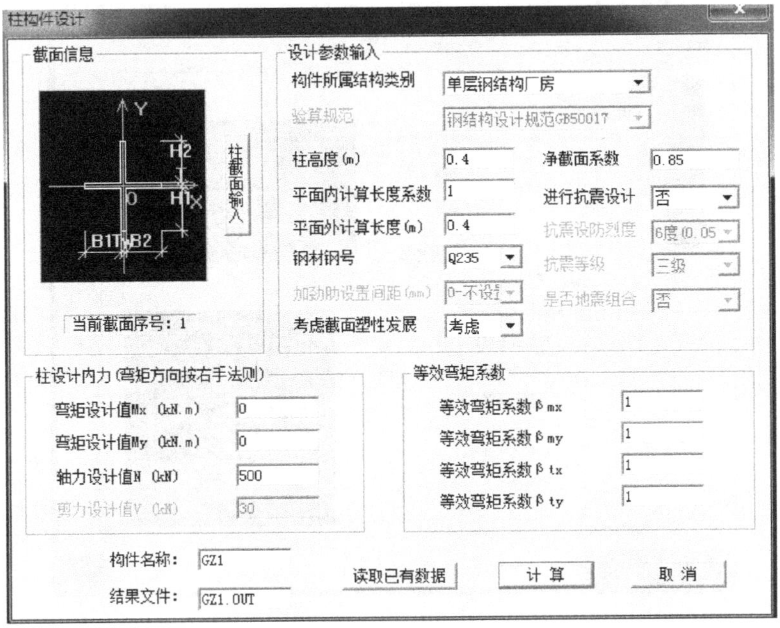

图 5-52　柱构件设计

一般填写，单层钢结构厂房。

2. 验算规范

可选择，钢结构设计标准 GB 50017。

3. 柱高度

按实际工程填写，本工程由图 5-51 可知，偏于保守取 0.4m。

4. 净截面系数

可填写 0.85。

5. 平面内计算长度系数

可取 1.0。

6. 平面外计算长度

本工程填写 0.4m。

7. 钢材钢号

一般应根据实际工程填写，一般可填写 Q235。

8. 考虑截面塑性发展

一般可选取考虑。

9. 进行抗震设计

一般可选取否。

10. 轴力设计值

可以从 MST 中提取轴力设计值。

11. 等效弯矩系数

均可按默认值 1.0 填写。

12. 柱截面输入

点击【柱截面输入/增加】定于 215×215×190×190×22×22 的十字形截面，如图 5-53 所示。

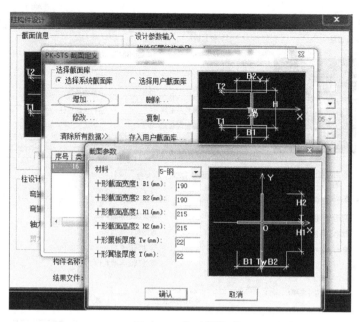

图 5-53　截面参数

2. 橡胶垫板示意图

橡胶垫板示意图如图 5-54 所示。

3. 螺栓球网架支托节点示意图

螺栓球网架支托节点示意图如图 5-55 所示。

4. 檩条连接节点示意图

檩条连接节点示意图如图 5-56 所示。

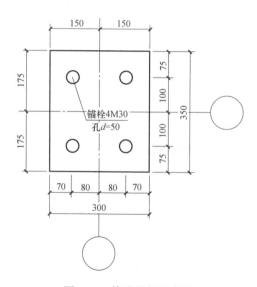

图 5-54　橡胶垫板示意图

注：根据端板长与宽选用，一般每边留 4cm 用防止老化的酚醛树脂来封堵；孔 d 应根据支座水平位移大小来调整，最小不得小于锚栓直径＋7mm。

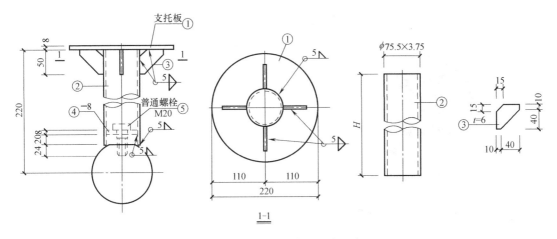

图 5-55 螺栓球网架支托节点示意图

注：一般可以拷贝过来使用，更改支托的高度即可，高度较高时，应加斜支撑。

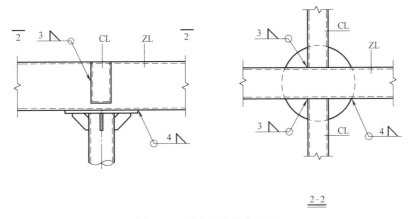

图 5-56 檩条连接节点示意

5.6 屋面檩条设计与施工图绘制

本工程檩条宽度比较大（4.25m），采用 C 形檩条时需设拉条才能保证平面外稳定，但影响美观，所以屋面檩条采用方钢管。

点击【钢结构工具/檩条】→【简支檩条计算】，如图 5-57、图 5-58 所示；屋面檩条布置如图 5-59 所示，构件截面及图例如图 5-60 所示。

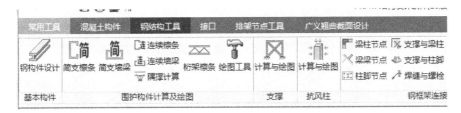

图 5-57 檩条、墙梁、隔撑计算和施工图

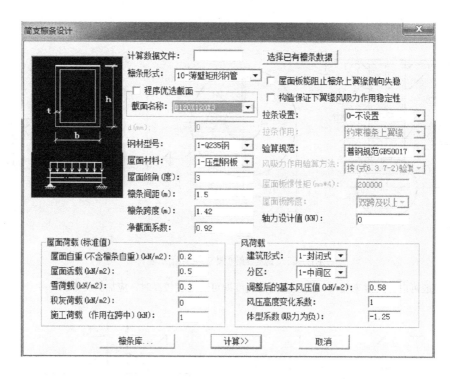

图 5-58　简支檩条设计

注：对于方钢管檩条，可以根据经验在"截面名称"中选择方钢管截面尺寸，然后根据"强度"、"整体稳定性"与"挠度"计算结构更改方钢管截面尺寸；当挠度不够时，可以加方钢管高度；整体稳定性一般不够时，一般加方钢管高度；强度不够时，如果相差较大，一般加大方钢管高度，如果相差不大，可以加大方钢管厚度。

参数注释：

1. 计算数据文件

自己命名。

2. 檩条形式

一般可选择 2-C 檩条。"檩条形式"：目前可计算的檩条截面形式包括简支的冷弯薄壁型钢 C 形、Z 形（斜卷边和直卷边）、对 C 形口对口组合、双 C 形背对背组合、普通槽钢、轻型槽钢、薄壁矩形钢管等。截面名称可由列表框中选取，当截面形式为冷弯薄壁型钢时，如果列表中没有所需要的截面，可以点取"檩条库…"按钮，定义或修改截面。当柱距比较大时，为了有更好的经济性，一般采用 Z 形斜卷边连续檩条，在"连续檩条"中计算；本工程选用：薄壁矩形钢管 B120×120×3。

3. 钢材型号

应根据市场供货情况来选择，以前 Q345 檩条不好买，所以一般均采用 Q235 钢。如果市场上有 Q345 檩条，建议采用 Q345 钢；本工程选用 Q235。

4. 屋面材料

应根据实际工程填写，一般可选择"压型钢板"。屋面材料选择时，若有吊顶，须选取"有吊顶"选项，"有吊顶"和"无吊顶"的"压型钢板"挠度限值不同；本工程选用"压型钢板"。

5. 屋面倾角（°）

建筑图所标的是坡度，需要换算成角度。有弧形屋面梁时，须考虑檩条倾角的不断变化。某工程坡度若为 6%，可以在 CAD 中按照长度画一个直角三角形，然后测量出其角度即可；本工程为 3°。

6. 檩条间距

应按实际工程填写，一般为 1.5m；本工程为 4.25/3＝1.42。

7. 檩条跨度

应按实际工程填写，可填柱距；本工程为 4.25m。

8. 净截面系数

该参数主要是考虑开洞的影响，一般可填写 0.92。

9. 屋面自重（不含檩条自重）

一般可填写 0.2；檩条＋玻璃棉＋双层钢板＝0.20kN/ m²。当柱距不超过 9m 时，可取 0.3kN/m²；柱距 12m 时，取 0.35kN/m²，需要注意的是，有吊顶的厂房，需要计算吊顶重量（及风管重量），然后叠加到屋面自重中；本工程填写 0.2。

10. 屋面活载

应按实际工程填写，一般可填写 0.5；当受荷水平投影面积大于 60m² 时，可填写 0.3kN/ mm²；本工程填写 0.5。

11. 雪荷载

一般按实际工程填写，按 50 年一遇，但要乘以雪荷载不均匀系数的取值：(1) 普通位置不均匀系数 1.25（全部屋面均乘 1.25）；(2) 高低跨处不均匀系数 2.0（影响范围：2 倍的高差，但不小于 4m，不大于 8m）；(3) 屋顶通风器和屋顶天窗两侧不均匀系数 2.0（规范中取 1.1，考虑到实际情况，可取 2.0；影响范围同高低跨处）；(4) 注意一些地区的特殊规定：沈阳地区规定雪荷载的不均匀系数提高 1.5 倍，且按照百年一遇的基本雪压进行考虑；本工程填写 0.5。

12. 积灰荷载

一般可按默认值，填写 0；如果要积灰荷载，可按实际工程填写；本工程填写 0。

13. 施工荷载（作用在跨中）

一般可填写 1kN，作用在檩条跨中；本工程填写 1。

14. 屋面板能阻止檩条上翼缘侧向失稳

一般不勾选，因为彩板一般不打自攻钉，此时程序默认按《门规》式（6.3.7-2）计算；本工程不勾选。

15. 构造保证下翼缘风吸力作用稳定性

由于彩板一般打自攻钉与檩条相连接，一般应勾选。屋面下层彩钢板一般可以起到约束檩条下翼缘的作用。拉条作用可以选择"约束檩条上翼缘"。如果不勾选，拉条作用可以选择"同时约束檩条上下翼缘"；本工程没有彩板，不勾选。

16. 拉条设置

一般选择设置两道拉条。当檩条跨度≤4m 时，可按计算要求确定是否设置拉条；当檩条跨度 4m＜L≤6m 时，对荷载或檩距较小的檩条可设置一道拉条；对荷载及檩距较大，或跨度大于 6m 的檩条可设置两道拉条。也可以根据是否勾选"构造保证下翼缘风吸力作用稳定性"来选择设置一道拉条还是两道拉条，当勾选时，可只设置一道，约束檩条上翼缘；本工程不设置拉条。

17. 拉条作用

应根据实际工程选取，"构造保证下翼缘风吸力作用稳定性"勾选时，可以选择"约束檩条上翼缘"，"构造保证下翼缘风吸力作用稳定性"不勾选时，选择"同时约束檩条上下翼缘"。

18. 验算规范

程序提供三种验算规范，《门规》CESC 102：2012、《冷弯薄壁型钢规范》与《钢标》。对于冷弯薄壁型钢檩条，可以选择按门式刚架规程进行验算；当为高频焊 H 型钢或热扎型钢截面时，可以选择钢结构设计标准或门式刚架规程进行校核。由于 PKPM 最新版本还没更新，程序还是以《门规》CESC 102：2012 为依据计算。

19. 风吸力作用验算方法

当屋面不能阻止檩条侧向位移和扭转时，应按式（6.3.7-2）计算；在风吸力作用下，当屋面能阻止上翼缘侧向位移和扭转时，受压下翼缘的稳定性应按《门规》附录 E 的规定计算。需要注意的是，在上翼缘设置拉条，只能减小其平面外的计算长度，而不能阻止上翼缘侧向位移和扭转，当设置屋面彩板打自攻钉与檩条相连接时，可以阻止上翼缘侧向失稳，且构造保证下翼缘风吸力作用稳定性，则只需按《门规》6.3.7 验算其强度而不用验算其稳定性；由于 PKPM 最新版本还没更新，程序还是以《门规》CESC 102：2012 为依据计算。

20. 屋面板惯性矩

一般可按默认值 200000，该参数是指每米屋面板的惯性矩，如果按《门规》CECS 102：2015 计算（风吸力作用按附录 E 计算）时，应填写该参数；一般轻钢彩板屋面取程序默认值 200000，屋面板惯性矩在板型图集中可以查到；由于 PKPM 最新版本还没更新，程序还是以《门规》CESC 102：2015 为依据计算。

21. 屋面板跨度

该参数在"简支檩条"中一般为灰色，不用理会。

22. 轴力设计值

通常单独设置刚性系杆，因此可按程序默认的 0。输入轴力设计值（＞0），程序自动认为所计算檩条为刚性檩条，按压弯构件进行计算，计算书中将详细给出压弯构件验算项目。一般檩条按受弯构件考虑，轴力为 0；当考虑檩条兼做系杆时，轴力设计值包括山墙风荷载和吊车水平力可通过手工计算得到。

23. 建筑形式

一般选择"封闭式类型"。

24. 分区

一般选择"中间区"，也可根据实际工程情况选择"边缘带"，但体型系数更大。

25. 调整后的基本风压值

用《荷载规范》中查得的基本风压值乘以 1.05 的调整系数输入；本工程为 0.55×1.05＝0.58。

26. 风压高度变化系数

查《建筑结构荷载规范》GB 50009—2012 第 8.2.1 条。

27. 体型系数（吸力为负）

一般可按程序自动算出的体型系数，输入风荷载信息时，程序可以根据建筑形式、分区，自动按规范给出风荷载体型系数，用户也可以修改或直接输入该体型系数。可查《门规》A.0.2。

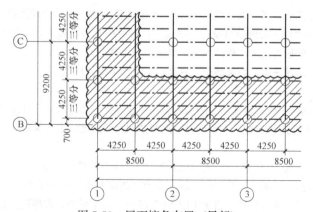

图 5-59　屋面檩条布置（局部）

构件断面			
标号	名称	断面	材质
ZLT1	主檩条	方钢管140×140×4	Q235B
ZLT2	主檩条	矩形钢管140×90×4	Q235B
CLT1	次檩条	方钢管120×120×3	Q235B
CLT2	次檩条	矩形钢管120×60×3	Q235B

图例: ——————— 主檩条 阴影范围内主檩条为ZL1；未注明的主檩条均为ZLT2

　　　　—·—·—· 次檩条 阴影范围内次檩条为CL1；未注明的次檩条均为CLT2

图 5-60　构件截面及图例

6 轻型门式刚架房屋厂房设计（8t＋5t＋3t）

6.1 工程概况

本工程位于湖南省常德市，主体建筑高度：9.7m（室外地面至檐口高度：9.4m＋0.3m），建筑物抗震设防烈度：7度（0.10g），设计地震分组第一组，抗震设防类别丙类；建筑物结构设计使用年限：50年；建筑物的耐火等级为：二级；屋面防水等级：Ⅱ级；建筑层数：一层；设计基准期为50年的基本风压值为0.40kN/m²，地面粗糙度为B类，基本雪压为0.35 kN/m²，场地类别：Ⅲ类。

屋檐处标高9.400m、屋脊处标高12.550m，坡度5%，6跨，每跨21m，柱距7.5m。

6.2 工程实例构件截面估算

6.2.1 钢梁

门式刚架设计时，梁截面尺寸不在清楚内力的情况下，一般是参照相关图集以及类似的工程初定梁截面大小，再进行验算。本工程钢梁采用H型钢梁。

1. 钢梁截面尺寸

本工程钢梁每跨分三段，从左至右，钢梁截面尺寸分别为：H（600～500）×200×5×8＋H500×160×5×8＋H（500～700～500）×200×5×8＋H500×160×5×8＋H（500～700～500）×200×5×8＋H500×160×5×8＋H（500～700～500）×200×5×10＋H500×160×5×8＋H（500～700～500）×200×5×8＋H500×160×5×8＋H（500～700～500）×200×5×8＋H500×160×5×8＋H（500～600）×200×5×8；如图6-1～图6-3所示。

2. 经验

（1）梁高

一般可取（1/60～1/30）L。大跨度门式刚架多采用变截面H型钢，根据门式钢架弯矩图一般分成三段，梁柱节点和屋脊节点处梁高取（1/40～1/30）L，跨中梁高取（1/60～1/50）L。

梁高H一般≥350mm（变截面时中间段梁高最小可取300mm），《门规》7.2.10中要求门式刚架斜梁与柱相交的节点域，应验算剪应力。截面做大点，节点域面积更大一些，验算时更容易通过。

门式钢架结构中，常用的截面高度规格为（mm）：300、350、400、450、500、550、600、650、700、750、800、850、900、950。模数为50mm。

（2）翼缘宽度

翼缘宽度一般≥180mm，原因是常用的翼缘板校正机校正最小宽度为180mm。门式

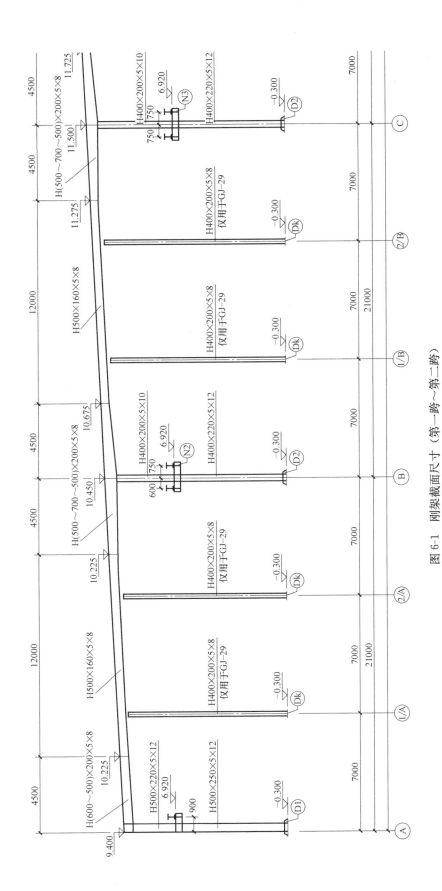

图 6-1 刚架截面尺寸（第一跨～第二跨）

175

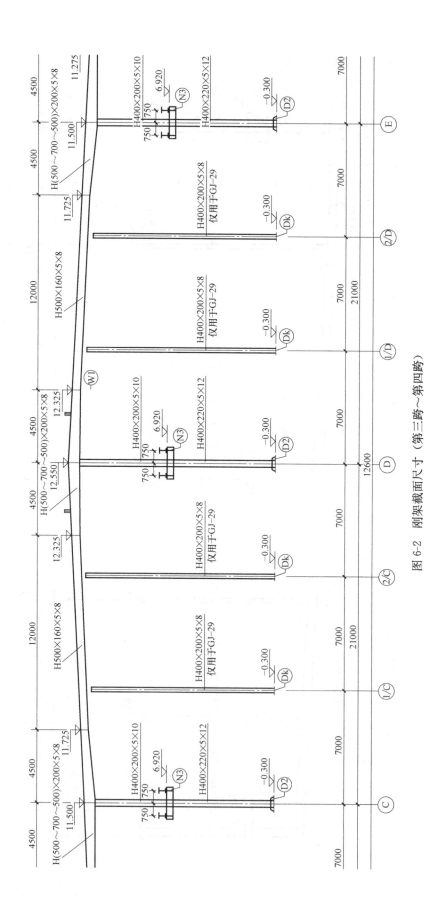

图 6-2　刚架截面尺寸（第三跨～第四跨）

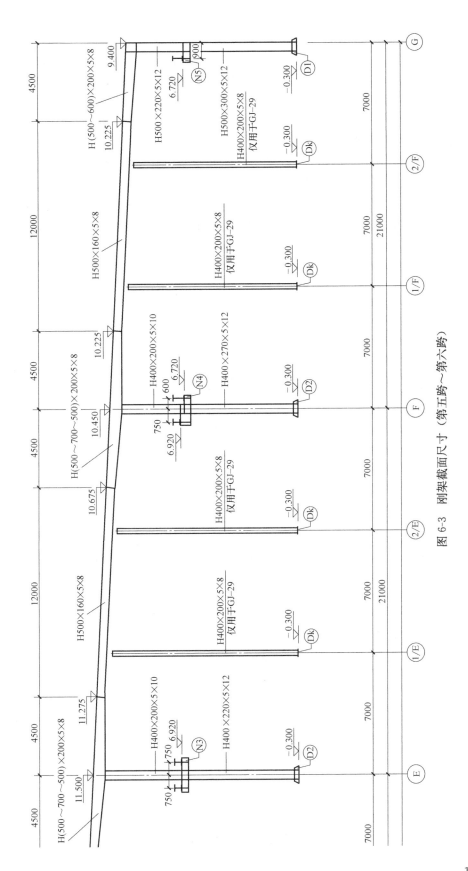

图 6-3 刚架截面尺寸 (第五跨～第六跨)

钢架中，常用的翼缘规格为（mm）：180×8，180×10，200×8，200×10，220×10，220×12，240×10，240×12，250×10，250×12，260×12，260×14，270×12，280×12，300×12，320×14、350×16等。本工程与钢结构加工公司沟通后，最小翼缘宽度取160mm，钢梁采用焊接。

（3）梁翼缘厚度

规范规定：《门式刚架轻型房屋钢结构技术规范》GB 51022—2015 3.4.1-2：构件中受压板件的宽厚比，不应大于现行国家标准《冷弯薄壁型钢结构技术规范》GB 50018规定的宽厚比限值；主刚架构件受压板件中，工字形截面构件受压翼缘板自由外伸宽度 b 与其厚度 t 之比，不应大于 $15\sqrt{235/f_y}$；工字形截面梁、柱构件腹板的计算高度 h_w 与其厚度 t_w 之比，不应大于250。当受压板件的局部稳定临界应力低于钢材屈服强度时，应按实际应力验算板件的稳定性，或采用有效宽度计算构件的有效截面，并验算构件的强度和稳定。

对于Q235钢，当 $t\leqslant 16$mm 时，钢材屈服强度为235N/mm^2，外伸宽度为1/2翼缘宽－1/2梁腹板厚度，按照《门式刚架轻型房屋钢结构技术规范》GB 51022—2015 3.4.1-2，翼缘宽厚比极限值为15。对于Q345钢，当 $t\leqslant 16$mm 时，钢材屈服强度为345N/mm^2，按照《门规》3.4.1-2；翼缘宽厚比极限值为13.38，当受压翼缘宽180mm时，翼缘厚度最小值近似为6.50mm；翼缘宽200mm时，翼缘厚度最小值近似为7.25mm；翼缘宽220m时，翼缘厚度最小值近似为8mm；翼缘宽240m时，翼缘厚度最小值近似为9mm；翼缘宽250m时，翼缘厚度最小值近似为9.12mm。

翼缘厚度的模数一般为2mm，宽厚比的规定和应力有一定的关系，应力比一般控制在0.90～0.95之间，翼缘宽厚比应满足规范要求。X 的截面塑性发展系数 γ_x 取 1.0 时（即不考虑塑性发展），普通门式钢架厂房宽厚比可放宽至 $15\sqrt{235/f_y}$。

（4）梁腹板厚度

《门规》3.4.1-2：构件中受压板件的宽厚比，不应大于现行国家标准《冷弯薄壁型钢结构技术规范》GB 50018规定的宽厚比限值；主刚架构件受压板件中，工字形截面构件受压翼缘板自由外伸宽度 b 与其厚度 t 之比，不应大于 $15\sqrt{235/f_y}$；工字形截面梁、柱构件腹板的计算高度 h_w 与其厚度 t_w 之比，不应大于250。当受压板件的局部稳定临界应力低于钢材屈服强度时，应按实际应力验算板件的稳定性，或采用有效宽度计算构件的有效截面，并验算构件的强度和稳定。

梁腹板厚度除了满足规范要求，一般以6mm居多，有时也会取到8mm。本工程与钢结构加工公司沟通后，取5mm。

对于Q235或Q345钢，当 $t\leqslant 16$mm，按照《门规》3.4.1-2，腹板高厚比极限值为250，梁高400mm时，腹板厚度最小值近似为1.6mm，梁高800mm时，腹板厚度最小值近似为3.2mm。

腹板厚度的模数一般为2mm。对6mm的其高度范围一般为300～750mm，最大可到900mm；对8mm厚的腹板高度范围一般为300～900mm，最大可到1200mm。腹板高厚比超限，一般调厚度，也可以设置横向加劲肋（设横向加劲肋的作用提高板件的周边约束条件抵抗因剪切应力引起的腹板局部失稳，于是提高了腹板高厚比允许值）。

6.2.2 钢柱

门式刚架设计时，柱截面尺寸不在清楚内力的情况下，一般是参照相关图集以及类似的工程初定柱截面大小，再进行验算。但有吊车时，牛腿上下应采用不同的截面。

1. 钢柱截面尺寸

本工程钢柱截面尺寸从左至右分别为 H500×250×5×12(钢柱 1：牛腿下)＋H500×220×5×12(钢柱 1：牛腿上)＋H400×220×5×12(钢柱 2：牛腿下)＋H400×200×5×10(钢柱 2：牛腿上)＋H400×220×5×12(钢柱 3：牛腿下)＋H400×200×5×10(钢柱 3：牛腿上)＋ H400×220×5×12(钢柱 4：牛腿下)＋H400×200×5×10(钢柱 4：牛腿上)＋H400×220×5×12(钢柱 5：牛腿下)＋H400×200×5×10(钢柱 5：牛腿上)＋H400×270×5×12(钢柱 6：牛腿下)＋H400×200×5×10(钢柱 6：牛腿上)＋H500×300×5×12(钢柱 7：牛腿下)＋H500×220×5×12(钢柱 7：牛腿上)。如图 6-1～图 6-3 所示。

2. 经验

钢柱高度一般≥350mm，《门规》7.2.10 中要求门式刚架斜梁与柱相交的节点域，应验算剪应力。截面做大点，节点域面积更大一些，验算更容易通过。

柱截面高度取柱高的 1/10～1/20。截面高度与宽度之比 h/b 可取 2～5，刚架柱为压弯构件，其 h/b 可取较小值，但有的梁端为了与柱连接（竖板连接），梁端可取 $h/b \leqslant 6.5$。截面的高度 h 与宽度 b 通常以 10mm 为模数。

门式刚架结构中，常用的截面高度规格为（mm）：300、350、400、450、500、550、600、650、700、750、800、850、900、950。门式刚架 H 型钢柱高一般在 500～750mm 之间。

翼缘宽度、翼缘厚度、腹板宽度及腹板厚度参考 3.2.1 钢梁。

对钢柱影响最大的是弯矩与轴力，当吊车吨位很大时，轴压力很大，钢柱平面外稳定性往往很差，需要做双 H 柱，稳定性才好。

6.3 刚架 STS 建模与计算结果查看

本工程 GJ-9～29 跨度及受力一样，选择其中一榀进行建模与受力分析。

6.3.1 建模

点击【钢结构/钢结构二维设计/1. 门式刚架】→【应用】，进入二维刚架设计状态，如图 6-4、图 6-5 所示。

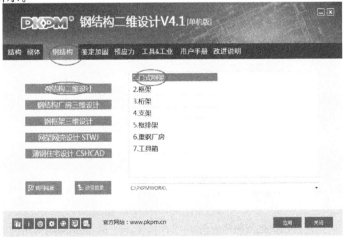

图 6-4　钢结构/钢结构二维设计/1. 门式刚架

图 6-5　输入文件名称

点击【门架】，弹出门式刚架快速建模对话框，如图 6-6～图 6-14 所示。

图 6-6　门式刚架二维设计菜单

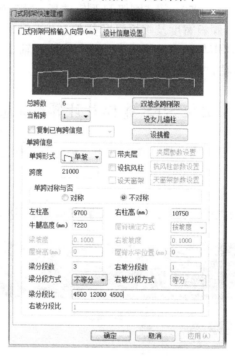

图 6-7　门式刚架快速建模对话框（1）

参数注释：

1. 总跨数

按实际工程填写；本工程填写 6。

2. 当前跨

如果总跨度为 6，则应该依次把当前跨设为 1、2、3、4、5、6，然后填写每跨的参数设置。

3. 单跨形式

不同的地区有不同的做法，有的地区习惯做单坡，有的地区习惯做双坡；建议做成单坡，因为可以省天沟，也可以省檩条等，可以减小漏水、省地沟等，梁制作也更方便；本工程填写单坡。

4. 跨度

按实际工程填写。

5. 单跨对称与否

如果是单坡，一般选择不对称；如果是双坡，一般选择对称。

6. 左柱高：

按实际工程填写，需要注意的，应加上 0.000m 以下的部分；本工程－0.300m 下做短柱，短柱顶标高－0.300m，第一跨左柱顶标高 9.400m，所以左柱标高应为 9.400＋0.300＝9.700m。

7. 右柱高：应根据实际工程填写，可参考左柱高的填写过程。

8. 牛腿高度

牛腿高度＝柱高－钢梁高度－净空高 300－吊车高度（查资料）－轨道标高 140mm（与吊车吨位有关）－吊车梁高度－吊车梁支座 20～30mm；本工程牛腿标高填写 6.920＋0.3＝7.220m、6.720＋0.3＝7.020m。

9. 屋脊确定方式

当选择单坡时，程序默认为灰色，一般不可修改；当选为双坡时，一般可选择"按坡度"，坡度值一般按建筑提供的填写，在设计工程中，常见的坡度有以下四种：5%、6%、6.67%、10%。

10. 梁分段数

单跨双坡跨度不大于 15m 时，梁分段数可为 1；单跨双坡跨度在 18～30m 时，梁分段数可为 2；单跨双坡跨度大于 30m 时，梁分段数可为 3；

单跨单坡跨度小于 10m 时，梁分段数可为 1；单跨单坡跨度在 10～15m 时，梁分段数可为 2；单跨单坡跨度大于 15m 时，梁分段数可为 3。

双跨双坡，可参考单跨单坡梁分段数；多跨双坡，跨度也一般都比较大，单跨可按单跨单坡梁分段数，中间跨分段数一般为 3。

在实际设计中，由于现在的厂房跨度一般都比较大，跨度也比较多，一般分段数可为 3，每段长度一般不超过 15m。

11. 梁分段比

假如刚架为双坡单跨，当双坡跨度为 18m 时，可以按以下分段：4＋5＋5＋4(m)；当双坡跨度为 21m 时，可以按以下分段：4.5＋6＋6＋4.5(m)；当双坡跨度为 24m 时，可以按以下分段：5＋7＋7＋5(m)；当双坡跨度为 27m 时，可以按以下分段：6＋7.5＋7.5＋6(m)；当双坡跨度为 30m 时，可以按以下分段：6.5＋8.5＋8.5＋6.5(m)；当双坡跨度为 36m 时，可以按以下分段：7＋8＋3＋3＋8＋7(m)。

假如刚架为双坡两跨，当跨度为 18m 时，可以按以下分段：4＋9＋5(m)；当跨度为 21m 时，可以按以下分段：4.5＋12＋4.5(m)；当跨度为 24m 时，可以按以下分段：5.5＋12＋6.5(m)；当跨度为 27m 时，可以按以下分段：6＋14＋7(m)；当跨度为 30m 时，可以按以下分段：7＋15＋8(m)；当跨度为 36m 时，可以按以下分段：7＋10＋11＋8(m)。

假如刚架为双坡 3 跨或 4 跨时，可参考双坡两跨的梁分段时，再根据弯矩图，以 0.5m 为模数自行调整；梁分段比可按梁分段数填写。

梁分段比当为三段时，一般均在 1：2：1 附近调整，端跨根据跨度大小可以少 0.5～1m。

12. 女儿墙柱

如果有女儿墙柱，一般可点击该选项，并填写：左柱高、右柱高（长度）；如果没有女儿墙柱，一般不填写。

13. 带夹层

因根据实际工程勾选该选项，并根据实际工程具体情况填写对话框中的参数。当有夹层时，如果夹层与主体没有脱离，则一般应勾选，对于小于等于 20t 的吊车厂房，由于地震作用比较小，一般可按《门规》来设计钢柱（程序自动考虑夹层对钢柱的影响），夹层不与门钢柱相连的钢柱柱脚按铰接设计，钢柱与钢梁按刚接考虑；夹层的楼板与钢梁，可以在钢框架模块中建模与计算。

14. 设抗风柱

一般不勾选，抗风柱一般在【钢结构/工具箱】中计算。

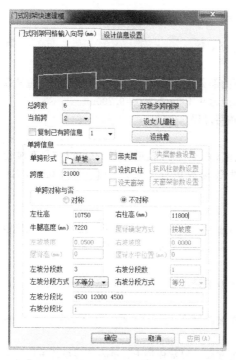

图 6-8　门式刚架快速建模对话框（2）

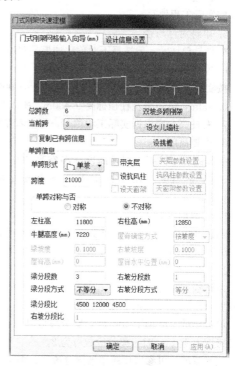

图 6-9　门式刚架快速建模对话框（3）

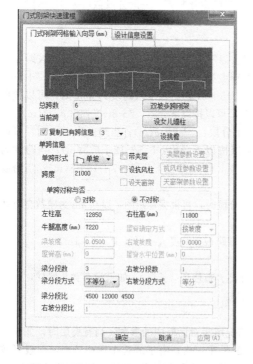

图 6-10　门式刚架快速建模对话框（4）

图 6-11　门式刚架快速建模对话框（5）

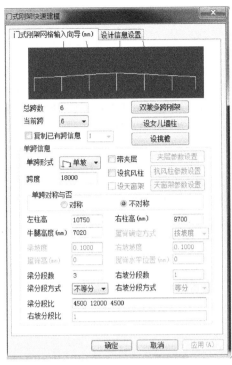

图 6-12　门式刚架快速建模对话框 (6)　　　　图 6-13　门式刚架快速建模-设计信息设置

参数注释：

1. 自动生成构件截面与铰接信息

一般应勾选。

2. 中间摇摆柱兼抗风柱

应根据实际工程填写，本工程不勾选。

3. 自动生成楼面恒、活荷载

应根据实际工程填写，本工程恒载填写 0.3、活载填写 0.5。

4. 自动导算风荷载

一般应勾选。

5. 计算规范

应根据实际工程填写，本工程选择"门式刚架规范"。

6. 地面粗糙度

应根据实际工程填写，本工程填写 B 类。

7. 封闭形式

一般选择封闭式。

8. 刚架位置

一般可选择中间区。

9. 基本风压

按实际工程填写，本工程为 0.4。

10. 风压调整系数

可按默认值 1.1。

11. 柱底标高

本工程可填写 0。

12. 受荷宽度

一般填写柱距，本工程柱距为 7500mm。

13．单方向工况数量

对于封闭式类型，一般可按默认值 2；对于封闭式和部分封闭式结构，扩展为内压为正和内压为负两种工况；而对于敞开式结构，则扩展为平衡和不平衡多种工况。叠加软件考虑的左右来风的情况，总的风荷载工况就需要扩展为左风 1、右风 1、左风 2、右风 2 这四组；针对敞开式某些情况下存在的多组不平衡工况，还需要再增加左风 3、右风 3 这两组。软件提供了自动化的输入功能。

14. 指定屋面梁平外面计算长度

应勾选，可填写 3000mm（2 倍檩条间距）。

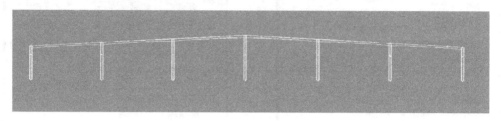

图 6-14　自动生成的门式钢架

6.3.2　布置钢柱

点击【构件布置/截面定义】，在弹出的对话框中对点击"删除"，删除所有柱子。点击【构件布置/截面定义】，在弹出的对话框中对点击"增加"，进行 H 型钢柱的定义，分别定义 6 个 H 型钢柱：H500×250×5×12、H500×220×5×12、H400×220×5×12、H400×200×5×10、H400×270×5×12、H500×300×5×12。钢柱截面定义完成后，点击【构件布置/柱布置】，把柱子布置到指定位置。如图 6-15～图 6-17 所示。

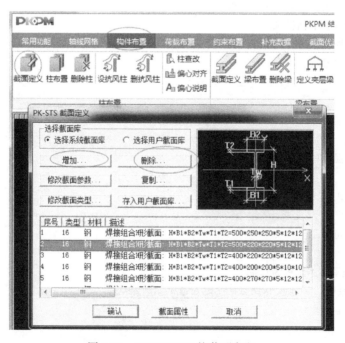

图 6-15　PKPM-STS 柱截面定义

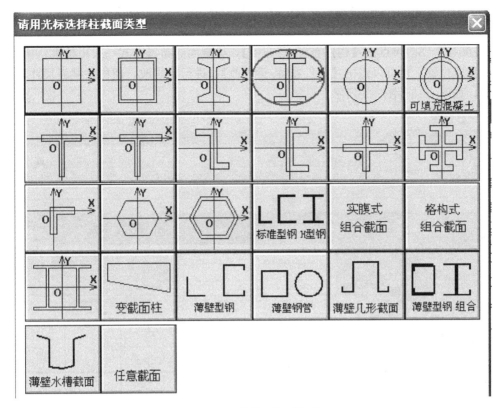

图 6-16 柱截面类型菜单

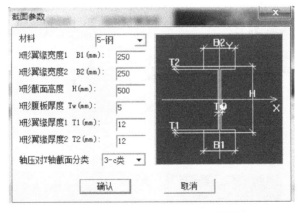

图 6-17 H型钢柱截面参数对话框

注：布置柱截面时，程序提供三种选择方式，按 TAB 键转换成轴线方式。需要注意的是，对于边柱需考虑偏心的影响。程序规定：左偏为正，右偏为负，单位为 mm。本工程左边柱偏心-250，柱截面布置方式一般按默认方式 0 度（即腹板方向沿着刚架跨度方向）。

6.3.3 布置钢梁

点击【构件布置/删除梁】，用窗口的方式删除全部梁。点击【构件布置/截面定义】，在弹出的对话框中选择"增加"，进行 H 型钢柱的定义，分别定义 7 个 H 型钢梁：H

（600～500）×200×5×8、H500×160×5×8、H（500～700）×200×5×8、H（700～500）×200×5×8、H（500～700）×200×5×10、H（700～500）×200×5×10、H（500～600）×200×5×8。再点击【构件布置/梁布置】，梁截面的布置方式一般可按默认值0度，布置到指定位置。也可以点击【构件布置/梁查改】，进行梁修改，使构件截面尺寸符合工程要求，如图6-18～图6-20所示。

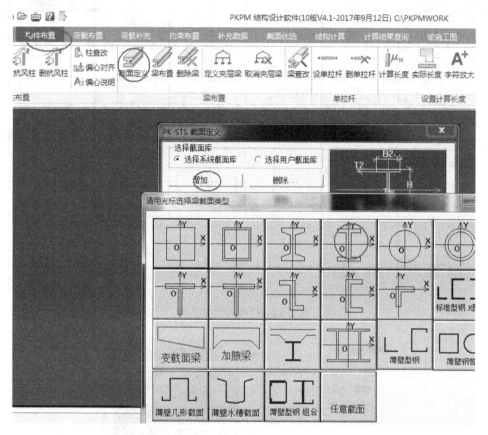

图 6-18   PK-STS 截面定义

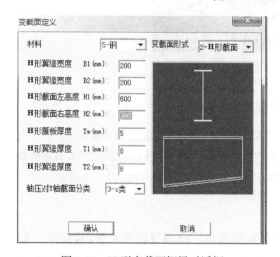

图 6-19   H 型变截面钢梁对话框

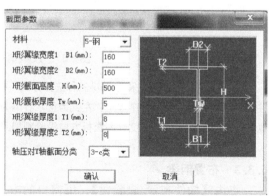

图 6-20   H 型钢截面参数

6.3.4 计算长度

点击【计算长度/平面外、平面内】，可以查看与修改钢梁、钢柱的计算长度。程序约定：平面内的长度程序默认为－1，一般情况下不需要改。平面外长度程序默认为杆件几何长度。一般根据实际情况修改。

没有吊车时，一般可用墙梁＋隅撑作为柱平面外支撑点，门式钢架柱平面外的计算长度可取隅撑最大间距。有吊车或跨度较大的厂房，由于柱截面或轴力比较大，一般不适合用墙梁＋隅撑作为柱平面外支撑点，还应根据柱间支撑与系杆的设置情况来确定柱平面外计算长度，柱的平面外计算长度取纵向支撑点间的距离，即柱间支撑沿柱高方向节点间距。当柱平面外沿厂房纵向设置通长系杆时，也可取沿柱高方向系杆的间距。钢架一般在牛腿位置设置面外支撑，牛腿处设置吊车，程序在此把柱分为2段，柱子平面外长度取各段柱实际长度即可。一般吊车梁与钢柱可靠连接后能起到系杆的作用。

梁的平面外计算长度通常情况下对下翼缘取隅撑作为其侧向支撑点，计算长度取隅撑之间的距离。对于上翼缘，一般也可以取有隅撑的檩条之间的距离。檩距1.5m，隅撑隔一个檩条布置，所以，梁的平面外计算长度取3m，如图6-21所示。

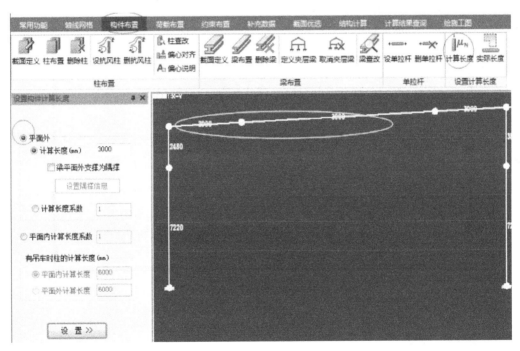

图6-21 计算长度

6.3.5 恒载输入

对于门式刚架来说，典型的恒载有：屋面恒荷载，在"恒荷载框范围内"点击：【荷载布置/梁间荷载】，如图6-22、图6-23所示。本工程附加恒载为 $0.30kN/m^2$，纵向柱距7.5m，则以"梁间荷载"输入时，"梁间荷载"为 $7.5m \times 0.3 = 2.25kN/m$，选择满跨均布线荷载类型，按"TAB"键切换为"窗口"方式，框选要布置荷载的钢梁。

图 6-22　荷载布置/梁间荷载

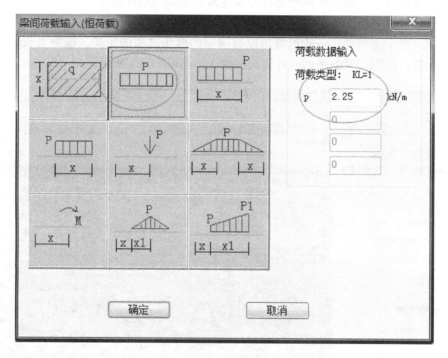

图 6-23　荷载布置/恒荷载/梁间荷载

6.3.6　墙板荷载输入

如果墙面板不是用墙檩条承重，墙檩只是起到一个侧向支撑的作用，则不考虑墙面恒活载，反之则考虑。墙面恒荷载：墙板＋檩条＋附件，当为单板时，墙面恒荷载等于 $0.05kN/m^2 + 0.05kN/m^2 + 0.05kN/m^2 = 0.15kN/m^2$。当为双板时，墙面恒荷载$=0.10kN/m^2 + 0.05kN/m^2 + 0.05kN/m^2 = 0.20$。在实际设计中，墙面荷载按柱顶节点荷载输入，比如柱距为 7.5m，墙面高度为 9.7m 时，则墙面作用在柱顶荷载为：$0.2kN/m^2 × 7.5m × 9.7m = 15kN$，在"恒荷载框范围内"点击【荷载布置/荷载布置/节点荷载】如图 6-24 所示。

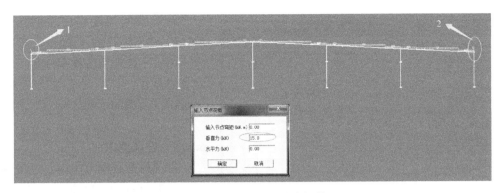

图 6-24 恒载输入/节点恒载

注：一般对节点 1、2 布置竖向节点恒载。

6.3.7 活载输入

同恒载输入。在"活荷载框范围内"点击【荷载布置/自动布置】，如图 6-25、图6-26 所示。门式刚架的活荷载包括屋面活荷载、屋面雪荷载、屋面积灰荷载、悬挂荷载等。在施工过程中，还要考虑施工或检修集中荷载。选择满跨均布线荷载类型，按"Tab"键切换为"窗口"方式，框选要布置荷载的钢梁。活载（线）＝活面荷载×柱距；计算刚架时，若雪荷载小于 $0.3kN/m^2$，则取 $0.3kN/m^2$，本工程计算刚架时，屋面活荷载取 $0.3kN/m^2$；计算檩条时，因局部可能会集中一部分物体，活荷载宜取 $0.5kN/m^2$。对于单跨门式刚架轻型房屋钢结构厂房，是否考虑活荷载的不利分布对计算结果没影响，但对

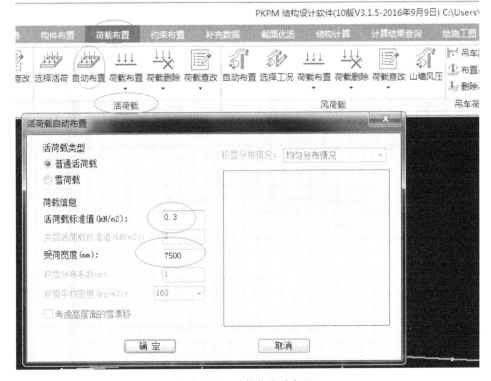

图 6-25 活荷载自动布置

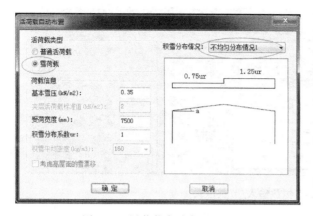

图 6-26　活荷载自动布置（1）

于多跨门式刚架轻型房屋钢结构厂房，考虑活荷载的不利分布影响很大，门式刚架轻型房屋钢结构厂房荷载本身就小，结构对荷载比较敏感，要考虑活荷载的不利分布。

6.3.8　左风输入

在"风荷载框范围内"点击【自动布置】，在弹出的对话框（图 6-27）中填写相关参数。在人工布置时，需要注意风荷载的正负。程序规定：无论左风、右风、吸力或压力，水平荷载一律规定向右为正，竖向荷载一律规定向下为正，顺时针方向的弯矩为正，吊车轮压荷载右偏为正，反之为负。点击【自动布置】后，左风与右风均自动布置。

女儿墙风荷载一般比较小，对设计基本没影响。偏安全考虑，可以按节点荷载输入。可以用程序的【风荷载/荷载布置/节点荷载】实现，弹出对话框，在【屋面坡度】中输入一个很大的数，如 100000，即可输入水平风荷载。

变截面杆件上的荷载，不允许有跨中弯矩或偏心集中力，存在该类荷载时，可在杆间增加节点，转化为节点荷载输入。

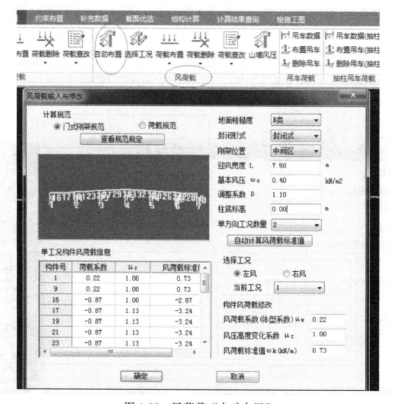

图 6-27　风荷载"自动布置"

参数注释：

1. 计算规范

对于轻型门式刚架，一般选择"门式刚架规程"；当柱高与跨度接近时或大于跨度时，一般应按"门式刚架规程"与"荷载规范"取包络设计。"门式刚架规程"只适用于柱高不大于 18m 或房屋高宽比小于 1 的门式刚架。当柱高与跨度接近时或大于跨度时，按"门式刚架规程"取时，可能对梁偏于安全，对柱不安全，按"荷载规范"取时，对柱偏于安全，对梁可能不安全。

2. 地面粗糙度

应按实际工程填写，一般可选 B 类；选项是用来判定风场的边界条件，直接决定了风荷载的沿建筑高度的分布情况，必须按照建筑物所处环境正确选择。相同高度建筑风荷载 A＞B＞C＞D。

A 类：近海海面，海岛、海岸、湖岸及沙漠地区。

B 类：指田野、乡村、丛林、丘陵及中小城镇和大城市郊区。

C 类：指有密集建筑群的城市市区。

D 类：指有密集建筑群且房屋较高的城市市区。

3. 封闭形式

一般可选择封闭式。

4. 刚架位置

应根据实际工程填写，一般可选择"中间区"。

5. 迎风跨度 L。

按实际工程填写，对于中间跨，可取柱距；对于端跨，取柱距的一半＋外挑一部分。

6. 基本风压

按实际工程填写；可查《荷载规范》。

7. 调整系数

《门式刚架轻型房屋钢结构技术规范》GB 51022—2015　4.2.1　β 系数，计算主刚架时取 $\beta=1.1$；计算檩条、墙梁、屋面板和墙面板及其连接时，取 $\beta=1.5$。一般可填写 1.1。

8. 柱底标高

因风压高度变化系数 μ_s 是指离地面 h 处的调整值，应按实际工程填写，一般可按默认值 0 填写。

9. 计算工况

可按默认选项"左风"，点击确定后，程序自动同时布置"左风"与"右风"。

10. 风荷载系数（体型系数）

STS 程序一般能自动判别，按程序默认的参数即可，不用修改。当程序出现如下提示时："找不到'轻刚规范'中相应的形式，风荷载体型系数请用户输入"用户应对构件上的风载手工修改。

门式刚架结构与一般厂房结构不同，其高度一般都不大，但其跨度和长度都比较大，这类房屋的风荷载体型系数由自己的特点，必须按《门规》中规定执行。但遇到以下情况时，宜用《建筑结构荷载规范》来确定风荷载的体型系数：房屋高度很大、跨度很大、有大吨位的吊车。

《门规》4.2.2：对于门式刚架轻型房屋，当房屋高度不大于 18m，房屋高宽比小于 1 时，风荷载系数 μ_w 应按下列规定采用：

（1）主刚架的横向风荷载系数，应按表 6-1 的规定采用（图 6-28、图 6-29）；

（2）主刚架的纵向风荷载系数，应按表 6-2 的规定采用（图 6-30、图 6-31、图 6-32）；

（3）外墙的风荷载系数，应按表 6-3、表 6-4 的规定采用（图 6-33）；

（4）双坡屋面和挑檐的风荷载系数，应按表 6-5、表 6-6、表 6-7、表 6-8、表 6-9、表 6-10、表 6-11、表 6-12、表 6-13 的规定采用（图 6-34、图 6-35、图 6-36）；

（5）多跨双坡屋面和挑檐的风荷载系数，应按表 6-14、表 6-15、表 6-16、表 6-17 的规定采用（图 6-37）；

(6) 单坡屋面的风荷载系数，应按表 6-18、表 6-19、表 6-20、表 6-21 的规定采用（图 6-38、图 6-39）；

(7) 锯齿形屋面的风荷载系数，应按表 6-22、表 6-23 的规定采用（图 6-40）。

主刚架横向风荷载系数　　　　　　　　　　　表 6-1

| 房屋类型 | 屋面坡度角 θ | 荷载工况 | 端区系数 | | | | 中间区系数 | | | | 山墙 |
			1E	2E	3E	4E	1	2	3	4	5 和 6
封闭式	$0°\leqslant\theta\leqslant5°$	(+i)	+0.43	−1.25	−0.71	−0.60	+0.22	−0.87	−0.55	−0.47	−0.63
		(−i)	+0.79	−0.89	−0.35	−0.25	+0.58	−0.51	−0.19	−0.11	−0.27
	$\theta=10.5°$	(+i)	+0.49	−1.25	−0.76	−0.67	+0.26	−0.87	−0.58	−0.51	−0.63
		(−i)	+0.85	−0.89	−0.40	−0.31	+0.62	−0.51	−0.22	−0.15	−0.27
	$\theta=15.6°$	(+i)	+0.54	−1.25	−0.81	−0.74	+0.30	−0.87	−0.62	−0.55	−0.63
		(−i)	+0.90	−0.89	−0.45	−0.38	+0.66	−0.51	−0.26	−0.19	−0.27
	$\theta=20°$	(+i)	+0.62	−1.25	−0.87	−0.82	+0.35	−0.87	−0.66	−0.61	−0.63
		(−i)	+0.98	−0.89	−0.51	−0.46	+0.71	−0.51	−0.30	−0.25	−0.27
	$30°\leqslant\theta\leqslant45°$	(+i)	+0.51	+0.09	−0.71	−0.66	+0.38	+0.03	−0.61	−0.55	−0.63
		(−i)	+0.87	+0.45	−0.35	−0.30	+0.74	+0.39	−0.25	−0.19	−0.27
部分封闭式	$0°\leqslant\theta\leqslant5°$	(+i)	+0.06	−1.62	−1.08	−0.98	−0.15	−1.24	−0.92	−0.84	−1.00
		(−i)	+1.16	−0.52	+0.02	+0.12	+0.95	−0.14	+0.18	+0.26	+0.10
	$\theta=10.5°$	(+i)	+0.12	−1.62	−1.13	−1.04	−0.11	−1.24	−0.95	−0.88	−1.00
		(−i)	+1.22	−0.52	−0.03	+0.06	+0.99	−0.14	+0.15	+0.22	+0.10
	$\theta=15.6°$	(+i)	+0.17	−1.62	−1.20	−1.11	+0.07	−1.24	−0.99	−0.92	−1.00
		(−i)	+1.27	−0.52	−0.10	−0.01	+1.03	−0.14	+0.11	+0.18	+0.10
	$\theta=20°$	(+i)	+0.25	−1.62	−1.24	−1.19	−0.02	−1.24	−1.03	−0.98	−1.00
		(−i)	+1.35	−0.52	−0.14	−0.09	+1.08	−0.14	+0.07	+0.12	+0.10
	$30°\leqslant\theta\leqslant45°$	(+i)	+0.14	−0.28	−1.08	−1.03	+0.01	−0.34	−0.98	−0.92	−1.00
		(−i)	+1.24	+0.82	+0.02	+0.07	+1.11	+0.76	+0.12	+0.18	+0.10
敞开式	$0°\leqslant\theta\leqslant10°$	平衡	+0.75	−0.50	−0.50	−0.75	+0.75	−0.50	−0.50	−0.75	−0.75
		不平衡	+0.75	−0.20	−0.60	−0.75	+0.75	−0.20	−0.60	−0.75	−0.75
	$10°<\theta\leqslant25°$	平衡	+0.75	−0.50	−0.50	−0.75	+0.75	−0.50	−0.50	−0.75	−0.75
		不平衡	+0.75	+0.50	−0.50	−0.75	+0.75	+0.50	−0.50	−0.75	−0.75
		不平衡	+0.75	+0.15	−0.65	−0.75	+0.75	+0.15	−0.65	−0.75	−0.75
	$25°<\theta\leqslant45°$	平衡	+0.75	−0.50	−0.50	−0.75	+0.75	−0.50	−0.50	−0.75	−0.75
		不平衡	+0.75	+1.40	+0.20	−0.75	+0.75	+1.40	−0.20	−0.75	−0.75

注：1. 封闭式和部分封闭式房屋荷载工况中的（+i）表示内压为压力，（−i）表示内压为吸力。敞开式房屋荷载工况中的平衡表示 2 区和 3 区、2E 区和 3E 区风荷载情况相同，不平衡表示不同。

2. 表中正号和负号分别表示风力朝向板面和离开板面。

3. 未给出的 θ 值系数可用线性插值。

4. 当 2 区的屋面压力系数为负时，该值适用于 2 区从屋面边缘算起垂直于檐口方向延伸宽度为房屋最小水平尺寸 0.5 倍或 2.5h 的范围，取两者中的较小值。2 区的其余面积，直到屋脊线，应采用 3 区的系数。

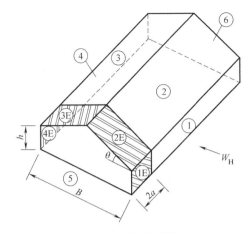

图 6-28 双坡屋面横向

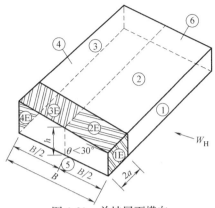

图 6-29 单坡屋面横向

θ—屋面坡度角，为屋面与水平的夹角；B—房屋宽度；h—屋顶至室外地面的平均高度；双坡屋面可近似取檐口高度，单坡屋面可取跨中高度；a—计算围护结构构件时的房屋边缘带宽度，取房屋最小水平尺寸的 10% 或 $0.4h$ 之中较小值，但不得小于房屋最小尺寸的 4% 或 1m。图中，①、②、③、④、⑤、⑥、①E、②E、③E、④E 为分区编号；W_H 为横风向来风

主刚架纵向风荷载系数（各种坡度角） 表 6-2

房屋类型	荷载工况	端区系数				中间区系数				侧墙
		1E	2E	3E	4E	1	2	3	4	5 和 6
封闭式	(+i)	+0.43	−1.25	−0.71	−0.61	+0.22	−0.87	−0.55	−0.47	−0.63
	(−i)	+0.79	−0.89	−0.35	−0.25	+0.58	−0.51	−0.19	−0.11	−0.27
部分封闭式	(+i)	+0.06	−1.62	−1.08	−0.98	−0.15	−1.24	−0.92	−0.84	−1.00
	(−i)	+1.16	−0.52	+0.02	+0.12	+0.95	−0.14	+0.18	+0.26	+0.10
敞开式		按图 4.2.2-2(c)取值								

注：1. 敞开式房屋中的 0.75 风荷载系数适用于房屋表面的任何覆盖面；

2. 敞开式屋面在垂直于屋脊的平面上，刚架投影实腹区最大面积应乘以 1.3N 系数，采用该系数时，应满足下列条件：$0.1 \leqslant \phi \leqslant 0.3$，$1/6 \leqslant h/B \leqslant 6$，$S/B \leqslant 0.5$。其中，$\phi$ 是刚架实腹部分与山墙毛面积的比值；N 是横向刚架的数量。

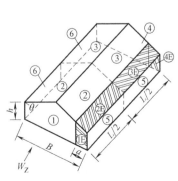

图 6-30 双坡屋面纵向

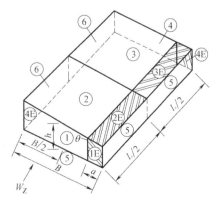

图 6-31 单坡屋面纵向

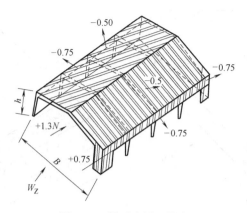

图 6-32 敞开式屋面纵向

图中①、②、③、④、⑤、⑥、①E、②E、③E、④E为分区编号；W_Z 为纵风向来风

外墙风荷载系数（风吸力）　　　　　　　表 6-3

外墙风吸力系数 μ_w，用于围护构件和外墙板

分区	有效风荷载面积 $A(m^2)$	封闭式房屋	部分封闭式房屋
角部(5)	$A \leqslant 1$ $1 < A < 50$ $A \geqslant 50$	-1.58 $+0.353 \log A - 1.58$ -0.98	-1.95 $+0.353 \log A - 1.95$ -1.35
中间区(4)	$A \leqslant 1$ $1 < A < 50$ $A \geqslant 50$	-1.28 $+0.176 \log A - 1.28$ -0.98	-1.65 $+0.176 \log A - 1.65$ -1.35

外墙风荷载系数（风压力）　　　　　　　表 6-4

外墙风压力系数 μ_w，用于围护构件和外墙板

分区	有效风荷载面积 $A(m^2)$	封闭式房屋	部分封闭式房屋
各区	$A \leqslant 1$ $1 < A < 50$ $A \geqslant 50$	$+1.18$ $-0.176 \log A + 1.18$ $+0.88$	$+1.55$ $-0.176 \log A + 1.55$ $+1.25$

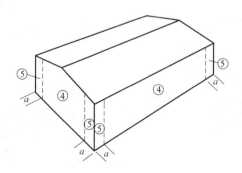

图 6-33 外墙风荷载系数分区

双坡屋面风荷载系数（风吸力）（$0° \leqslant \theta \leqslant 10°$）   表 6-5

屋面风吸力系数 μ_w，用于围护构件和屋面板

分区	有效风荷载面积 $A(m^2)$	封闭式房屋	部分封闭式房屋
角部(3)	$A \leqslant 1$ $1 < A < 10$ $A \geqslant 10$	-2.98 $+1.70\log A - 2.98$ -1.28	-3.35 $+1.70\log A - 3.35$ -1.65
边区(2)	$A \leqslant 1$ $1 < A < 10$ $A \geqslant 10$	-1.98 $+0.70\log A - 1.98$ -1.28	-2.35 $+0.70\log A - 2.35$ -1.65
中间区(1)	$A \leqslant 1$ $1 < A < 10$ $A \geqslant 10$	-1.18 $+0.10\log A - 1.18$ -1.08	-1.55 $+0.10\log A - 1.55$ -1.45

双坡屋面风荷载系数（风压力）（$0° \leqslant \theta \leqslant 10°$）   表 6-6

屋面风压力系数 μ_w，用于围护构件和屋面板

分区	有效风荷载面积 $A(m^2)$	封闭式房屋	部分封闭式房屋
各区	$A \leqslant 1$ $1 < A < 10$ $A \geqslant 10$	$+0.48$ $-0.10\log A + 0.48$ $+0.38$	$+0.85$ $-0.10\log A + 0.85$ $+0.75$

挑檐风荷载系数（风吸力）（$0° \leqslant \theta \leqslant 10°$）   表 6-7

挑檐风吸力系数 μ_w，用于围护构件和屋面板

分区	有效风荷载面积 $A(m^2)$	封闭或部分封闭房屋
角部(3)	$A \leqslant 1$ $1 < A < 10$ $A \geqslant 10$	-2.80 $+2.00\log A - 2.80$ -0.80
边区(2) 中间区(1)	$A \leqslant 1$ $1 < A \leqslant 10$ $10 < A < 50$ $A \geqslant 50$	-1.70 $+0.10\log A - 1.70$ $+0.715\log A - 2.32$ -1.10

双坡屋面风荷载系数（风吸力）（$10° \leqslant \theta \leqslant 30°$）   表 6-8

屋面风吸力系数 μ_w，用于围护构件和屋面板

分区	有效风荷载面积 $A(m^2)$	封闭式房屋	部分封闭式房屋
角部(3) 边区(3)	$A \leqslant 1$ $1 < A \leqslant 10$ $A \geqslant 10$	-2.80 $+0.70\log A - 2.28$ -1.58	-2.65 $+0.70\log A - 2.65$ -1.95
中间区(1)	$A \leqslant 1$ $1 < A < 10$ $A \geqslant 10$	-1.08 $+0.10\log A - 1.08$ -0.98	-1.45 $+0.10\log A - 1.45$ -1.35

双坡屋面风荷载系数（风压力）（10°≤θ≤30°） 表 6-9

	屋顶风压力系数 μ_w，用于围护构件和屋面板		
分区	有效风荷载面积 $A(\text{m}^2)$	封闭式房屋	部分封闭式房屋
各区	$A\leqslant 1$ $1<A<10$ $A\geqslant 10$	$+0.68$ $-0.20\log A+0.68$ $+0.48$	$+1.05$ $-0.20\log A+1.05$ $+0.85$

挑檐风荷载系数（风吸力）（10°≤θ≤30°） 表 6-10

	挑檐风吸力系数 μ_w，用于围护构件和屋面板	
分区	有效风荷载面积 $A(\text{m}^2)$	封闭或部分封闭房屋
角部(3)	$A\leqslant 1$ $1<A<10$ $A\geqslant 10$	-3.70 $+1.20\log A-3.70$ -2.50
边区(2)	全部面积	-2.20

双坡屋面风荷载系数（风吸力）（30°≤θ≤45°） 表 6-11

	屋面风吸力系数 μ_w，用于围护构件和屋面板		
分区	有效风荷载面积 $A(\text{m}^2)$	封闭式房屋	部分封闭式房屋
角部(3) 边区(2)	$A\leqslant 1$ $1<A<10$ $A\geqslant 10$	-1.38 $+0.20\log A-1.38$ -1.18	-1.75 $+0.20\log A-1.75$ -1.55
中间区(1)	$A\leqslant 1$ $1<A<10$ $A\geqslant 10$	-1.08 $+0.20\log A-1.18$ -0.98	-1.55 $+0.20\log A-1.55$ -1.35

双坡屋面风荷载系数（风压力）（30°≤θ≤45°） 表 6-12

	屋顶风压力系数 μ_w，用于围护构件和屋面板		
分区	有效风荷载面积 $A(\text{m}^2)$	封闭式房屋	部分封闭式房屋
各区	$A\leqslant 1$ $1<A<10$ $A\geqslant 10$	$+1.08$ $-0.10\log A+1.08$ $+0.98$	$+1.45$ $-0.10\log A+1.45$ $+1.35$

挑檐风荷载系数（风吸力）（30°≤θ≤45°） 表 6-13

	挑檐风吸力系数 μ_w，用于围护构件和屋面板	
分区	有效风荷载面积 $A(\text{m}^2)$	封闭或部分封闭房屋
角部(3) 边区(2)	$A\leqslant 1$ $1<A<10$ $A\geqslant 10$	-2.00 $+0.20\log A-2.00$ -1.80

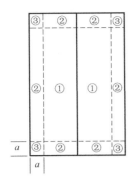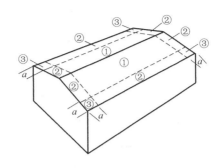

图 6-34 双坡屋面和挑檐风荷载系数分区 ($0°{\leqslant}\theta{\leqslant}10°$)

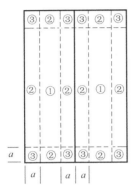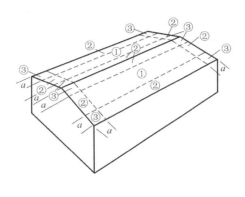

图 6-35 双坡屋面和挑檐风荷载系数分区 ($10°{\leqslant}\theta{\leqslant}30°$)

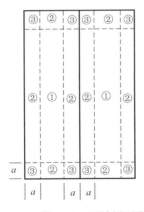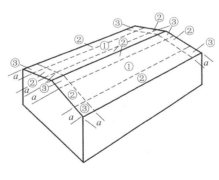

图 6-36 双坡屋面和挑檐风荷载系数分区 ($30°{\leqslant}\theta{\leqslant}45°$)

多跨双坡屋面风荷载系数（风吸力）（$10°{<}\theta{\leqslant}30°$） 　　表 6-14

	屋面风吸力系数 μ_w，用于围护构件和屋面板		
分区	有效风荷载面积 $A(\text{m}^2)$	封闭式房屋	部分封闭式房屋
角部（3）	$A{\leqslant}1$ $1{<}A{<}10$ $A{\geqslant}10$	-2.88 $+1.00\log A-2.88$ -1.88	-3.35 $+1.00\log A-3.25$ -2.25

屋面风吸力系数 μ_w,用于围护构件和屋面板			
分区	有效风荷载面积 $A(m^2)$	封闭式房屋	部分封闭式房屋
边区(2)	$A \leq 1$ $1 < A < 10$ $A \geq 10$	-2.38 $+0.50\log A - 2.38$ -1.88	-2.75 $+0.50\log A - 2.75$ -2.25
中间区(1)	$A \leq 1$ $1 < A < 10$ $A \geq 10$	-1.78 $+0.20\log A - 1.78$ -1.58	-2.15 $+0.20\log A - 2.15$ -1.95

多跨双坡屋面风荷载系数（风压力）（10°<θ≤30°） 表 6-15

屋面风压力系数 μ_w,用于围护构件和屋面板			
分区	有效风荷载面积 $A(m^2)$	封闭式房屋	部分封闭式房屋
各区	$A \leq 1$ $1 < A < 10$ $A \geq 10$	$+0.78$ $-0.20\log A + 0.78$ $+0.58$	$+1.15$ $-0.20\log A + 1.15$ $+0.95$

多跨双坡屋面风荷载系数（风吸力）（30°<θ≤45°） 表 6-16

屋面风吸力系数 μ_w,用于围护构件和屋面板			
分区	有效风荷载面积 $A(m^2)$	封闭式房屋	部分封闭式房屋
角部(3)	$A \leq 1$ $1 < A < 10$ $A \geq 10$	-2.78 $+0.90\log A - 2.78$ -1.88	-3.15 $+1.90\log A - 3.15$ -2.25
边区(2)	$A \leq 1$ $1 < A < 10$ $A \geq 10$	-2.68 $+0.80\log A - 2.68$ -1.88	-3.05 $+0.80\log A - 3.05$ -2.25
中间区(1)	$A \leq 1$ $1 < A < 10$ $A \geq 10$	-2.18 $+0.90\log A - 2.18$ -1.28	-2.55 $+0.90\log A - 2.55$ -1.65

多跨双坡屋面风荷载系数（风压力）（30°<θ≤45°） 表 6-17

屋面风压力系数 μ_w,用于围护构件和屋面板			
分区	有效风荷载面积 $A(m^2)$	封闭式房屋	部分封闭式房屋
各区	$A \leq 1$ $1 < A < 10$ $A \geq 10$	$+1.18$ $-0.20\log A + 1.18$ $+0.98$	$+1.55$ $-0.20\log A + 1.55$ $+1.35$

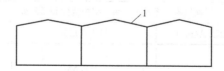

图 6-37　多跨双坡屋面风荷载系数分区
1—每个双坡屋面分区按图 3-34 执行

单坡屋面风荷载系数（风吸力）（3°<θ≤10°）

表 6-18

屋面风吸力系数 μ_w，用于围护构件和屋面板

分区	有效风荷载面积 $A(m^2)$	封闭式房屋	部分封闭式房屋
高区 角部(3′)	$A\leqslant1$ $1<A<10$ $A\geqslant10$	-2.78 $+1.0\log A-2.78$ -1.78	-3.15 $+1.0\log A-3.15$ -2.15
低区 角部(3)	$A\leqslant1$ $1<A<10$ $A\geqslant10$	-1.98 $+0.60\log A-1.98$ -1.38	-2.35 $+0.60\log A-2.35$ -1.75
高区 边部(2′)	$A\leqslant1$ $1<A<10$ $A\geqslant10$	-1.78 $+0.10\log A-1.78$ -1.68	-2.15 $+0.10\log A-2.15$ -2.05
低区 边区(2)	$A\leqslant1$ $1<A<10$ $A\geqslant10$	-1.48 $+0.10\log A-1.48$ -1.38	-1.85 $+0.10\log A-1.85$ -1.75
中间区(1)	全部面积	-1.28	-1.65

单坡屋面风荷载系数（风压力）（3°<θ≤10°）

表 6-19

屋面风压力系数 μ_w，用于围护构件和屋面板

分区	有效风荷载面积 $A(m^2)$	封闭式房屋	部分封闭式房屋
各区	$A\leqslant1$ $1<A<10$ $A\geqslant10$	$+0.48$ $-0.10\log A+0.48$ $+0.38$	$+0.85$ $-0.10\log A+0.85$ $+0.75$

单坡屋面风荷载系数（风吸力）（10°<θ≤30°）

表 6-20

屋面风吸力系数 μ_w，用于围护构件和屋面板

分区	有效风荷载面积 $A(m^2)$	封闭式房屋	部分封闭式房屋
高区 角部(3)	$A\leqslant1$ $1<A<10$ $A\geqslant10$	-3.08 $+0.90\log A-3.08$ -2.18	-3.45 $+0.90\log A-3.45$ -2.55
边区(2)	$A\leqslant1$ $1<A<10$ $A\geqslant10$	-1.78 $+0.40\log A-1.78$ -1.38	-2.15 $+0.40\log A-2.15$ -1.75
中间区(1)	$A\leqslant1$ $1<A<10$ $A\geqslant10$	-1.48 $+0.20\log A-1.48$ -1.28	-1.85 $+0.20\log A-1.85$ -1.65

单坡屋面风荷载系数（风压力）（10°<θ≤30°）

表 6-21

屋面风压力系数 μ_w，用于围护构件和屋面板

分区	有效风荷载面积 $A(m^2)$	封闭式房屋	部分封闭式房屋
各区	$A\leqslant1$ $1<A<10$ $A\geqslant10$	$+0.58$ $-0.10\log A+0.58$ $+0.48$	$+0.95$ $-0.10\log A+0.95$ $+0.85$

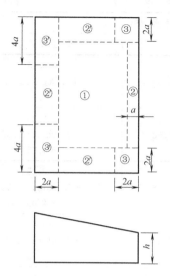 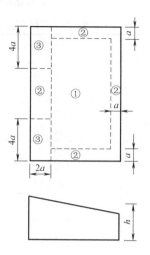

图 6-38　单坡屋面风荷载系数分区（3°＜θ≤10°）　　图 6-39　单坡屋面风荷载系数分区（10°＜θ≤30°）

锯齿形屋面风荷载系数（风吸力）　　　　　表 6-22

分区	有效风荷载面积 $A(\mathrm{m}^2)$	封闭式房屋	部分封闭式房屋
	锯齿形屋面风吸力系数 μ_{w}，用于围护构件和屋面板		
第1跨 角部(3)	$A\leqslant 1$	-4.28	-4.65
	$1<A\leqslant 10$	$+0.40\log A-4.28$	$+0.40\log A-4.65$
	$10<A<50$	$+2.289\log A-6.169$	$+2.289\log A-6.539$
	$A\geqslant 10$	-2.28	-2.65
第2、3、4跨 角部(3)	$A\leqslant 10$	-2.78	-3.15
	$10<A<50$	$+1.001\log A-3.781$	$+1.001\log A-4.151$
	$A\geqslant 50$	-2.08	-2.45
边区(2)	$A\leqslant 1$	-3.38	-3.75
	$1<A<50$	$+0.942\log A-3.38$	$+0.942\log A-3.75$
	$A\geqslant 50$	-1.78	-2.15
中间区(1)	$A\leqslant 1$	-2.38	-2.75
	$1<A<50$	$+0.647\log A-2.38$	$+0.647\log A-2.75$
	$A\geqslant 50$	-1.28	-1.65

锯齿形屋面风荷载系数（风压力）　　　　　表 6-23

分区	有效风荷载面积 $A(\mathrm{m}^2)$	封闭式房屋	部分封闭式房屋
	锯齿形屋面风压力系数 μ_{w}，用于围护构件和屋面板		
角部(3)	$A\leqslant 1$	$+0.98$	$+3.15$
	$1<A<10$	$-0.10\log A+0.98$	$-0.10\log A+1.35$
	$A\geqslant 10$	$+0.88$	$+1.25$
边区(2)	$A\leqslant 1$	$+1.28$	$+1.65$
	$1<A<10$	$-0.30\log A+1.28$	$-0.30\log A+1.65$
	$A\geqslant 10$	$+0.98$	$+1.35$

锯齿形屋面风压力系数 μ_w,用于围护构件和屋面板			
分区	有效风荷载面积 $A(m^2)$	封闭式房屋	部分封闭式房屋
中间区(1)	$A \leqslant 1$ $1 < A < 50$ $A \geqslant 50$	$+0.88$ $-0.177\log A + 0.88$ $+0.58$	$+1.25$ $-0.177\log A + 1.25$ $+0.95$

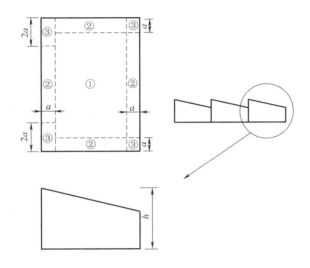

图 6-40　锯齿形屋面风荷载系数分区

11. 风压高度变化系数 μ_z

一般根据门式刚架檐口处的高度来查找规范。《建筑结构荷载规范》GB 50009—2012 第 8.2.1 条：对于平坦或稍有起伏的地形，风压高度变化系数应根据地面粗糙度类别按表 6-24 确定。当高度小于 10m 时，应按 10m 高度处的数值采用；中间高度时，可以采用插值法。

风压高度变化系数（局部）　　　　　　　　　　　　表 6-24

离地面或海平面高度 （m）	地面粗糙度类别			
	A	B	C	D
5	1.09	1.00	0.65	0.45
10	1.28	1.00	0.65	0.45
15	1.42	1.13	0.65	0.45
20	1.52	1.23	0.74	0.45
30	1.67	1.39	0.88	0.45

12. 风荷载标准值

程序可自动计算。风荷载标准值 $\omega_k = \mu_s \mu_z \omega_0$，$\omega_0$ 为基本风压。

13. 自动计算风荷载标准值

修改 β 后，可点击"自动计算风荷载标准值"，如果不点取，则风荷载标准值不会自动更新。

6.3.9　右风输入

点击"自动布置"后，程序会自动布置"右风"。

6.3.10 吊车荷载

（1）点击【吊车数据】，显示吊车荷载定义对话框（图 6-41），点击【增加】，弹出吊车荷载数据对话框（图 6-42）。程序要求输入的最大轮压和最小轮压产生的吊车荷载（D_{max} 和 D_{min}），不是厂方吊车资料中提供的数据（P_{max} 和 P_{min}），而是根据影响线求出的最大轮压和最小轮压对柱的作用力。

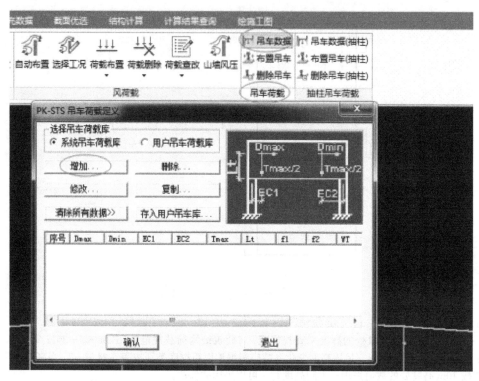

图 6-41　PK-STS 吊车荷载定义

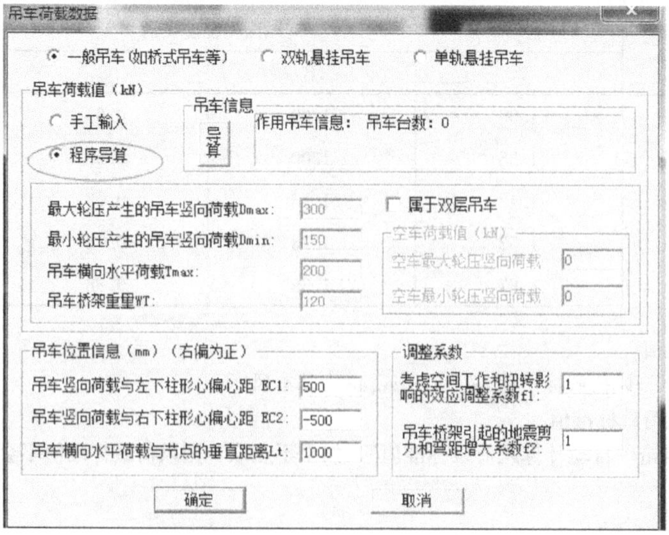

图 6-42　吊车荷载数据对话框

参数注释：

1. 吊车荷载值

有三种选择：一般吊车（如桥式吊车等）、双轨悬挂吊车、单轨悬挂吊车。本工程选择：一般吊车（如桥式吊车等）。

吊车荷载是指吊车在运行中最大轮压和最小轮压对柱牛腿产生的作用。吊车荷载定义时的区别在于输入的参数不同；布置时的区别在于，一般桥式吊车和双轨悬挂吊车需要指定两个吊车荷载作用点，单轨悬挂吊车只需要指定一个作用点。悬挂吊车的作用点在梁间时，需要在该位置增加一个节点，才能进行布置。

最大轮压产生的吊车竖向荷载 D_{max}、最小轮压产生的吊车竖向荷载 D_{min}、吊车横向水平荷载 T_{max}、吊车桥架重量 W_T：

吊车荷载值有 3 种方法可以得到：第 1 种是通过影响线手算；第 2 种是通过 STS 工具箱首先计算吊车梁，从中得到；第 3 种是通过程序提供的辅助工具。如果采用 STS 工具箱首先计算吊车梁，从中得到，可以点击：【工具箱/吊车梁计算和施工图】→【工字形吊车梁计算与施工图/吊车梁计算】；也可以采用第 3 种是通过程序提供的辅助工具，在图 3-42 中点击【程序倒算】，进入吊车荷载输入向导对话框，如图 3-43 所示。

吊车桥架重 W_T 是按额定起重量最大的一条吊车输出的（W_T＝按轮压推导出的吊车满载总重－额定起重量），对于硬钩吊车，吊车桥架重 W_T 中包含 0.3 倍的吊重。吊车桥架重用于地震作用计算时的集中质点质量。吊车横向水平荷载 T_{max} 应为总值，程序在计算时会自动对每边取一半。

根据《抗规》5.1.3 条的规定：对于硬钩吊车，应计入吊车悬吊物重力，而程序在自动形成的振动质点的重量中只计入了恒载、活载和吊车桥架重，并未计入吊车吊重。用户可在"补充数据"中用填写附加质点重量的方法输入硬钩吊车竖向荷载，或者在输入吊车桥架重中包括 30％ 硬钩吊车吊重，这样在附加质点重量里就可以不包括硬钩吊车吊重。

2. 吊车竖向荷载与左下柱形心偏心距 EC1

根据吊车资料查看填写，并满足吊车净空要求。比如厂房跨度（钢柱外皮）为 18m，吊车（10t 单梁）标准跨为 16.5m，则 18－16.5＝1.5，吊车竖向荷载与左下柱形心偏心距＝0.75－1/2 左柱截面高；并检查该力到柱内翼缘的距离是否满足吊车的净空的要求。

3. 吊车竖向荷载与右下柱形心偏心距 EC2

根据吊车资料查看填写，并满足吊车净空要求。比如厂房跨度（钢柱外皮）为 18m，吊车（10t 单梁）标准跨为 16.5m，则 18－16.5＝1.5，吊车竖向荷载与右下柱形心偏心距＝0.75－1/2 右柱截面高；并检查该力到柱内翼缘的距离是否满足吊车的净空的要求。

4. 吊车横向水平荷载与节点的垂直距离 L_t

轨道顶面至牛腿上表面高度，一般约为吊车梁高度＋200。

5. 属于双层吊车

应根据实际工程填写；对于普通的轻型门式刚架，一般可不勾选。

6. 考虑空间工作和扭转影响的效应调整系数 f_1

一般可填写 1。

7. 吊车桥架引起的地震剪力和弯矩增大系数 f_2

一般可填写 1.0。

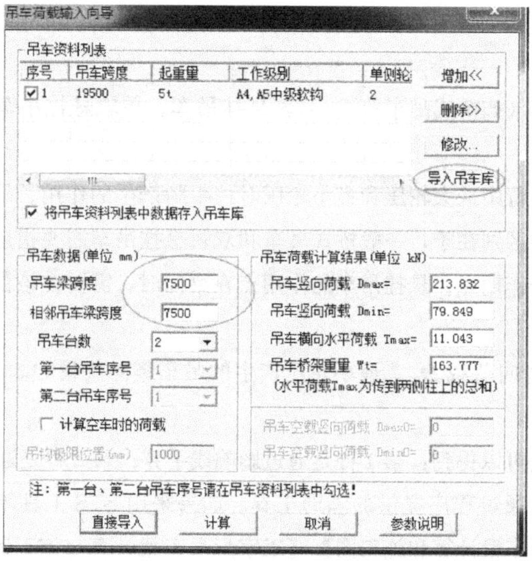

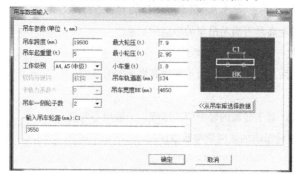

图 6-43　吊车荷载输入向导对话框

参数注释：

吊车梁的跨度：一般是指本开间的柱距。

相邻吊车梁跨度：指与本开间相邻的吊车梁的跨度，一般就是相邻开间的柱距。

吊车台数、第一台吊车序号、第二台吊车序号：均按实际填写。

计算空车时的荷载：

当属于双层吊车时，需要输入空车时的作用。由于一般吊车资料没有提供空车时的最大轮压和最小轮压，用户可以选择"计算空车时的荷载"，然后输入吊钩极限位置，软件自动计算当吊钩处于极限位置吊重产生的支座反力，然后从重车的最大轮压和最小轮压中减去相应吊重产生的支座反力，得到空车的最大轮压反力和最小轮压反力，然后自动计算空车时的竖向荷载。

注：1. STS程序提供了常用吊车库和吊车荷载自动计算功能。在弹出的"吊车荷载输入向导"对话框中，如果工程中的吊车在吊车库中没有，则点击"增加"在弹出的对话框中手动输入吊车的具体参数，如图 6-44 所示。

2. 如果工程中的吊车在吊车库中有，在图 6-43 中点击【导入吊车库】，弹出吊车数据库对话框。在吊车数据库对话框中选择合适的吊车（图 6-45），点击【确定】，该吊车的所有参数自动回填到吊车荷载输入向导对话框中。在图 6-43 中点击【计算】，程序将吊车计算结果数据填入对话框左下方输入项中。点击【直接导入】，考虑影响线的吊车荷载回填到吊车荷载数据对话框中。

图 6-44　吊车数据输入（手动）

注："最大轮压"可以查阅吊车资料，"最小轮压"可以近似按下面方法计算：（吊车重量＋最大起

204

吊重)/2－吊车资料的最大轮压。

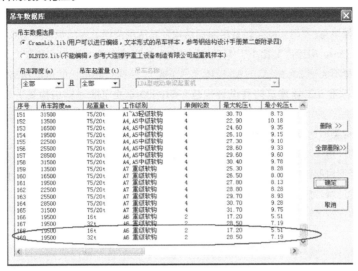

图 6-45　吊车数据库对话框

（2）布置吊车荷载

点击【布置吊车】，分别点取吊车荷载作用的左柱节点及右柱节点（牛腿节点处）。

6.3.11　支座修改

点击【约束/删除支座】，把牛腿标高处的自动生成的支座删除。

6.3.12　参数输入

点击【结构计算/参数输入】，如图 6-46～图 6-50 所示。

图 6-46　结构类型参数

参数注释：

1. 结构类型

应根据实际工程填写。"门式刚架轻型房屋钢结构"其适用范围见《门规》第1.0.2条：本规程适用于房屋高度不超过18m，房屋高宽比小于1，承重结构为单跨或多跨实腹门式刚架、具有轻型屋盖、无桥式吊车或有起重量不大于20t的A1～A5级桥式吊车或3t悬挂式起重机的单层钢结构房屋。本规范不适用于按现行国家标准《工业建筑防腐设计规范》GB 50046规定的对钢结构具有强腐蚀介质作用的房屋。

根据不同的结构类型选择相应的选项，程序将根据相应的规范条文计算与控制。

1）单层钢结构厂房，不适用于《门规》的单层钢结构厂房，程序将按照《抗规》内容进行控制。

2）门式刚架轻型房屋钢结构，选择此选项时，不再按《抗规》9.2章内容控制，仅执行《门规》。

3）多层钢结构厂房，按《抗规》附录H.2进行计算与控制。

4）钢框架结构，按《抗规》内容进行控制。

2. 设计规范

轻型门式刚架厂房应选择"《门规》（GB 51022—2015）"；不是轻型门式刚架的厂房，及钢框架，可选择"《钢结构设计标准》（GB 50017—2017）"；

1）《钢结构设计标准》GB 50017—2017，适用于工业与民用房屋和一般构筑物。

2）《门刚》（本规程适用于房屋高度不超过18m，房屋高宽比小于1，承重结构为单跨或多跨实腹门式刚架、具有轻型屋盖、无桥式吊车或有起重量不大于20t的A1～A5级桥式吊车或3t悬挂式起重机的单层钢结构房屋。

3）《轻型钢结构设计规程》上海市标准 DBJ 08－68－97

4）《冷弯薄壁型钢结构设计规范》GB 50018，适用于建筑工程的冷弯薄壁型钢结构。

3. 程序自动确定容许长细比

一般不勾选。

4. 受压构件容许长细比

钢结构根据《钢结构设计规范》GB 50017—2003　8.4.3选用；轻钢结构根据《门规》3.4.2-1选用。该参数主要针对于受压构件钢柱；对于轻型门式刚架，受压构件长细比可按180mm控制；对于普钢结构，受压构件长细比可按150mm控制。

《钢标》8.4.4：轴压构件的长细比不宜超过表6-25的容许值。

受压构件的容许长细比 表6-25

构件名称	容许长细比
轴压柱、桁架和天窗架中的压杆	150
柱的缀条、吊车梁或吊车桁架以下的柱间支撑	150
支撑（吊车梁或吊车桁架以下的柱间支撑除外）	200
用以减小受压构件计算长度的杆件	200

注：1. 桁架（包括空间桁架）的受压腹杆，当其内力等于或小于承载能力的50%时，容许长细比值可取200。

2. 计算单角钢受压构件的长细比时，应采用角钢的最小回转半径，但计算在交叉点相互连接的交叉杆件平面外的长细比时，可采用与角钢肢边平行轴的回转半径。

3. 跨度等于或大于60m的桁架，其受压弦杆和端压杆的容许长细比值宜取100，其他受压腹杆可取150（承受静力荷载或间接承受动力荷载）或120（直接承受动力荷载）。

4. 由容许长细比控制截面的杆件，在计算其长细比时，可不考虑扭转效应。

《门规》3.4.2-1：受压构件的长细比，不宜大于表 6-26 规定的限值。

受压构件的长细比限值 表 6-26

构件类别	长细比限值
主要构件	180
其他构件,支撑和隅撑	220

注：1. 长细比是指杆件的计算长度与杆件截面的回转半径之比（计算长度与杆件端部的连接方式、杆件本身长度有关）。当计算长度越小（杆件两端约束程度越高、构件的实际长度越小），回转半径越大（一般来说截面尺寸越大或截面惯性矩越大）时，长细比会越小，稳定性系数会越大。
  2. 整体性稳定包括平面内稳定与平外面稳定。单向压弯构件平面内外稳定均与轴力 N、弯矩 M、整体稳定性系数有关，当轴力趋近于 0 时，平面内稳定性越好，其计算公式趋近与平面内强度计算公式。所以当轴力比较小时，比如钢梁，当平面内强度满足时，其平面内稳定性验算一般也是满足的，所以一般不限制钢梁的长细比。
  3. 钢柱局部稳定一般可靠翼缘宽厚比、腹板高厚比保证。整体平面外稳定主要取决于轴力 N 与平面外稳定性系数。

  5. 受拉构件的容许长细比

  钢结构根据《钢标》8.4.5 选用；轻钢结构根据表《门规》3.4.2-2 选用。由于钢柱长细比按受压杆件控制，此参数的目的主要是针对于有些构件（比如桁架、托架等）按柱子输入，一般可填写 350。

  《门规》3.4.2-2：受拉构件的长细比，不宜大于表 6-27 规定的限值

受拉构件的长细比限值 表 6-27

构件类别	承受静态荷载或间接承受动态荷载的结构	直接承受动态载荷的结构
桁架构件	350	250
吊车梁或吊车桁架以下的柱间支撑	300	—
其他支撑(张紧的圆钢或钢绞线支撑除外)	400	—

注：1. 对承受静态荷载的结构，可仅计算受拉构件在竖向平面内的长细比；
  2. 对直接或间接承受动态荷载的结构，计算单角钢受拉构件的长细比时，应采用角钢的最小回转半径；在计算单角钢交叉受拉杆件平面外长细比时，应采用与角钢肢边平行轴的回转半径。
  3. 在永久荷载与风荷载组合作用下受压的构件，其长细比不宜大于 250。

  《钢标》8.4.5：受拉构件的长细比不宜超过表 6-28 的容许值。

受拉构件的容许长细比 表 6-28

构件名称	承受静力荷载或间接动力荷载的结构			直接承受动力荷载的结构
	一般建筑结构	双腹杆提供面外支点的弦杆	有重级工作制起重机的厂房	
桁架构件	350	250	250	250
吊车梁或吊车桁架以下柱间支撑	300	200	200	—
其他拉杆、支撑、系杆等(张紧的圆钢除外)	400	—	350	—

注：1. 除对腹杆提供面外支点的弦杆外，承受静力荷载的结构受拉构件，可仅计算竖向平面内的长细比。
  2. 在直接或间接承受动力荷载的结构中，单角钢受拉构件长细比的计算方法与表 8.4.4 注 2 相同。
  3. 中、重级工作制吊车桁架下弦杆的长细比不宜超过 200。
  4. 在设有夹钳或刚性料耙等硬钩起重机的厂房中，支撑的长细比不宜超过 300。
  5. 受拉构件在永久荷载与风荷载组合作用下受压时，其长细比不宜超过 250。
  6. 跨度等于或大于 60m 的桁架，其受拉弦杆和腹杆的长细比不宜超过 300（承受载力荷载或间接承受动力荷载）或 250（直接承受动力荷载）。
  7. 吊车梁及吊车桁架下的支撑按拉杆设计时，柱子的轴力应按无支撑时考虑。

6. 柱顶位移和柱高度比

钢结构根据《钢标》附录 C.0.1 条选用；轻钢结构根据《门规》3.3.1 选用。对于有桥式吊车且吊车由地面操作时，一般可按 1/180 控制。

《门规》3.3.1：在风荷载或多遇地震标准值作用下的单层门式刚架的柱顶位移值，不应大于表 6-29 规定的限值。夹层处柱顶的水平位移限值宜为 $H/250$，H 为夹层处柱高度。

钢架柱顶位移限值（mm）　　　　　表 6-29

吊车情况	其他情况	柱顶位移限值
无吊车	当采用轻型钢墙板时	$h/60$
	当采用砌体墙时	$h/240$
有桥式吊车	当吊车有驾驶室时	$h/400$
	当吊车由地面操作时	$h/180$

注：表中，h 为刚架柱高度。

钢结构根据《钢标》附录 C.0.1（表 6-30）；

风荷载作用下柱顶水平位移容许值　　　　　表 6-30

结构体系	吊车情况		柱顶水平位移
排架、框架	无桥式吊车		$H/150$
	有桥式吊车		$H/400$
门式刚架	无吊车	当采用轻型钢墙板时	$H/60$
		当采用砌体墙时	$H/100$
	有桥式吊车	当吊车有驾驶室时	$H/400$
		当吊车由地面操作时	$H/180$

注：1. H 为柱高度。
　　2. 轻型框架结构的柱顶水平位移可适当放宽。

7. 钢梁的挠度和跨度比

钢结构根据《钢标》附录表 A.0.1 选用；轻钢结构根据《门规》3.3.2 选用。

《门规》3.2.2：受弯构件的挠度与其跨度的比值，不应大于表 6-31 规定的限值。由于柱顶位移和构件挠度产生的屋面坡度改变值，不应大于坡度设计值的 1/3。

受弯构件的挠度与跨度比限值　　　　　表 6-31

	构件类别		构件挠度限值
竖向挠度	门式刚架斜梁	仅支承压型钢板屋面和冷弯型钢檩条	$L/180$
		尚有吊顶	$L/240$
		有悬挂起重机	$L/400$
	夹层	主梁	$L/400$
		次梁	$L/250$
	檩条	仅支承压型钢板屋面	$L/150$
		尚有吊顶	$L/240$
	压型钢板屋面板		$L/150$

构件类别			构件挠度限值
水平挠度	墙板		$L/100$
	抗风柱或抗风桁架		$L/250$
	墙梁	仅支承压型钢板墙	$L/100$
		支承砌体墙	$L/180$ 且 $\leqslant 50\text{mm}$

注：1. 表中 L 为跨度；

2. 对门式刚架斜梁，L 取全跨；

3. 对悬臂梁，按悬伸长度的两倍计算受弯构件的跨度。

《钢标》A.0.1：

吊车梁、楼盖梁、屋盖梁、工作平台梁以及墙架构件的挠度不宜超过表 6-32 所列的容许值。

受弯构件挠度容许值　　　　　　　表 6-32

项次	构件类别	挠度容许值	
		$[v_T]$	$[v_Q]$
1	吊车梁和吊车桁架(按自重和起重量最大的一台吊车计算挠度) 手动吊车和单梁吊车(含悬挂吊车) 轻级工作制桥式吊车 中级工作制桥式吊车 重级工作制桥式吊车	$l/500$ $l/800$ $l/1000$ $l/1200$	—
2	手动或电动葫芦的轨道梁	$l/400$	—
3	有重轨(重量等于或大于 38kg/m)轨道的工作平台梁 有轻轨(重量等于或小于 24kg/m)轨道的工作平台梁	$l/600$ $l/400$	—
4	楼(屋)盖梁或桁架、工作平台梁(第 3 项除外)和平台板 主梁或桁架(包括设有悬挂起重设备的梁和桁架) 仅支承压型金属板屋面和冷弯型钢檩条 除支承压型金属板屋面和冷弯型钢檩条外,尚有吊顶 抹灰顶棚的次梁 除(1)、(2)款外的其他梁(包括楼梯梁) 屋盖檩条 支承压型金属板、无积灰的瓦楞铁和石棉瓦屋面者 支承有积灰的瓦楞铁和石棉瓦等屋面者 支承其他屋面材料者 有吊顶 平台板	$l/400$ $l/180$ $l/240$ $l/250$ $l/250$ $l/150$ $l/200$ $l/200$ $l/240$ $l/150$	$l/500$ $l/350$ $l/300$ — — —
5	墙架构件(风荷载不考虑阵风系数) 支柱 抗风桁架(作为连续支柱的支撑时) 砌体墙的横梁(水平方向) 支承压型金属板的横梁(水平方向) 支承瓦楞铁和石棉瓦结面的横梁(水平方向) 带有玻璃窗的横梁(竖直和水平方向)	— — — — — $l/200$	$l/400$ $l/1000$ $l/300$ $l/100$ $l/200$ $l/200$

注：1. l 为受弯构件的跨度（对悬臂梁和伸臂梁为悬臂长度的 2 倍）。

2. $[v_T]$ 为永久和可变荷载标准值产生的挠度（如有起拱应减去拱度）的容许值；$[v_Q]$ 为可变荷载标准值产生的挠度的容许值。

8. 单层厂房排架柱计算长度折减系数

选择《钢标》验算时才需要填写，一般可填写 0.9。单层厂房排架柱内力分析，多数以一个平面受荷面积为一个计算单元，而忽略厂房的空间整体作用。单层厂房阶形柱主要承受吊车荷载，一个柱达到最大竖直荷载时，相对的另一个柱竖直荷载较小。荷载大的柱要丧失稳定，必然受到荷载小的柱的支承作用，从而较按独立柱求得的计算长度要小，故将柱的计算长度进行折减。

9. 实腹梁与作用有吊车的柱刚接时，该柱按照柱上端为自由的阶形柱确定计算长度系数：

选择《钢标》验算时才需要填写，建议不勾选。

10. 轻屋盖厂房按"低延性，高弹性承载力性能化"设计

选择"单层结构厂房"时才需要填写，一般不勾选（轻型门式刚架），勾选后，翼缘的宽厚比，高厚比可降低要求，不用按抗震要求。见《抗规》9.2.14 条及条文说明。

《抗规》9.2.14：厂房框架柱、梁的板件宽厚比，应符合下列要求：

(1) 重屋盖厂房，板件宽厚比限值可按本规范第 8.3.2 条的规定采用，7、8、9 度的抗震等级可分别按四、三、二级采用。

(2) 轻屋盖厂房，塑性耗能区板件宽厚比限值可根据其承载力的高低按性能目标确定。塑性耗能区外的板件宽厚比限值，可采用现行《钢结构设计规范》GB 50017 弹性设计阶段的板件宽厚比限值。

注：腹板的宽厚比，可通过设置纵向加劲肋减小。

11. 多台吊车组合时的荷载折减系数

应按实际工程并根据《荷规》6.2.2 填写：

《荷规》6.2.2：计算排架时，多台吊车的竖向荷载和水平荷载的标准值，应乘以表 6-33 中规定的折减系数。

多台吊车的荷载折减系数　　　　　　　　　　　　　　　　表 6-33

参与组合的吊车台数	吊车工作级别	
	A1～A5	A6～A8
2	0.90	0.95
3	0.85	0.90
4	0.80	0.85

12. 门式刚架梁按压弯构件验算平面内稳定性：

有坡度的门式刚架（轻钢、重钢）都应勾选。选择《门规》时适用，对于坡度大于 1∶2.5 的门式刚架斜梁构件，不能忽略构件轴力产生的应力，所以除应按压弯构件计算其强度和平面外稳定性之外，还应按压弯构件验算其平面内稳定性。

13. 摇摆柱内力放大系数

一般不做摇摆柱，否则钢梁挠度不好控制，柱子平面内计算长度也比较大，会比较浪费。一般可填 1.0。

14. 夹层处柱顶位移和柱高度比：可按默认值 1/250mm 填写；

15. 夹层梁的挠度和跨度比：可参考《钢标》A.1.1，按 1/400 填写。

参数注释：

1. 钢材钢号 TG1

一般选择 Q345（承载力控制），Q235 没有焊接保证，故一般不用在需焊接的构件上。而无焊接的构

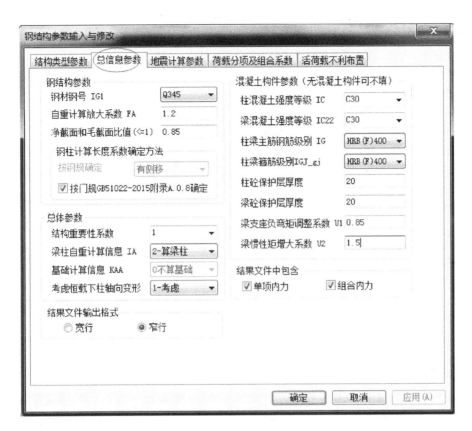

图 6-47　总信息参数

件如檩条和墙梁，当跨度比较小，不是强度控制时，则宜采用经济成本较低的 Q235。

2. 自重计算放大系数 FA

一般可填写 1.2，考虑除了构件理论计算重量以外的节点板，连接件，等附件的重量。

3. 钢柱计算长度系数计算方法

程序提供两种选择，第一种为有侧移，第二种为无侧移，桁架；对于普通的门式刚架厂房，一般应选择有侧移；

4. 净截面和毛截面比值

一般可填写 0.85；钢结构的强度计算用到的是净截面几何数据，而稳定性计算用毛截面几何参数，程序通过该比值近似考虑这个因素。门式刚架一般都是通过有端板的节点构造，由于支撑等构造开孔的影响较小，在有可靠根据时，这个数据可以改，取 0.9 以上（如 0.92）。全焊时可取 1.0；螺栓连接时可采用默认值 0.85。

5. 结构重要性系数

对于常规工程，一般可填写 1.0；修改该项参数将对结构构件的设计内力进行调整。《建筑结构可靠度设计统一标准》GB 50068—2001 规定：对安全等级分别为一、二、三级或设计使用年限分别为 100 年及以上、50 年、5 年时，重要性系数分别不应小于 1.1、1.0、0.9。

6. 梁柱自重计算信息 TA

一般应选择 2-算梁柱；程序提供三种选项，0-不算、1-算柱、2-算梁柱。

7. 基础计算信息 KAA

只有在用户在补充数据→布置基础中布置了基础后，才能进行选择。程序提供三种选项，0 不算基础、1算、2算（不考虑地震），因为轻钢结构一般不由地震作用控制，故选"算（不考虑地震)"。

8. 考虑恒载下柱轴向变形

一般应选择1-考虑，尤其是对柱轴向变形比较敏感的结构，如桁架等，否则当结构变形以轴向变形为主时，考虑轴向变形和不考虑轴向变形内力和变形判别较大。程序提供两种选项，0-不考虑、1-考虑。

9. 结果文件输出格式

一般可选择窄行。

10. 柱混凝土强度等级、梁混凝土强度等级

一般应按实际工程填写，以C30、C35居多。

11. 柱梁主筋钢筋级别、柱梁箍筋级别

应按实际工程填写，一般可填写HRB400。

12. 梁柱保护层厚度

应按实际工程填写，一般可填写20mm。

13. 梁支座负弯矩调整系数

一般可填写0.85；该部分参数只对混凝土构件起作用；对钢构件则不起作用。

14. 梁惯性矩增大系数

边梁取1.5，中梁取2，一般可填写1.5偏于安全。该部分参数只对混凝土构件起作用；对钢构件则不起作用。

15. 结果文件中包含

一般应同时勾选：单项内力＋组合内力；

16. 按《门规》GB 51022—2015附录A.0.8确定。

一般应勾选。平面内计算长度按照"规范"附录A实现。按A.0.1～A.0.6条，确定铰接单跨、单阶、双阶柱的计算长度系数。按A.0.8条，考虑整体失稳的方法确定。软件在参数输入对话框中提供了选项。当勾选"按门规GB 51022—2015附录A.0.8确定"时，软件按照A.0.8条确定；当不勾选时，按照A.0.1～A.0.6条确定。

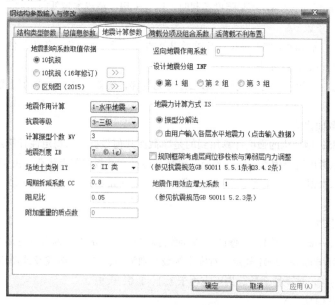

图 6-48　地震计算参数

参数注释：

1. 地震影响系数取值依据

程序暂时提供三个选项：10 抗规、10 抗规（16 年修订）及区划图（2015），由于新版的抗规（16 修订）不同的地方实行的进度不一样，应该根据当地的具体规定来选取"地震影响系数"。

2. 地震作用计算

一般可选择 1-水平地震；程序提供 4 个选项，分别是 0-不考虑、1-水平地震、2-水平和竖向地震、3-竖向地震；《抗规》5.1.1：8、9 度时的大跨度和长悬臂结构，应计算竖向地震作用。

3. 抗震等级

对于轻钢结构，没有抗震等级的概念。对于"混凝土柱＋钢梁"的排架结构，可根据《混规》表 6-34 中"单层厂房结构"来确定抗震等级。

抗震等级选取   表 6-34

结构类型		设防烈度								
		6		7			8			9	
剪力墙结构	高度(m)	≤80	>80	≤24	>24 且 ≤80	>80	≤24	>24 且 ≤80	>80	≤24	24～60
	剪力墙	四	三	四	三	二	三	二	一	二	一
部分框支剪力墙结构	高度(m)	≤80	>80	≤24	>24 且 ≤80	>80	≤24	>24 且 ≤80			
	剪力墙 一般部位	四	三	四	三	二	三	二			
	剪力墙 加强部位	三	三	三	二	二	二	一			
	框支层框架	二		二		二					
筒体结构	框架- 核心筒 框架	三		二			一			一	
	框架- 核心筒 核心筒	二		二			一			一	
	筒中筒 内筒	三		二			一			一	
	筒中筒 外筒	三		二			一			一	
板柱- 剪力墙结构	高度(m)	≤35	>35	≤35	>35		≤35	>35			
	板柱及周边框架	三	二	二	二		一	一			
	剪力墙	二	二	二			二	一			
单层厂房结构	铰接排架	四		三			二			一	

4. 计算振型个数

对于单层门式刚架，一般可填写 3；对于多层结构可取 3n（n 为结构层数）。

5. 地震烈度

应按实际工程填写，可查地勘报告。

6. 场地土类别

应按实际工程填写，可查地勘报告。

7. 周期折减系数

一般可按默认值 0.8 填写。也可根据填充墙的布置情况填写，当围护墙为嵌砌时，填 0.7；当围护墙为轻质墙（如彩钢板）或贴柱外皮砌时，填 1.0。

8. 阻尼比

对于轻型门式刚架，一般可填写 0.05，对于重钢厂房，一般可填写 0.045；对于钢框架，应按实际工程根据《抗规》取；详见《门规》3.1.6条、《抗规》5.1.5条1款、8.2.2条及9.2.5条；《抗规》8.2.2条钢结构抗震计算的阻尼比宜符合下列规定：（1）多遇地震下的计算，高度不大于50m时可取0.04；高度大于50m且小于200m时，可取0.03；高度不小于200m时，宜取0.02。（2）当偏心支撑框架部分承担的地震倾覆力矩大于结构总地震倾覆力矩的50%时，其阻尼比可比本条1款相应增加0.005。（3）在罕遇地震下的弹塑性分析，阻尼比可取0.05。

《抗规》9.2.5：厂房抗震计算时，应根据屋盖高差、起重机设置情况，采用与厂房结构的实际工作状况相适应的计算模型计算地震作用。单层厂房的阻尼比，可依据屋盖和围护墙的类型，取0.045～0.05。

9. 附加重量的质点数

一般可不填写。

10. 地震作用效应增加系数

一般可填写1.15偏于安全；《抗规》5.2.3-1：规则结构不进行扭转耦联计算时，平行于地震作用方向的两个边榀格构件，其地震作用效应应乘以增大系数。一般情况下，短边可按1.15采用，长边可按1.05采用；当扭转刚度较小时，周边各构件宜按不小于1.3采用。角部构件宜同时乘以两个方向各自的增大系数。

11. 竖向地震作用系数

对于常规的结构，一般不用计算竖向地震作用，该参数选项为灰色。对于一些特殊工程，可参考《抗规》5.3.1～5.3.4。

12. 设计地震分组

应根据实际工程填写，可查地勘报告。

13. 地震力计算方法

一般可选择，振型分解法。

14. 规格框架考虑层间位移校核与薄弱层内力调整

一般应勾选。参考《抗规》3.4.2和5.5.1条。

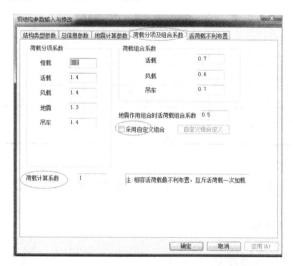

图6-49　荷载分项及组合系数

参数注释：

1. 可按默认值，一般不更改。恒载1.2、活载1.4、风载1.4、地震1.3、吊车1.4、活载组合系数0.7、风载组合系数0.6、吊车组合系数0.7、地震作用组合时活荷载系数0.5。

2. 结构楼面活荷载标准值大于4 kN/m²时，活载分项系数应填写1.3，而对于其他不大于4 kN/m²

的楼层活荷载系数应按 1.4 取用。

3. 荷载计算系数：软件增加了荷载计算系数输入的功能，在二维设计中，恒、活、风荷载都同时乘以该系数进行计算。用户可通过调整系数，来实现多种受荷条件方案的对比。

4. 新版软件采用了动态组合，用户可通过查看细分组合，查询软件最终计算采用的组合。同时在新版计算书中也输出了细分组合。

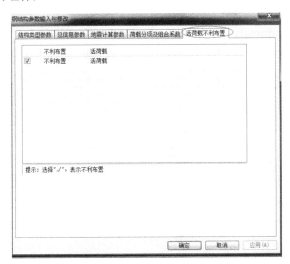

图 6-50　活荷载不利布置

参数注释：

一般应勾选"活荷载 不利布置"，偏于安全。

6.3.13　补充数据

点击【补充数据/布置基础】，弹出对话框，如图 6-51 所示。

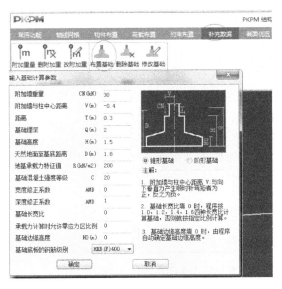

图 6-51　输入基础计算参数

注：需要注意的是，填写完参数后，点击独立基础布置，可以在"PK 内力计算结果图形文件输

出"→"1 显示计算结果文件"→"基础计算文件输出"中查看内力组合，如图 6-52 所示，用此值来设计基础（不采用独立基础时）；如果采用独立基础，可以参考其配筋计算结果与计算的独立基础的长与宽，如图 6-53 所示。

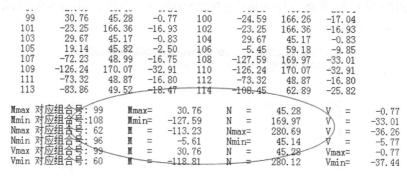

```
        ...          ...         ...              ...       ...
 99     30.76        45.28      -0.77      100    -24.59    166.26   -17.04
101    -23.25       166.36     -16.93      102    -23.25    166.36   -16.93
103     29.67        45.17      -0.83      104     29.67     45.17    -0.83
105     19.14        45.82      -2.50      106     -5.45     59.18    -9.85
107    -72.23        48.99     -16.75      108   -127.59    169.97   -33.01
109   -126.24       170.07     -32.91      110   -126.24    170.07   -32.91
111    -73.32        48.87     -16.80      112    -73.32     48.87   -16.80
113    -83.86        49.52     -18.47      114   -108.45     62.89   -25.82

Mmax 对应组合号: 99     Mmax=     30.76    N =     45.28    V =     -0.77
Mmin 对应组合号:108     Mmin=   -127.59    N =    169.97    V =    -33.01
Nmax 对应组合号: 62     M =    -113.23    Nmax=    280.69    V =    -36.26
Nmin 对应组合号: 96     M =      -5.61    Nmin=     45.14    V =     -5.77
Vmax 对应组合号: 99     M =      30.76    N =      45.28    Vmax=    -0.77
Vmin 对应组合号: 60     M =    -118.81    N =    280.12    Vmin=   -37.44
```

图 6-52　STS 基础计算内力组合

```
选用基础长宽比:1.00

地基承载力计算采用柱底力标准组合
计算最大基础底面积对应标准组合号: 24, M= -108.45, N=  62.89, V=  -25.82
基底作用力标准组合值(含覆土及基础自重): Mk=  -159.17, Nk=  369.91
基底标准组合作用力偏心值 e=    -0.43
基础底面尺寸: 宽 A=     2.70; 长 B=    2.70
修正后的地基承载力特征值, fa=   290.42
对应标准组合作用在基底边缘产生的应力: 最大值 Pmax=   99.26; 最小值 Pmin=    2.22

基础计算采用柱底力基本组合
基础计算最大配筋对应基本组合号: 75
基底作用力: 弯矩 M=  -248.44, 轴力 N=  418.39, 偏心值 e=   -0.59
基底附加应力(扣除覆土及基础自重): 最大值 Tmax=  133.12, 最小值 Tmin=  -18.34

---- 基础各截面计算结果 ----
截面号  冲剪所    构造所    至 Tmax   基底    截面    X 向    X 向    Y 向    Y 向
        需高度    需高度    边缘距     应力    高度    弯矩    配筋    弯矩    配筋
(0-0)   0.24      0.57      0.80      88.25   0.57    79.90   468.    54.94   335.
(1-1)   0.14      0.43      0.40     110.68   0.43    24.08   189.    15.42   128.
(2-2)   0.44      1.50      1.10      71.42   1.50   132.71   281.    86.78   186.

(说明: 计算配筋所采用高度为构造所需高度与冲剪所需高度的较大值,单位:mm2)
基础边缘构造高度 (m): 0.300
(0-0)剖面计算配筋率: X向: 0.051%, Y向: 0.033%
(0-0)剖面按0.15%构造配筋面积(mm2): X向: 1390., Y向: 1501.
(0-0)剖面按0.2% 构造配筋面积(mm2): X向: 1854., Y向: 2001.
```

图 6-53　STS 基础计算配筋及面积

参数注释：

1. 附加墙重量

砖墙与地梁在每个柱间的自重，应按实际工程填写。

2. 附加墙与柱中心距离

按实际工程填写，即砖墙中心至柱中心的距离。

3. 距离

按默认值 0.3，没意义。

4. 基础埋深

按实际工程填写。

5. 基础高度

按实际工程填写即基底至钢柱柱脚底面的距离。

6. 天然地面至基底距离

按实际工程填写。

7. 地基承载力特征值

应根据实际工程地勘报告填写。

8. 基础混凝土强度等级

按实际工程填写；一般为 C30。

9. 宽度修正系数

根据地勘报告填写。

10. 深度修正系数

根据地勘报告填写。

11. 基础长宽比

一般取 1.4。

12. 承载力计算时允许零应力区比例

最大可取 0.25，在实际设计中，可不取；当吊车吨位较大时，出于安全的角度考虑，一般可取 0。

13. 基础边缘高度

一般取 0.3。

14. 基础底板的钢筋级别

应根据实际工程填写，一般可选取 HRB400。

15. 基础类型

应根据独立基础习惯做法选取。一般可选取锥形基础，这样比较节省。

6.3.14 结构计算与计算结果查看

点击【结构计算/验算规范】，选择和修改构件的验算规范（本工程可选择"同参数输入选择的设计规范"或"门式刚架规范 GB 51022—2015"）。点击【结构计算/结构计算】，程序开始计算分析，点击【计算结果查询】，可查看相关的计算结果，如图 6-54、图 6-55 所示。

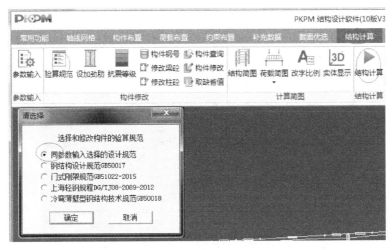

图 6-54 选择和修改构件的验算规范

1. 查看超限信息

点击【计算结果查询/结果文件】，就可以打开文本文件。可查看的具体超限信息种类有：长细比，宽厚比，挠度，应力，特别是关于刚度指标的超限。也可以查看基础计算文件及结果（图 6-56）。

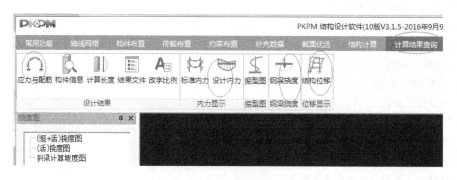

图 6-55　计算结果查询

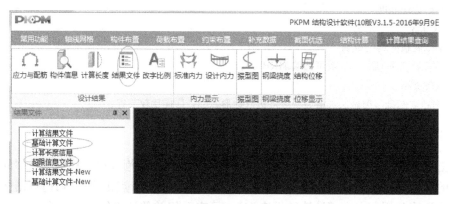

图 6-56　结果文件

2. 查看配筋包络和钢结构应力图

点击【应力与配筋】，可查看应力比（图 6-57），超出规范值时，会显示红色。用 PK-PM-STS 设计的门式刚架，应力比的取值应综合考虑厂房的重要性、跨度等。柱的控制一般严于梁。应力比值经验：一般无吊车可以做到 0.9～0.95，有吊车 0.85～0.9，超出《门规》范围的 20～50t 做到 0.75～0.85；50～100t 做到 0.65～0.75。

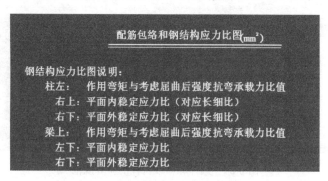

图 6-57　钢结构应力比说明

3. 查看内力图

点击【标准内力、设计内力】，可分别查看对应的计算结果。

4. 查看挠度

218

点击【钢梁挠度】，弹出对话框（图6-58），超出规范值时，显示红色。

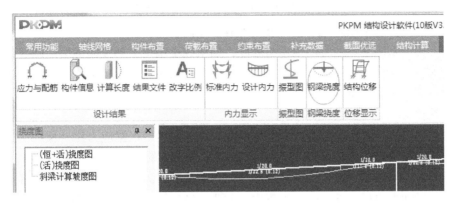

图 6-58　钢梁变形图

注：一般查看 钢梁（恒＋活）挠度图。

5. 查看节点位移

点击【结构位移】，可查看相关的位移计算结果，如图6-59所示，超出规范值时，显示红色。

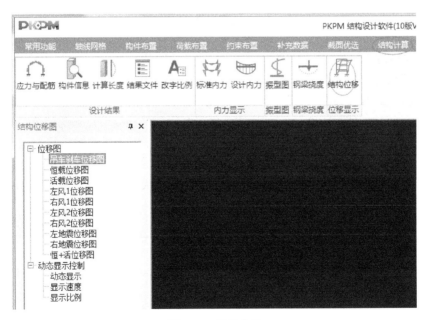

图 6-59　结构位移

6. 调模型方法与技巧

（1）钢梁

首先根据公式或者经验初步估算钢梁的截面尺寸，然后根据应力比、长细比进一步去调整各构件的截面尺寸。在STS建模计算后，发现预估的截面不满足要求时，若强度不满足，通常加大组成截面的板件高度或厚度，其中抗弯不满足，加大腹板高度（抗弯强度不满足，一般加大腹板高度，是因为应力＝M/W（M为整个构件的弯矩，W为整个构件的W），根据W的公式，显然增加腹板高度更有效），如果应力比与规范限值相差不大时，也可以增加翼缘宽度与厚度。抗剪不满足，加大腹板厚度（一般不会出现抗剪不满足的情况）。若变形超限，通常不应加大板件的厚度，而应考虑加大截面的高度（跨中段），否则会很不经济。若平面外稳定性不够，加翼缘宽比较经济。

力流一般沿着刚度大的方向传递与分配，如果减小钢梁中部段的截面，端部截面的应力比会增加。如果柱顶点铰接，钢梁应力比会增大，如果柱角点铰接，钢梁应力比也会增大，都恰好印证了这个道理。

（2）钢柱

首先根据公式或者经验初步估算钢柱的截面尺寸，然后根据应力比、长细比进一步去调整各构件的截面尺寸。在 STS 建模计算后，发现预估的截面不满足要求时，若强度不满足，通常加大组成截面的板件高度或厚度，其中抗弯不满足，加大腹板高度（抗弯强度不满足，一般加大腹板高度，是因为应力＝M/W（M 为整个构件的弯矩，W 为整个构件的 W），根据 W 的公式，显然增加腹板高度更有效），如果应力比与规范限值相差不大时，也可以增加翼缘宽度与厚度。抗剪不满足，加大腹板厚度（一般不会出现抗剪不满足的情况）。若变形超限，通常不应加大板件的厚度，应考虑加大截面的高度，否则会很不经济。若平面外稳定性不够，加翼缘宽比较经济。

6.4 刚架节点设计

1. 门式刚架斜梁与柱的连接方法

（1）规范规定

《门规》10.2.3：门式刚架横梁与立柱连接节点，可采用端板竖放（图 6-60a）、平放（图 6-60b）和斜放（图 6-60c）三种形式。斜梁与刚架柱连接节点的受拉侧，宜采用端板外伸式，与斜梁端板连接的柱的翼缘部位应与端板等厚；斜梁拼接时宜使端板与构件外边缘垂直（图 6-60d），应采用外伸式连接，并使翼缘内外螺栓群中心与翼缘中心重合或接近。连接节点处的三角形短加劲板长边与短边之比宜大于 1.5∶1.0，不满足时可增加板厚。

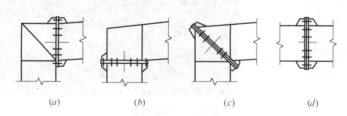

图 6-60　刚架连接节点
（a）端板竖放；（b）端板平放；（c）端板斜放；（d）斜梁拼接

（2）经验

① 钢梁截面高度主要由弯矩和挠度控制，节点设计一般要削弱截面，除非使用不削弱截面的全焊接等强设计（某些节点连接方式很难做到），有抗震要求的结构需要对节点进行必要的加强。端板可非分为外伸式和平齐式两种，一般优先采用外伸式端板连接节点，外伸式端板承载力是平齐式的 1.2～2.0 倍。

表 6-35、表 6-36 粗略地估算出钢梁的截面高度和螺栓大小，在设计时可做参考并以计算为准。

梁截面高度与弯矩的关系（端板平齐）　　表 6-35

梁高 h(mm)	M16(kN·m)	M20(kN·m)	M22(kN·m)	M24(kN·m)	M27(kN·m)	M30(kN·m)
400	53	82	101	119	154	188
500	81	126	154	182	235	288
600	119	184	226	268	345	422
700	162	251	308	365	470	575
800	212	329	403	477	615	753
900	270	419	513	608	783	959
1000	332	515	631	747	963	1179
1100	402	623	764	905	1166	1427
1200	477	739	906	1073	1383	1693
1300	562	871	1068	1265	1630	1995
1400	653	1012	1241	1469	1894	2318
1500	748	1159	1421	1683	2169	2655
1600	853	1322	1621	1919	2474	3028

梁截面高度与弯矩的关系（端板外伸）　　表 6-36

梁高 h(mm)	M16(kN·m)	M20(kN·m)	M22(kN·m)	M24(kN·m)	M27(kN·m)	M30(kN·m)
400	112	174	213	252	325	398
500	149	231	283	335	432	529
600	195	302	371	439	566	692
700	246	381	467	554	713	873
800	304	471	578	684	882	1079
900	369	572	701	830	1070	1310
1000	440	682	836	990	1276	1562
1100	519	804	986	1168	1505	1842
1200	602	933	1144	1355	1746	2137
1300	694	1076	1319	1562	2013	2464
1400	793	1229	1507	1784	2300	2815
1500	897	1390	1704	2018	2601	3184
1600	1009	1564	1917	2270	2926	3582

② 高强度螺栓连接的梁柱节点，一般包括两种：端板平齐式和外伸式。一般端板平齐式连接可近似看作半刚性节点处理（与梁翼缘处螺栓布置及端板厚度有关），外伸式的节点，一般可近似看作刚接（与梁翼缘处螺栓布置及端板厚度有关）。合适的端板厚度＋合适端板形式＋加劲肋，才能更加接近于刚接。

理论上的铰接是不承受弯矩的，但在实际工程中，任何节点都要承受一定的弯矩。判断是否刚接，要从多个方面考虑，既要计算上能承受弯矩，也要从构造上合理的传递内力，关键是要采取合理的构造措施，约束弯矩引起的转角。节点本身没有理想的铰接、刚接，只能看更接近于哪种假设，力臂大时更接近于刚接，故为了接近铰接，可把螺栓更接近于中性轴附近。判断刚接铰接不应引入刚度比概念，比如焊接球节点，理论上是刚接，但由于构件长细比大，节点弯矩一般较小，在计算时可假定节点为铰接，计算结果误差一般不大。

节点设计时，也要考虑"强柱弱梁""强剪弱弯""强节点弱构件"。由于梁柱节点（钢框架）在地震作用时梁翼缘与柱的对接焊缝处会发生脆性破坏，一般节点除了等强度设计与满足规范相关要求外，还应采取措施使梁翼缘产生塑性铰，可以采用"骨式连接"或"加腋"。刚接通常需要设置加劲肋来满足刚度、强度以及局部稳定性的要求。在某些梁柱节点中，在比较薄弱或应力集中的部位宜加加劲肋，防止产生局部破坏。

2. 梁柱节点螺栓的概念及构造

（1）规范

《门规》10.2.2：刚架构件间的连接，可采用高强度螺栓端板连接。高强度螺栓直径应根据受力确定，可采用 M16～M24 螺栓。高强度螺栓承压型连接可用于承受静力荷载和间接承受动力荷载的结构；重要结构或承受动力荷载的结构应采用高强度螺栓摩擦型连接；用来耗能的连接接头可采用承压型连接。

《门规》10.2.4：端板螺栓宜成对布置。螺栓中心至翼缘板表面的距离，应满足拧紧螺栓时的施工要求，不宜小于 45mm。螺栓端距不应小于 2 倍螺栓孔径；螺栓中距不应小于 3 倍螺栓孔径。当端板上两对螺栓间最大距离大于 400mm 时，应在端板中间增设一对螺栓。

（2）经验

① 高强度螺栓多用于受力相对比较大的主体构件的连接上，一般需要经过计算来确定螺栓的大小和数量，比如门式刚架结构的端板连接节点、构件之间的拼接，一般采用 10.9 级摩擦型高强度螺栓（10.9 级采购更方便）。

高强度螺栓直径的选择：高强度螺栓是按"增加排数"—"增大螺栓直径"—"增加列数"来满足强度要求。用 PKPM-STS，计算结果可能出现采用的螺栓直径小，排列紧密的情况，为了下料施工方便，应减小螺栓直径的种类。可以在程序使用的过程中，在节点参数对话框中，指定一个螺栓直径，但是指定直径会失效，因为与连接板件的板厚、板块有关。可以改变螺栓直径或直接将直径设为缺省，再一次进行节点设计。

一般不超过 3 列螺栓。由于有预拉力的作用，被连接构件保持紧密结合，可假定螺栓群中性轴在形心线上。对于普通螺栓，可假定螺栓群的中性轴在最下面一行螺栓的轴线上。

② 摩擦型高强度螺栓主要在预压力的作用下使连接面压紧，利用接触面的摩擦力抗剪，即保证在整个使用期间内外剪力不超过最大摩擦力，板件不会发生相对滑移变形（螺栓和孔壁之间始终保持原有的空隙量），被连接板件按弹性整体受力，从规范的意图来看，摩擦型高强度螺栓连接不会发生剪切破坏与承压破坏，但由于超载，可能会发生两种破坏形式，在设计时应留有一定的余量或摩擦型螺栓连接应补充验算剪切强度和承压强度（规范没做要求）。承压型高强度螺栓的抗剪主要是依靠孔壁与栓杆的连接，此时破坏形式主

要有两种，当栓杆直径较小，板件厚度较大时，栓杆可能先被剪断；当螺栓直径较大而板件较薄时，板件可能先被挤坏。承压型高强度螺栓在抗剪设计时，其允许外剪力超过最大摩擦力，这时被连接板件之间发生相对滑移变形，直到螺栓孔杆与孔壁接触，此后连接就靠螺栓杆身剪切和孔壁承压以及板件接触面的摩擦力共同传力，最后以杆身剪切或孔壁承压破坏作为连接受剪的极限状态。摩擦型高强度螺栓不允许滑移，螺栓不承受剪力，承压型高强度螺栓可以发生滑移，螺栓也承受剪力。

摩擦型高强度螺栓与承压型高强度螺栓，就螺栓本身而言，是一样的东西，差别在于连接形式及构造做法以及分析计算上。在构造方面，承压型连接注重螺栓与螺栓孔的配合，螺栓孔的加工精度要高一些，需要考虑螺栓承压作用，而摩擦型螺栓连接时则对端板摩擦面要求高一些，需要具备一定的摩擦承载能力。在承载方面，承压型连接要求高强度螺栓要同时承受剪力和轴向拉力；而在摩擦型连接节点中，高强度螺栓仅承受轴向拉力，节点的剪力由端板的摩擦面承受。承压型高强度螺栓连接钢板的孔径要比摩擦型更小一些，主要是考虑控制承压型连接在接头滑移后的变形，而摩擦型连接不存在接头滑移的问题，孔径可以稍大一些，有利于安装。由于允许接头滑移，承压型连接一般应用于承受静力荷载和间接承受动力荷载的结构中，特别是允许变形的结构构件中。重要的结构或承受动力荷载、反复荷载的结构应用摩擦型连接。承压型高强度螺栓的连接不再需要摩擦面抗滑移系数值来进行连接设计，从施工的角度，承压型连接可以不对摩擦面做特殊处理（与表面除锈同处理即可），不进行摩擦面抗滑移系数实验。

③ GB 1228～GB 1231 系列的高强螺栓，由于螺栓副的扭矩系数和标准偏差时制作时由表面处理工艺达到的，存放时间过上时，这些参数会因时效而变化，为了保证安装时螺栓副的扭矩系数及其标准偏差，规范规定其存放期一般不超过半年。如果表面没有损坏，过期的螺栓副可以回制作工厂重新处理，达到使用标准后可再次使用，但一般高强度螺栓建议不重复使用，因为经过施加预拉力，达到一定的扭矩后再回收使用，其摩擦面很难保证达到较高的摩擦系数，且螺纹也会受到相当大的影响，但可以用在安装螺栓。

螺栓镀锌可以防止螺栓锈蚀的产生。高强度螺栓一般不用热镀锌，而采用热浸镀锌锈蚀，否则会使螺栓直径变大，改变扭矩系数。当采用高强度螺栓连接时，在同一个连接节点中，应采用同一直径和同一性能等级的高强度螺栓。每一杆件在节点上以及拼接接头的一端，永久性的螺栓（或柳钉）数不宜少于 2 个，如果采用两个高强度螺栓，则一般竖直排列。对于组合构件的缀条（安装螺栓），其端部连接可采用一个螺栓（或柳钉）。

3. 梁柱节点计算

门式刚架斜梁与柱端节点承载力的验算主要包括：节点域的抗剪验算、构件腹板强度验算、端部厚度校核和螺栓承载力验算。端板连接应按所受最大内力设计。当内力较小时，端板连接应按能够承受不小于较小、被连接截面承载力的一半设计。

（1）节点域的抗剪验算

在门式刚架斜梁与柱相交的节点域，应按下列公式验算剪切力：

$$\tau \leqslant f_{\mathrm{v}} \tag{6-1}$$

$$\tau = \frac{M}{d_{\mathrm{b}} d_{\mathrm{c}} t_{\mathrm{c}}} \tag{6-2}$$

式中 d_{c}、t_{c}——分别为节点域的宽度和厚度，可取柱腹板的高度和厚度；

d_b——斜梁端部高度或节点域高度；

M——节点承受的弯矩，对多跨刚架中间柱处，应取两侧斜梁节点的代数和或柱端弯矩（减去翼缘厚度）；

f_v——节点域钢材的抗剪强度设计值。

当不满足公式（3-1）的要求时，应加厚板腹或设置斜加劲肋、斜加劲肋可采用图 6-61 所示形式或其他合理形式。

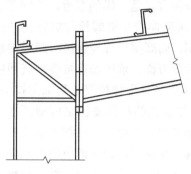

图 6-61 端板竖放时的螺栓和檩檩

（2）构件腹板强度验算

架构件的翼缘与端板的连接应采用全熔透对接焊缝，腹板与端板的连接应采用角对接组合焊缝或与腹板等强的角焊缝，坡口形式应符合现行国家标准《气焊、手工电弧焊及气体保护焊焊缝坡口的基本形式与尺寸》GB/T 985 的规定。在端板设置螺栓处，应按下列公式验算构件腹板的强度：

当 $N_{t2} \leqslant 0.4P$ 时，$\dfrac{0.4p}{e_w t_w} \leqslant f$ (6-3)

当 $N_{t2} > 0.4P$ 时，$\dfrac{N_{t2}}{e_w t_w} \leqslant f$ (6-4)

式中 N_{t2}——翼缘内第二排一个螺栓的轴向拉力设计值；

P——高强度螺栓的预拉力；

e_w——螺栓中心至腹板表面的距离；

t_w——腹板厚度。

f——腹板钢材的抗拉强度设计值。

当不能满足上式要求时，可设置腹板加劲肋或局部加厚腹板，以确保连接处腹板具有足够的抗拉承载力。

（3）端部厚度校核

《门规》10.2.7-2：端板厚度应根据支承条件确定（图 6-62），各种支承条件端板区格的厚度分别按下式计算：

① 伸臂类端板

$$t \geqslant \sqrt{\dfrac{6e_f N_t}{bf}}$$ (6-5)

② 无加劲肋类端板

$$t \geqslant \sqrt{\dfrac{3e_w N_t}{(0.5a + e_w)f}}$$ (6-6)

③ 两边支承类端板

当端板外伸时

$$t \geqslant \sqrt{\dfrac{6e_f e_w N_t}{[e_w b + 2e_f(e_f + e_w)]f}}$$ (6-7)

当端板平齐时

$$t \geqslant \sqrt{\dfrac{12e_f e_w N_t}{[e_w b + 4e_f(e_f + e_w)]f}}$$ (6-8)

④ 三边支承类端板

$$t \geqslant \sqrt{\frac{6e_\mathrm{f}e_\mathrm{w}N_\mathrm{t}}{[e_\mathrm{w}(b+2b_\mathrm{s})+4e_\mathrm{f}^2]f}}$$ (6-9)

式中 N_t——一个高强度螺栓的受拉承载力设计中；

e_w、e_f——分别为螺栓中心至腹板和翼缘板表面的距离；

b、b_s——分别为端板和加劲肋板的宽度；

a——螺栓的间距；

f——端板钢材的抗拉强度设计值。

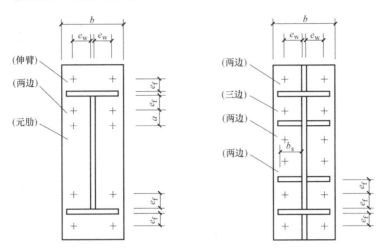

图 6-62　端板的支撑条件

⑤ 端板厚度取以上各种支承条件确定的板厚最大值，但不应小于 16mm 及 0.8 倍的高强度螺栓孔径。

4. 程序操作

点击【绘施工图/初始化连接数据、连接参数】，弹出输入或修改设计参数对话框，在对话框中选择梁柱连接节点、梁梁连接节点和柱脚节点的形式，并输入节点设计相关参数，如图 6-63～图 6-67 所示。

图 6-63　PKPM 菜单

参数注释：

1. 梁柱刚性连接节点形式

一般可选择类型 1。

2. 屋脊刚性连接节点形式

一般选择类型 2（端板两端带加劲肋），因为力臂会越大，抗弯能力越强。柱与梁上、下翼缘处应设置加劲肋是为保证连接刚度。程序提供 2 种形式，即端板两端带加劲肋和一端带加劲肋。

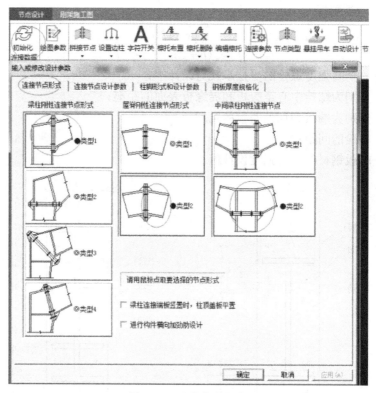

图 6-64　连接节点形式

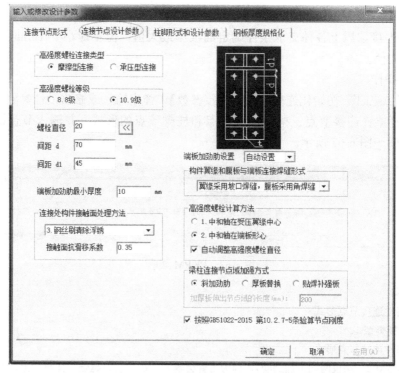

图 6-65　连接节点设计参数

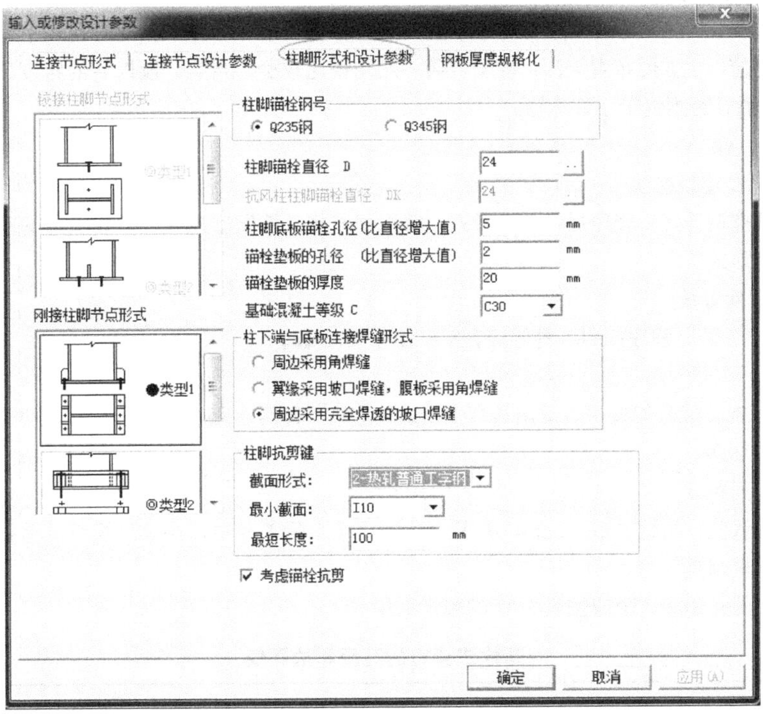

图 6-66　柱脚形式和设计参数

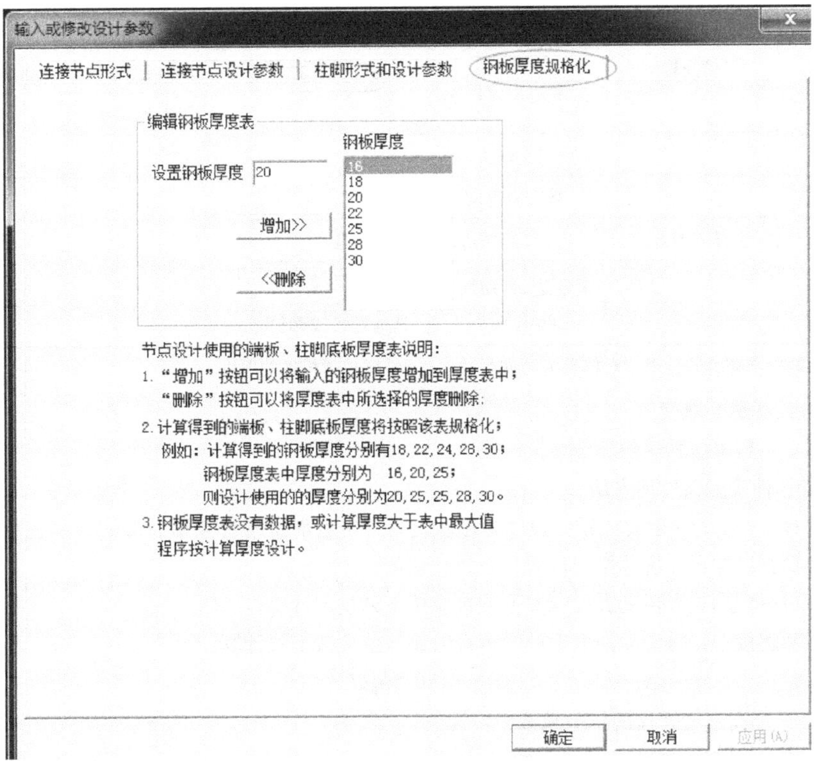

图 6-67　钢板厚度规格化

3. 中间梁柱刚性连接节点

一般选择类型 2；程序提供 2 种形式，即柱子贯通和梁贯通。选择梁贯通时比较节省，因为能省连接板+高强度螺栓，也方便布置天沟；柱子贯通一般用得比较少，当梁分段以后的跨度比较大时（大于 8m），采用柱贯通，否则钢梁不好运输。

参数注释：

1. 高强度螺栓连接类型

一般选择摩擦型连接；程序提供 2 种形式：摩擦型连接、承压型连接。门式刚架的刚节点一般用高强度螺旋的连接形式实现。

2. 高强度螺栓等级

一般选择 10.9 级；程序提供 2 种等级，8.8 级与 10.9 级。

3. 螺栓直径

一般可填写 20，然后勾选"自动调整高强度螺栓直径"即可，程序会自行调整，门式刚架中梁受力一般不大，M20 居多。

4. 间距 d、间距 d_1

一般可按默认值，间距 d 取 70mm，d_1 取 45mm；在实际工程中，在满足规范的前提下，可依据经验或图集进行适量调整。

螺栓或铆钉的孔距和边距应按表 6-37 的规定采用。

螺栓或铆钉的孔距和边距值 表 6-37

名称	位置和方向			最大允许距离（取两者的较小值）	最小允许距离
中心间距	外排（垂直内力方向或顺内力方向）			$8d_0$ 或 $12t$	$3d_0$
	中间排	垂直内力方向		$16d_0$ 或 $24t$	
		顺内力方向	构件受压力	$12d_0$ 或 $18t$	
			构件受拉力	$16d_0$ 或 $24t$	
	沿对角线方向			—	
中心至构件边缘距离	顺内力方向			$4d_0$ 或 $8t$	$2d_0$
	垂直内力方向	剪切边或手工切割边			$1.5d_0$
		轧制边、自动气割或锯割边	高强度螺栓		
			其他螺栓或铆钉		$1.2d_0$

注：1 d_0 为螺栓或铆钉的孔距，对槽孔为短向尺寸，t 为外层较薄板件的厚度。

5. 端板加劲肋最小厚度

属于构造，一般可按默认值 10mm。

6. 连接处构件接触面处理方法：

一般可选择，3-喷砂后生此赤锈；程序会自动填写"接触面抗滑移系数：0.5"；当选择一种处理方法后，软件按照钢结构设计规范给出抗滑移系数默认值。

《钢结构设计规范》：高强度螺栓摩擦型连接应按下列规定计算：

（1）在受剪连接中，每个高强度螺栓的承载力设计值应按下式计算：

$$N_v^b = 0.9 n_f \mu P \qquad (6-10)$$

式中 N_v^b——一个高强度螺栓的抗剪承载力设计值；

n_f——传力摩擦面数目；

μ——摩擦面的抗滑移系数，按表 3-38 取值；

P——一个高强度螺栓的预拉力。

（2）在螺栓杆轴方向受拉的连接中，每个高强度螺栓的承载力设计值取：

$$N_t^b = 0.8P \tag{6-11}$$

（3）当高强度螺栓摩擦型连接同时承受摩擦面间的剪力和螺栓杆轴方向的外拉力时，其承载力应按下式计算：

$$\frac{N_v}{N_v^b} + \frac{N_t}{N_t^b} \leq 1 \tag{6-12}$$

式中　N_v，N_t——某个高强度螺栓所承受的剪力和拉力；

　　　N_v^b，N_t^b——一个高强度螺栓的抗剪、抗拉承载力设计值；

摩擦面的抗滑移系数 μ　　　　　　　　　　　表 6-38

在连接处构件接触面的处理方法	构件的钢号		
	Q235 钢	Q345 钢、Q390 钢	Q420 钢
喷砂(丸)	0.45	0.50	0.50
喷砂(丸)后涂无机富锌漆	0.35	0.40	0.40
喷砂(丸)后生赤锈	0.45	0.50	0.50
钢丝刷清除浮锈或未经处理的干净轧制表面	0.30	0.35	0.40

7. 端板加劲肋设置

一般可选择"自动设置"；外伸节点软件自动设置短加劲肋，翼缘内部加劲肋的设置有三种方式：自动设置、不设置、都设置。"自动设置"是指仅当不设置翼缘内部加劲肋时，若该节点的端板厚度大于一给定值（默认为螺栓直径），则翼缘内部设置加劲肋，否则不设置。"不设置"：所有节点均不设置翼缘内部加劲肋。"都设置"：所有节点均设置翼缘内部加劲肋。

翼缘内部加劲肋可以间隔一个螺栓设置，也可以间隔 2 个螺栓设置，由软件通过连接处构件腹板强度的计算确定。不在翼缘内部设置加劲肋时，将端板划分为两边支承类、无加劲肋类端板；在翼缘内部设置加劲肋时，将端板划分为两边支承类、三边支承类端板。

8. 构件翼缘和腹板与端板连接焊缝形式

一般选择，翼缘分采用坡口焊缝，腹板采用角焊缝。

9. 高强度螺栓计算方法

一般选择，2-中和轴在端板形心。程序提供两种计算方法：中和轴在受压翼缘中心、中和轴在端板形心。中和轴在受压翼缘中心（端板较厚）时比较节约，但摩擦型高强度螺栓群抗弯剪计算一般不用此种方法。中和轴在端板形心的计算方法偏于安全，但弯矩过大时，节点设计可能存在问题。对于摩擦型高强度螺栓应按中和轴在端板形心计算，这样安全储备比较高，当端板发生一定量的变形后，摩擦型高强度螺栓转为承压型高强度螺栓，仍满足计算要求（承压型高强度螺栓力臂更大）。对于承压型高强度螺栓，应按中和轴在受压翼缘中心计算。

端板连接接头"因节点抗弯刚度依赖于端板刚度，很难满足使用过程中梁柱交角不变的要求，因此属于半刚性节点，故不宜用于有吊车门式刚架等对刚接节点转动刚动有严格要求的使用条件，在设计中，由于端板一般均外伸且加了加劲肋，在满足端板厚度的前提下，一般可以近似认为是刚性连接。

10. 自动调整高强度螺栓直径

一般应勾选。

11. 梁柱连接节点域加强方法

一般选用，斜加劲肋。

12. 按照 GB 51022—2015 第 10.2.7-5 条验算节点刚度

一般应勾选。

参数注释：

1. 铰接柱脚节点形式

一般可选择类型 1。

2. 刚接柱脚接点形式

一般可选择类型 1；门式钢架的柱脚按铰接支承设计，通常为平板支座，设一对或两对地脚螺栓。当用于工业厂房且有 5t 以上桥式吊车时，宜将柱脚设计成刚接。在实际设计中，一般厂房有了吊车，柱脚宜按刚接设计，以便比较好的控制变形、稳定、位移等指标。当荷载较大，即使没有吊车，也宜设计成刚接柱脚，以控制侧移。铰接与否还应结合土质情况，刚性柱脚由于存在面积，一般基础尺寸会较大。

柱脚锚栓能承受剪力是客观存在的，规范规定柱脚锚栓不宜用于承受柱脚底部的水平剪力是因为施工等其他许多原因造成，也能增加安全储备。

3. 柱脚锚栓钢号

一般选用 Q235 钢。

4. 柱脚锚栓直径 D

一般填写 24，用户输入的锚栓直径为柱脚设计的最小直径，对每一个节点，软件首先采用用户输入的锚栓直径计算，如果存在锚栓抗拉不能满足要求的情况时，软件会自动增大锚栓直径，调整相应的锚栓间距和边距（满足最小构造要求），重新设计，直到设计满足。目前设计规程规定，柱脚锚栓一般按承受拉力设计，计算时不考虑锚栓承受水平力。锚栓直径的确定除按计算求得外，就是考虑构造要求。铰接柱脚，当刚架跨度≤18m 时，可采用 2 个 M24；≤27m 时，可采用 4 个 M24；≤30m 时，可采用 4 个 M30。考虑到安装施工等因素，建议当跨度大于 24m 时，宜采用 4 个 M30 的，底板下根据水平剪力适当加抗剪键。柱脚安装时应采用具有足够刚度的固定架定位，柱脚螺栓均用双螺母或其他能防止松动的有效措施。

5. 柱脚底板锚栓孔径（比直径增大值）

一般可取 5mm。

6. 锚栓垫板的孔径（比直径增大值）

可按默认值 2mm。

7. 锚栓垫板的厚度

垫板厚度一般为 $0.4d \sim 0.5d$（d 为锚栓外径），但不宜小于 20mm，对于轻钢，重钢，一般可取 20mm。

8. 混凝土强度等级

按实际填写，以 C30 居多。

9. 柱下端与底板连接焊缝形式

一般选择"周边采用完全焊透的坡口焊缝"。

10. 柱脚抗剪键-截面形式、最小截面、最短长度

截面形式一般可选择，2-热轧普通工字钢。最小截面取 I10，最短长度一般可取 100mm。

软件根据柱脚各种荷载效应组合内力，确定是否需要设置抗剪键。当需要设置抗剪键时，根据抗剪键设计剪力，和用户选择的槽钢或者普通工字钢截面形式，确定抗剪键截面规格，长度，进行侧面混凝土承压验算，抗剪键截面强度验算，确定抗剪键与底板连接焊缝焊脚尺寸，输出设计结果，在施工图中绘制抗剪键。

一般剪力不是很大时，抗剪键的截面可为 100×100×10 的钢板（十字抗剪键）或者等边角钢 90×6。以下为两个具体工程中抗剪键设置：十字抗剪键，150×14，基础底面预留 200×200 方形洞。十字抗剪键，100×10，基础底面预留 150×150 方形洞。

11. 考虑锚栓抗剪

根据实际情况填取，也可以不勾选，作为安全储备。规范对于锚栓抗剪也做了明确的规定，当剪力由不带靴梁的锚栓承担时，应将螺母、垫板与底板焊接，柱底的受剪承载力可按 0.6 倍的锚栓受剪承载力取用。

注：一般不用修改。用户可以修改钢板厚度表，确定软件节点设计时端板、柱脚底板的厚度范围。

5. 施工图绘制

点击【绘施工图/整体绘图】，程序自动生成刚架施工图及节点详图（高强度螺栓选择菱形孔）；可以以此施工图为模板，并进行修改。也可以以此施工图的计算结果为参照，手动绘制施工图（图 6-68）。

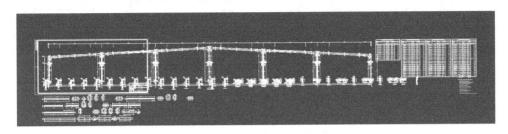

图 6-68　绘施工图/整体绘图

6. 节点

刚架节点如图 6-69～图 6-74 所示。

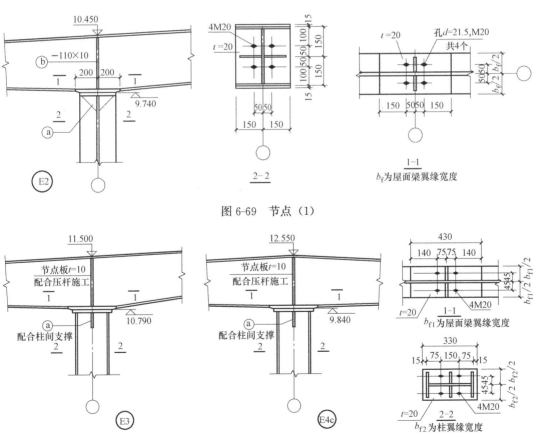

图 6-69　节点（1）

图 6-70　节点（2）

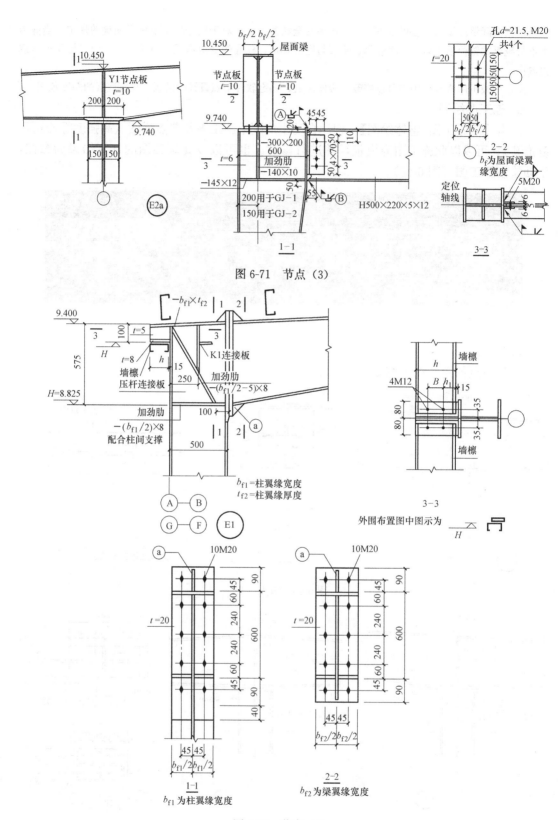

图 6-71 节点（3）

图 6-72 节点（4）

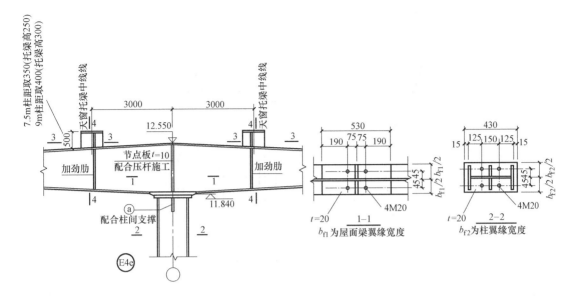

图 6-73 节点（5）

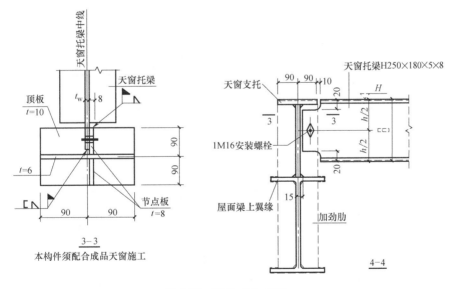

图 6-74 节点（5）（续）

6.5 柱 脚 设 计

1. 柱脚形式

规范规定：

《门规》10.2.15-1：门式刚架柱脚宜采用平板式铰接柱脚（图 6-75）；也可采用刚接柱脚（图 6-76）。

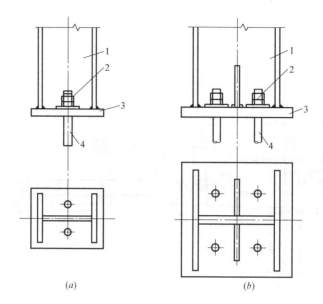

图 6-75　铰接柱脚

（a）两个锚栓柱脚；（b）四个锚栓柱脚

1—柱；2—双螺母及垫板；3—底板；4—锚栓

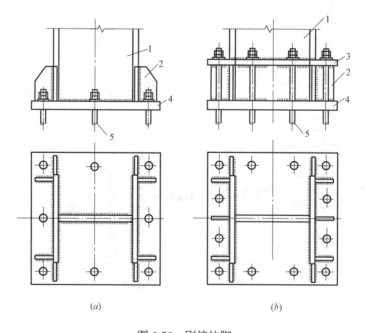

图 6-76　刚接柱脚

（a）带加劲肋；（b）带靴梁

1—柱；2—加劲板；3—锚栓支承托座；4—底板；5—锚栓

2. 柱脚计算

（1）规范规定

《门规》10.2.15-2：计算带有柱间支撑的柱脚螺栓在风荷载作用下的上拔力时，应计入柱间支撑产生的最大竖向分力，且不考虑活荷载（雪荷载）、积灰荷载和附加荷载影响，恒载分项系数应取 1.0。计算柱脚螺栓的受拉承载力时，应采用螺纹处的有效截面面积。

《门规》10.2.15-3：带靴梁的锚栓不宜抗剪，柱底水平剪力承载力按底板与混凝土基础间的摩擦力取用，摩擦系数可取 0.4，计算摩擦力时应考虑屋面风吸力产生的上拔力的影响。当剪力由不带靴梁的锚栓承担时，应将螺母、垫板与底板焊接，柱底承受的水平剪力承载力可按 0.6 倍的锚栓抗剪承载力取用。当柱底水平剪力大于其承载力时，应设置抗剪键。

《门规》10.2.15-4：柱脚锚栓应采用 Q235 钢或 Q345 钢制作。锚栓端部应设置弯钩或锚件。锚栓的最小锚固长度（投影长度）应符合表 6-39 的规定。锚栓直径 d 不宜小于 24mm，且应采用双螺母。

锚栓的最小锚固长度

表 6-39

锚栓钢材	混凝土强度等级					
	C25	C30	C35	C40	C45	≥C50
Q235	$20d$	$18d$	$16d$	$15d$	$14d$	$14d$
Q345	$25d$	$23d$	$21d$	$19d$	$18d$	$17d$

（2）柱脚底板面积验算

$$\sigma_{max}=\frac{N}{BL}+\frac{6M}{BL^2}<f_c \tag{6-13}$$

式中　σ_{max}——柱脚底板范围内基础混凝土所受最大正应力；

　　　N——柱底轴力设计值；

　　　B——柱脚底板宽度；

　　　L——柱脚底板长度；

　　　M——柱底弯矩设计值；

　　　f_c——混凝土轴心抗压强度设计值。

注：1. 柱脚铰接时，令 $M=0$。

　　2. 柱角底板尺寸及螺栓间距布置可参考 06SG529-1（单层房屋钢结构节点构造详图-工字形截面钢柱柱脚连接）。

（3）柱脚底板厚度验算

底板的厚度由板的抗弯强度决定。可以把底板看作是一块支承在靴梁、隔板、肋板和柱端的平板、承受从基础传来的均匀反力（计算时一般取底板的最大正应力）。靴梁、隔板、肋板和柱端面看作是底板的支承边，并将底板分成不同的支承形式的区格，其中有四边支承、三边支承、两相邻边支承和一边支承。在均匀分布的基础反力作用下，各区格单位宽度上最大弯矩为：

四边支承板：　　　　　　　　　$M=\alpha q a^2$ (6-14)

三边支承板及两相邻边支承板：　$M=\beta q a_1^2$ (6-15)

一半支承（悬臂）板：　　　　　$M=\frac{1}{2}q c^2$ (6-16)

式中　q——作用在底板单位面积上的压力，计算时一般取底板的最大正应力；

a——四边支承板中短边的长度；

α——系数，有板的长边 b 与短边 a 之比，查看表 6-40；

a_1——三边支承板中自由边的长度；

β——系数，由 b_1/a_1 查表 6-41，b_1 为三边支承板中垂直于自由边方向的长度或两相邻边支承板中的内角顶点至对角线的垂直距离。当三边支承板 b_1/a_1 小于 0.3 时，可按悬臂板长为 b_1 的悬臂板计算；c 为悬臂长度。

四边支承板弯矩系数 α 　　　　　　表 6-40

b/a	1.0	1.1	1.2	1.3	1.4	1.5	1.6	1.7	1.8	1.9	2.0	3.0	≥4
α	0.048	0.055	0.063	0.069	0.075	0.081	0.086	0.091	0.095	0.099	0.102	0.119	0.125

三边支承板及两相邻边支承板弯矩系数 β 　　　　　　表 6-41

b_1/a_1	0.3	0.4	0.5	0.6	0.7	0.8	1.0	1.0	≥1.4
β	0.026	0.042	0.058	0.072	0.085	0.092	0.111	0.120	0.125

柱脚底板的厚度可按下式计算：

$$t=\sqrt{\frac{6M}{f}} \tag{6-17}$$

式中　M——支承区格内单位宽度上的最大弯矩；

f——Q235 或 Q345 钢材的抗拉强度设计值；Q235，$t>16\sim40\mathrm{mm}$ 时，f 为 $205\mathrm{N/mm^2}$；Q345，$t>16\sim40\mathrm{mm}$ 时，f 为 $295\mathrm{N/mm^2}$。

注：构造上一般至少 20mm，除了满足计算外，一般可取 25～30mm。

（4）柱脚锚栓验算

一般柱脚同时有弯矩和轴心压力作用，底板下的压力不是均匀分布的，并且可能出现拉力。如果底板下出现拉力，则此拉力由锚栓来承受。

假定柱脚底板与基础接触面的压应力成直线分布，底板下基础的最大压应力与底板另一侧的应力分别为 $\sigma_{\max}$ 与 $\sigma_{\min}$，如公式所示

$$\sigma_{\max}=\frac{N}{BL}+\frac{6M}{BL^2}\leqslant f_{\mathrm{c}} \tag{6-18}$$

$$\sigma_{\min}=\frac{N}{BL}-\frac{6M}{BL^2} \tag{6-19}$$

当最小应力 $\sigma_{\min}$ 出现负值时，说明底板与基础之间产生拉应力。由于底板和基础之间不能承受拉应力，此时可以让锚栓承受拉应力的合力（压力 N 和弯矩 M 产生的拉力）。根据对混凝土受压区压应力合力作用点的力矩平衡条件 $\sum M=0$，可得锚栓拉力 Z 为：

$$Z=\frac{M-Na}{x} \tag{6-20}$$

式中，M、N 为使锚栓产生最大拉力的合力组合值；a 为柱截面形心轴到基础受压区合力点间的距离；x 为锚栓位置到基础受压区合力点间的距离。其中：$a=L/2-c/3$；$x=d-c/3$，

$$c=\frac{\sigma_{\max}}{\sigma_{\max}+|\sigma_{\min}|}L \tag{6-21}$$

此力由锚栓承担，所以所需锚栓面积为：

$$A_n = \frac{Z}{f_t^a} \tag{6-22}$$

式中　f_t^a——锚栓抗拉强度设计值，Q235 钢，抗拉强度设计值为 140N/mm²，Q345 钢，抗拉强度设计值为 180N/mm²。当计算出所需锚栓总面积后，在受拉一侧初步布置螺栓（如 2 个或 3 个），计算出每个螺栓的计算有效截面面积，查表 6-42，再在另一侧对称位置处布置螺栓。

螺栓有效直径、有效面积计算

表 6-42

螺栓公称直径	d		16	18	20	22	24	27	30
螺距	P		2.0	2.5	2.5	2.5	3.0	3.0	3.5
螺栓有效直径	d_e	$d_e = d - \frac{13\sqrt{3}}{24}P$	14.1236	15.6545	17.6545	19.6545	21.1854	24.1854	26.7163
螺栓有效面积	A_e	$A_e = \pi * d_e^2/4$	156.7	192.5	244.8	303.4	352.5	459.4	560.6
螺栓公称直径	d		33	36	39	42	45	48	⋯
螺距	P		3.5	4.0	4.0	4.5	4.5	5.0	⋯
螺栓有效直径	d_e	$d_e = d - \frac{13\sqrt{3}}{24}P$	29.7163	32.2472	35.2472	37.7781	40.7781	43.3090	⋯
螺栓有效面积	A_e	$A_e = \pi * d_e^2/4$	693.6	816.7	975.8	1120.9	1306.0	1473.1	⋯

注：1. 柱脚底板锚栓孔至板边的距离不宜小于 2 倍的孔径，且不小于 40mm。带靴梁的刚接柱脚底板悬臂部分的宽度，通常取锚栓直径的 3～4 倍。柱脚底板边缘至混凝土基础柱边缘的距离不小于 50mm（或 100mm）。

2. 目前设计规程规定，柱脚锚栓一般按承受拉力设计，计算时不考虑锚栓承受水平力。锚栓直径的确定除按计算求得外，就是考虑构造要求。铰接柱脚，当刚架跨度≤18m 时，可采用 2 个 M24；≤27m 时，可采用 4 个 M24；≤30m 时，可采用 4 个 M30。考虑到安装施工等因素，建议当跨度大于 24m 时，宜采用 4 个 M30 的，底板下根据水平剪力适当加抗剪键。柱脚安装时应采用具有足够刚度的固定架定位，柱脚螺栓均用双螺母或其他能防止松动的有效措施。

3. 外露式刚接柱脚，一般均应设置加劲肋，柱脚加劲肋的主要作用是增加垫板的刚性，增加底板的转动约束度，将柱荷载较均匀地分布到底板上，加劲肋的尺寸可参考《06SG529-1 单层房屋钢结构节点构造详图-工字形截面钢柱柱脚连接》。刚接柱脚锚栓承受拉力和作为安装固定之用，一般采用 Q235 钢制作。锚栓的直径不宜小于 24mm。底板的锚栓孔径不小于锚栓直径加 10～15mm；锚栓垫板的锚栓孔径取锚栓直径加 2mm。锚栓螺母下垫板的厚度一般为 $0.4d$～$0.5d$（d 为锚栓外径），但不宜小于 20mm，垫板边长取 $3(d+2)$。锚栓应采用双螺母紧固。

（5）柱底抗剪验算

柱脚底板与混凝土基础之间的摩擦系数为 μ，故两者间摩擦力为：

$$F = \mu N \tag{6-23}$$

式中　N——柱底轴力设计值。当 N＜柱底剪力设计值 V 时，则一般需要设置抗剪键，否则一般不需要设置。

对于没有吊车，柱脚刚接的工程一般可以不设抗剪键，但是对于有吊车，柱脚铰接时一般应设置抗剪键。有柱间支撑的两榀刚架由于在风荷载作用下可能会使柱底水平力很大，应设抗剪键。柱底抗剪键的设计类似于悬臂钢梁的强度计算，前提是抗剪面积（$F = A_s \times f_c$）要够，满足水平力的要求。抗剪键的关键是二次灌浆，应保证施工质量。

单向受剪时，也建议做成十字或槽钢，等于给抗剪键承压面加了加劲肋，抗剪是要考虑弯剪共同作用的（剪力及剪力偏心产生的弯矩），而并不只是纯粹受剪力，而且做成一个小平板，在吊装、运输过程中抗剪件容易破坏。

（6）锚固长度

螺栓的锚固长度可以参照《04SG518-3 门式刚架轻型房屋钢结构（有吊车）》与《06SG529-1 单层房屋钢结构节点构造详图（工字形截面钢柱柱脚)》，必要的时候，比如大吨位吊车及有抗震要求的地方，锚栓的锚固长度可适当加大一些，乘以一个 1.1～1.2 的系数。

（7）其他

门式钢架的柱脚多按铰接支承设计，通常为平板支座，设一对或两对地脚螺栓。当用于工业厂房且有 5t 以上桥式吊车时，宜将柱脚设计成刚接。在实际设计中，一般厂房有了吊车，柱脚宜按刚接设计，以便比较好地控制变形、稳定、位移等指标。当荷载较大，即使没有吊车，也宜设计成刚接柱脚，以控制侧移。铰接与否还应结合土质情况，刚性柱脚由于存在面积，一般基础尺寸会较大。

柱脚锚栓能承受剪力是客观存在的，规范规定柱脚锚栓不宜用于承受柱脚底部的水平剪力是因为施工等其他许多原因造成，也能增加安全储备。

（8）柱脚节点施工图

柱脚节点施工图如图 6-77～图 6-80 所示。

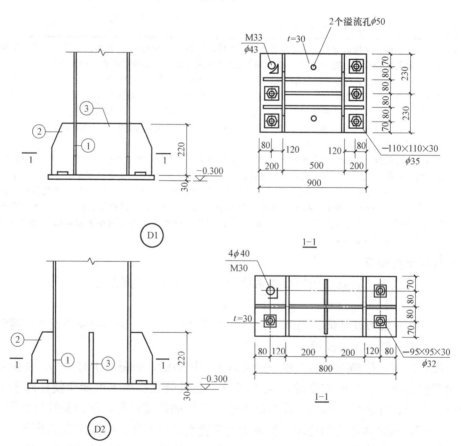

图 6-77　柱脚节点（1）

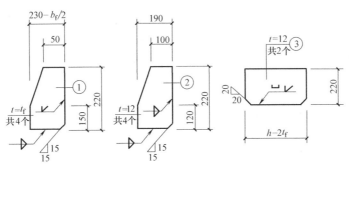

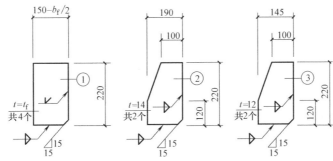

图 6-78 柱脚节点（1）续

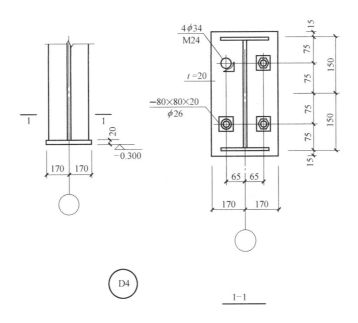

图 6-79 柱脚节点（2）

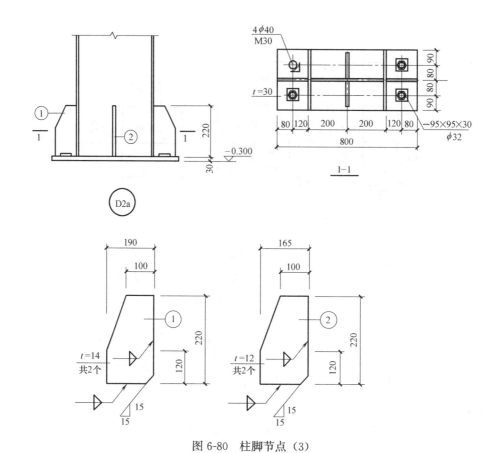

图 6-80 柱脚节点（3）

6.6 吊车梁设计

6.6.1 吊车示意图及吊车梁截面的表达方式

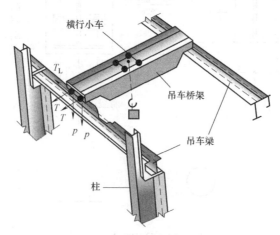

图 6-81 吊车示意图

注：吊车梁系统结构通常由吊车梁（或吊车桁架）、制动结构、辅助桁架及支撑（水平支撑和垂直支撑）等组成

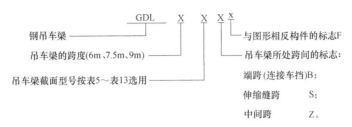

图 6-82　吊车梁截面的表达方式

6.6.2　吊车梁的形式

（1）吊车梁按截面有：型钢梁、组合工字形梁及箱形梁、撑杆式。如图 6-83 所示。

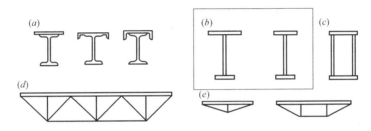

图 6-83　吊车梁形式

（a）型钢吊车梁；（b）工字形焊接吊车梁；（c）箱形吊车梁；（d）吊车桁架；（e）撑杆式吊车梁架

注：对于跨度或重量较大的吊车梁应设置制动结构，即制动梁或制动桁架，由制动结构将横向水平荷载传至柱，同时保证梁的整体稳定。

（2）各种吊车梁形式的适用条件

① 型钢吊车梁

型钢吊车梁（或加强型钢吊车梁）用型钢（有时用钢板、槽钢或角钢加强上翼缘）制成，制作简单，运输及安装方便，一般适用于跨度 $L \leqslant 6m$，吊车起重量 $Q \leqslant 10t$ 的轻、中级工作制的吊车梁。

② 焊接工字形吊车梁

焊接工字形吊车梁，由三块钢板焊接而成，制作比较简便，为当前常用的形式。当吊车轮压值较大时，采用将腹板上部受压区加厚的形式较为经济，但会增加施工的不便。一般设计成等高度、等截面形式。根据需要也可设计成变高度（支座处梁高缩小）、变截面的形式。

③ 箱形吊车梁

箱形吊车梁是由上、下翼缘板及双腹板组成的封闭箱形截面梁，具有刚度大和抗扭性能好的优点，适用于大跨度、大吨位软钩吊车或特重级硬钩吊车，以及抗扭刚度较高（如大跨度壁行吊车梁）的焊接梁。由于制作较复杂、施焊操作条件较差，焊接变形不易控制和校正。

④ 吊车桁架

桁架式吊车梁用钢量省,但制作费工,连接节点在动力荷载作用下易产生疲劳破坏,故一般用于跨度较小的轻中级工作制的吊车梁。

⑤ 撑杆式吊车梁

撑杆式吊车梁可利用钢轨与上弦共同工作组成的吊车桁架,用钢量省,但制作、安装精度要求较高,设计时应注意加强侧向刚度,一般用于手动梁式吊车,起重量 $Q \leqslant 5t$ 跨度 $L \leqslant 6m$ 的情况。

6.6.3 吊车梁截面及构造

1. 吊车梁的截面

根据吊车梁与钢架柱的连接构造要求和固定吊车轨道的需要,吊车梁上翼缘的最小宽度应≥240mm,下翼缘最小宽度应取≥200mm,为了便于加工,减小焊接变形,翼缘厚度应≥8mm,腹板厚度应≥6mm。当然也应满足规范中对吊车梁局部稳定性的要求:翼缘的宽厚比、腹板的高厚比。

当厂房跨度 18~24m,柱距 6~8m,吊车起重量在 2~20t 时,吊车梁的经济截面如表 6-43 所示(初选截面):

吊车梁截面经济尺寸 表 6-43

吊车起重量 (t)	吊车梁高 (mm)	吊车梁腹板厚 (mm)	吊车梁上翼缘宽 (mm)	吊车梁下翼缘宽 (mm)	吊车梁翼缘厚 (mm)
≤5t	400~450	6	240~300	200	8~10
10	550~650	8	300~360	220	12~14
20	700~800	8	360~420	240	14~16

2. 吊车梁构造

吊车梁与轨道连接螺栓,要求不高的话,普通螺栓也能胜任,一般每隔一定间距(比如 750mm)用 4 个 4.8 级普通螺栓(间距为 80~100mm)。不过如果钢梁挠度较大,水平剪力也较大的话,建议用高强度螺栓。

吊车梁上翼缘在支座处通过连接板(厚度为 10mm 的 LB)及边梁(角钢或槽钢)与钢柱相连时,一般用 2 个 M20 10.9 级。在牛腿处吊车梁与吊车梁之间的连接一般用 6 个 M20 4.8 级,$t=10mm$。吊车梁下翼缘在支座处通过厚度为 10mm 的 CB 板与钢柱相连。在钢柱与钢柱之间铺设走道板,走道板的两边支座分别为吊车梁上翼缘、吊车梁上翼缘或吊车梁上翼缘、边梁(槽钢、角钢),边梁再与钢柱相连。

吊车梁中心线与牛腿边的距离一般为 200mm,吊车梁中心线与牛腿上柱内边的距离应满足吊车技术规格资料中的要求:一般≥行车伸出吊车梁中心线距离+保护距离。

6.6.4 吊车梁荷载

吊车在吊车梁上运动产生三个方向的动力荷载:竖向荷载、横向水平荷载和沿吊车梁纵向的水平荷载。

1. 竖向荷载

$$F = \gamma_Q \alpha_1 F_{kmax} \qquad (6-24)$$

式中　γ_Q——荷载分项系数，可取 1.4；

α_1——吊车竖向荷载动力系数。当为悬挂吊车（包括电动葫芦）及工作级别为 A1～A5（轻、中级工作制）的软钩吊车时，可取 1.05；当为工作级别 A6～A8 的软钩吊车、硬钩吊车和其他特重吊车时，可取 1.10。

F_{kmax}——吊车最大轮压标准值（产品规格中找）。吊车的最大、最小轮压 $F_{p,max}$ 和 $F_{p,min}$ 与吊车桥架重量 G、吊车的额定起重量 Q 及小车重量 g 的重力荷载之间满足下列平衡关系：$n(F_{p,max}+F_{p,min})=G+Q+g$，式中 n 为吊车每一侧的轮子数。

2. 吊车的横向水平荷载

吊车的横向水平荷载由小车横行引起，其标准值应取横行小车重量与额定起重量之和的下列百分数，并乘以重力加速度：

1）软钩吊车：当额定起重量不大于 10t 时，应取 12%；当额定起重量为 16～50t 时，应取 10%；当额定起重量不小于 75t 时，应取 8%。

2）硬钩吊车：应取 20%。

横向水平荷载应等分于桥架的两端，分别由轨道上的车轮平均传至轨道，其方向与轨道垂直，并考虑正反两个方向的刹车情况。对于悬挂吊车的水平荷载应由支撑系统承受，可不计算。手动吊车及电动葫芦可不考虑水平荷载。

计算重级工作制吊车梁及其制动结构的强度、稳定性以及连接（吊车梁、制动结构、柱相互间的连接）的强度时，由于轨道不可能绝对平行、轨道磨损及大车运行时本身可能倾斜等原因，在轨道上产生卡轨力，因此钢结构设计规范规定应考虑吊车摆动引起的横向水平力，此水平力不与小车横行引起的水平荷载同时考虑。

3. 纵向水平荷载

纵向水平荷载指吊车刹车力，其沿轨道方向由吊车梁传给柱间支撑，计算吊车梁截面时不予考虑。

6.6.5　吊车梁内力计算

由于吊车荷载为移动荷载，计算吊车梁内力时必须首先用力学方法确定使吊车梁产生最大内力（弯矩和剪力）的最不利轮压位置，然后分别求梁的最大弯矩及相应的剪力和梁的最大剪力及相应弯矩，以及横向水平荷载在水平方向产生的最大弯矩。

计算吊车梁的强度及稳定时按作用在跨间荷载效应最大的两台吊车或按实际情况考虑，并采用荷载设计值。计算梁的强度时，假定吊车横向水平荷载由梁加强的上翼缘或制动梁或桁架承受，竖向荷载则由吊车梁本身承受，同时忽略横向水平荷载对制动结构的偏心作用。当采用制动梁或制动桁架时，梁的整体稳定能够保证，不必验算，无制动结构的梁应验算梁的整体稳定性。

计算吊车梁的疲劳及挠度时应按作用在跨间内荷载效应最大的一台吊车确定，并采用不乘荷载分项系数和动力系数的荷载标准值计算。求出最不利内力后选择梁的截面和制动结构。

吊车梁直接承受动力荷载，对重级工作制吊车梁和重级、中级工作制吊车桁架可作为常幅疲劳，验算疲劳强度。验算的部位一般包括：受拉翼缘与腹板连接处的主体金属、受拉区加劲肋的端部和受拉翼缘与支撑的连接等处的主体金属以及角焊缝连接处。

吊车梁在竖向荷载作用下的挠度要满足给出的容许限值要求。根据文献《关于钢吊车梁挠度容许值的探讨》（谢津成、左小青、张盼盼），吊车梁挠度计算的容许挠度限值建议按表6-44取：

钢吊车梁挠度容许值 表 6-44

吊车梁和吊车桁架	容许挠度	吊车梁和吊车桁架	容许挠度
手动吊车和单梁吊车(包括悬挂吊车)	1/500	中级工作制桥式吊车	1/800
轻级工作制桥式吊车	1/700	重级工作制桥式吊车	1/1000

注：以上容许挠度是按 2 台吊车计算吊车梁变形。

6.6.6 制动结构

当吊车梁为重级工作制，或吊车梁跨度≥12m，或吊车桁架时，宜设置制动结构。

制动梁：

《钢结构设计手册》对制动梁的设置条件做了如下阐述：特重级工作制吊车梁的制动结构应采用制动梁；起重量 Q≥150t 的重级工作制吊车的吊车梁跨度≥12m，或制动结构的宽度 b 在 1.2m 以下而需要设置人形走道时，宜采用制动梁。制动桁架一般很少用。

制动梁由以下组成：吊车梁、制动板、边梁。吊车梁的上翼缘充当制动结构的翼缘、制动板充当制动结构的腹板、边梁充当制动结构的翼缘，边梁一般用槽钢。

制动梁的宽度不宜小于1～1.5m（其宽度所表示的位置可查看"钢结构设计手册"中制动结构组成示意图中的 b）。制动板的宽度一般≥500mm，制动板宽度为 500～600mm 时，其厚度可取 6mm，制动板宽度为 800mm 时，其厚度可取 6mm，制动板宽度为 1000mm、1200mm 时，其厚度可取 8mm。制动结构的选用，一般可参照相关图集，但也应满足吊车使用要求（如吊车梁中心线与上柱内边距离等。）

制动梁则是为了增加吊车梁的侧向刚度，并与吊车梁一起承受由吊车传来的横向刹车力和冲击力而在吊车梁的旁边增设的梁，它与吊车梁采用焊接或者螺栓连接，分为制动梁和制动桁架。其作用大概有几个方面：

1. 承担吊车的水平荷载及其他因素产生的水平推力；
2. 保证吊车梁的侧向稳定性；
3. 增加吊车梁的侧向刚度；
4. 制动板还可以作为检修平台和人行通道。

检修吊车及轨道的平台检修荷重或人行走道的垂直均布荷重，当无特殊要求时，可取垂直均布载标准值为 2.0kN/m²，其荷载分项系数可取 1.4。

6.6.7 程序操作

点击【钢结构/工具箱/工字形吊车梁计算和施工图】，弹出"钢吊车梁设计主菜单"，如图 6-84 所示。

点击"吊车梁计算"，弹出"输入吊车梁计算数据"对话框，如图 6-85～图 6-87 所示。

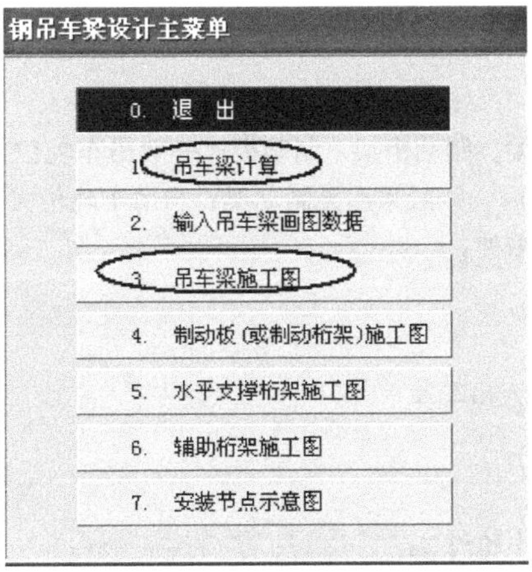

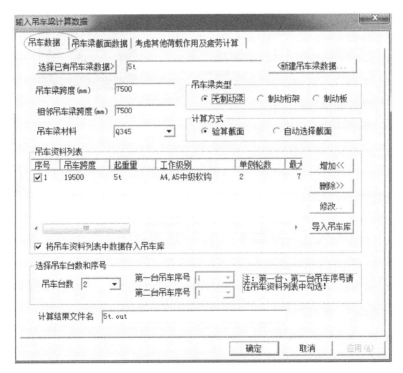

图 6-84　钢吊车梁设计主菜单

图 6-85　吊车数据对话框

注：点击增加，弹出"输入吊车梁计算数据"对话框，如图 6-86 所示。

参数注释：

1. 选择已有吊车梁数据

自己随意命名，比如 5t、20t、30t 等。

2. 吊车梁跨度

按实际工程填写，可填写柱距。

3. 相邻吊车梁跨度

按实际工程填写相邻吊车梁柱距。

4. 吊车梁材料

一般可填写 Q345。

5. 吊车梁类型

程序提供三种选择：无制动梁、制动桁架、制动板；一般吊车吨位小于等于 20t 且为轻级、中级工作制，吊车梁跨度小于等于 12m 时，一般采用无制动梁；当吊车吨位大于 32t 且为重级工作制时，宜采用制动板；其他情况可采用制动桁架；

6. 计算方式

一般可选择"验算截面"。

7. 将吊车资料列表中数据存入吊车库

一般应勾选。

8. 选择吊车台数和序号

一般应根据实际工程填写，不超过 2。

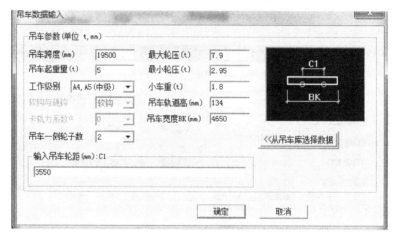

图 6-86　吊车数据输入

参数注释：

1. 吊车跨度

应根据吊车资料填写。

2. 吊车起重量

根据实际工程填写。

3. 工作级别

根据实际工程填写。

4. 吊车一侧轮子数

应根据实际吊车资料填写，吊车吨位小于等于 50t 时，填 2。

5. 输入吊车轮距（mm）

应根据吊车资料填写。

6. 最大压力（t）、最小轮压（t）

查吊车资料。

7. 小车重

查吊车资料。

8. 吊车轨道高

一般为 140mm，具体值应根据吊车吨位选择不同的轨道，再查看轨道高。

9. 吊车宽度 B_K （mm）

查吊车资料。

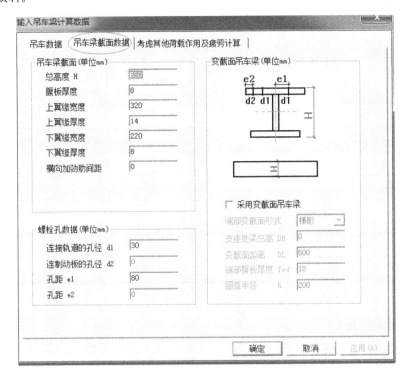

图 6-87 吊车连截面数据

参数注释

1. 吊车梁截面

一般可根据经验估算，再根据计算结果调整。根据吊车梁与钢架柱的连接构造要求和固定吊车轨道的需要，吊车梁上翼缘的最小宽度应≥240mm，下翼缘最小宽度应取≥180mm，为了便于加工，减小焊接变形，翼缘厚度应≥8mm，腹板厚度应≥6mm。当然也应满足规范中对吊车梁局部稳定性的要求：翼缘的宽厚比、腹板的高厚比。

2. 横向加劲肋间距

当满足《钢标》7.4.2-1时，间距不大于2倍吊车梁截面高度，一般可填写750（吊车梁高度不大于1m时），当吊车吨位较大时，吊车梁高度大于1m时，一般可取1500mm。

3. 连接轨道的孔径 d_1。

一般可填写24。

4. 连制动板的孔径 d_2。

一般可填写24。

5. 孔距 e_1。

根据吊车轨道填写，24kg/m的轨道为80，38～43kg/m的轨道为90，QU70的轨道为100，QU100为105，QU120为115；

6. 孔距 e_2

边距应大于等于2倍孔径，一般可取等号，比如50。

7. 采用变截面吊车梁

一般不勾选。

6.6.8 吊车梁设计参数表及最不利组合表

吊车梁设计参数如表 6-45 所示，最不利组合表如表 6-46 所示。

吊车梁设计参数　　　　　　　　　　　　　　　　　　表 6-45

吊车序号	吊车跨度 S(m)	起重量及台数	整机重 (kN)	每边轮数	最大轮压 (kN)	B (mm)	W (mm)	高度 H (mm)	安全边距 (mm)
1	19.5	3t　A5　电动单梁桥式起重机	41.4	2	25.5	3000	2500	745+200	120+100
2	19.5	5t　A5　电动单梁桥式起重机	47.6	2	37	3000	2500	820+200	120+100
3	19.5	8t　A5　电动单梁桥式起重机	59.2	2	63.9	3000	2500	875+200	120+100

吊车最不利组合　　　　　　　　　　　　　　　　　　表 6-46

柱跨	A-B	B-C	C-D	D-E	E-F	F-G
不利组合	2 台吊 2	2 台吊 1	2 台吊 1	2 台吊 1	2 台吊 1	2 台吊 3

6.6.9 吊车梁截面尺寸

GDL-1：H400×5×300×12×200×8（腹板高度×腹板厚度×上翼缘宽度×厚度×下翼缘宽度×厚度）；GDL-2：H400×5×320×14×220×10；GDL-3：H600×6×350×16×220×10。

6.6.10 施工图绘制

1. 加劲肋

横向加劲肋（含短加劲肋）不与受拉翼缘相焊，但可与受压翼缘相焊。端加劲肋可与梁上下翼缘相焊，中间横向加劲肋的下端宜在距受拉下翼缘 50～100mm 处断开（吊车梁的疲劳破坏一般是从受拉区开裂开始），其与腹板的连接焊缝不宜在肋下端起落弧，实验研究证明，吊车梁中间横向加紧肋与腹板连接焊缝，若在下端留有起落弧，则容易在腹板上引起疲劳裂缝。

在支座处的横向加劲肋应在腹板两侧成对布置，并与梁上下翼缘刨平顶紧。中间横向加劲肋的上端应与梁的上翼缘刨平顶紧，在重级工作制吊车梁中，中间横向加劲肋亦应在腹板两侧成对布置，而中、轻级工作制吊车梁则可单侧设置或两侧错开设置。

考虑到轻钢厂房中吊车起重量小，工作制低，一般无需验算吊车梁的疲劳强度。腹板横向加劲肋可按构造要求布置，间距 $a=(1～2)h$（一般 1m 左右）。加劲肋的宽度可取 70～90mm（一般取 90），厚度为 6mm。

2. 施工图绘制

吊车梁施工图可以利用 PKPM 的模板进行修改。也可以拷贝以前做过的工程，适当拉伸，参考 PKPM 中的计算结果进行修改。也可以在 TSSD 中绘制吊车梁施工图。如图 6-88～图 6-100 所示。

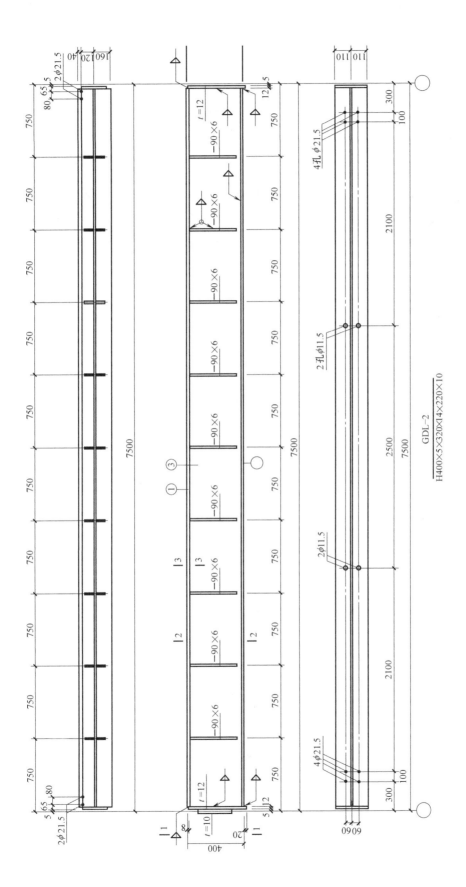

GDL-2

$\dfrac{}{\text{H}400\times5\times320\times14\times220\times10}$

图 6-88　GDL-2 (1)

249

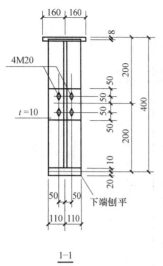

1–1

4号：10t为12，20t为14，
32t为16，50t为18mm

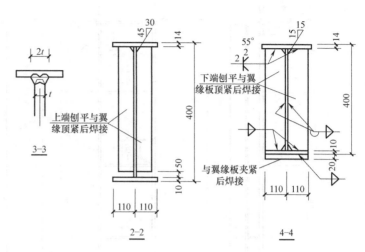

3–3

2–2

4–4

图 6-89　GDL-2（2）

说明：
1.吊车梁材质Q345。
2.制作说明详见05G514-3总说明。
3.图中未注明焊缝高度均同较薄构件厚度。
4.图中未注明长度的焊缝为满焊。

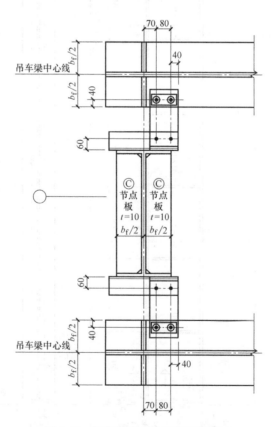

图 6-90　吊车梁与中柱连接示意图一

250

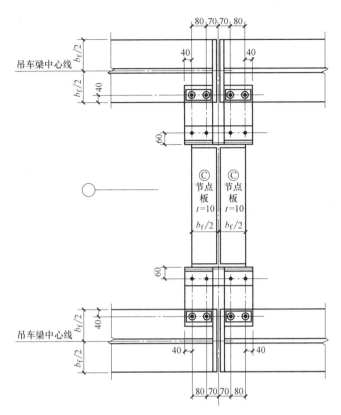

图 6-91　吊车梁与中柱连接示意图二

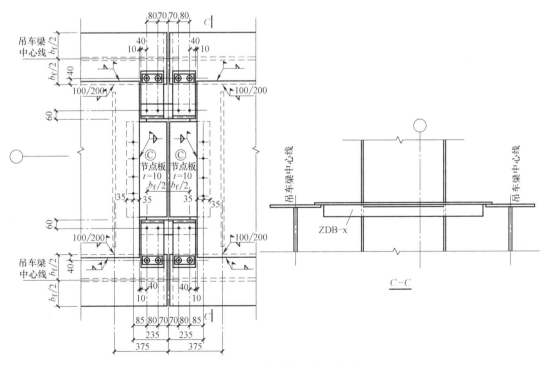

图 6-92　吊车梁与中柱连接示意图三

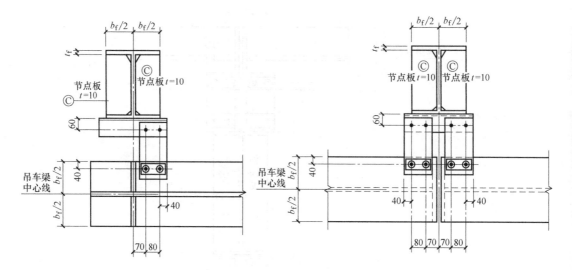

图 6-93　吊车梁与边柱连接示意图一

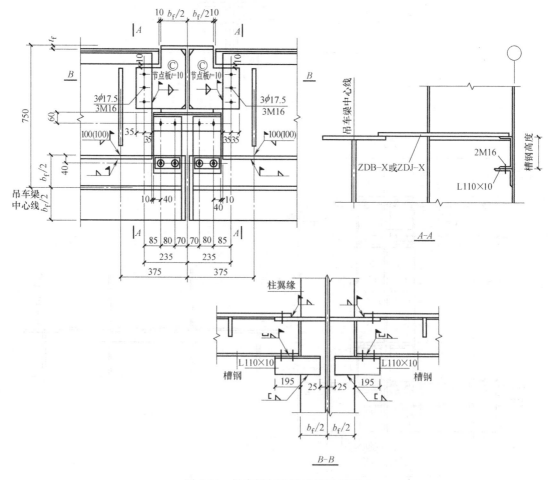

图 6-94　吊车梁与边柱连接示意图二

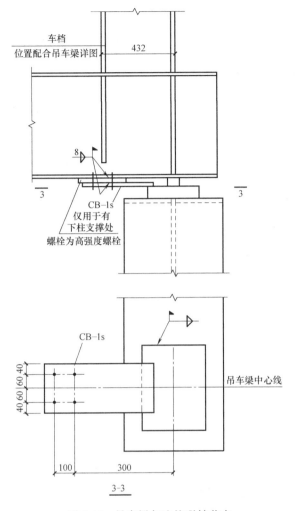

车档
位置配合吊车梁详图

432

8

3 3

CB-1s
仅用于有
下柱支撑处
螺栓为高强度螺栓

CB-1s

40 60 60 40

吊车梁中心线

100 300

3-3

图 6-95 吊车梁与边柱联结节点

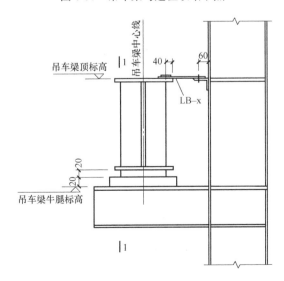

吊车梁中心线

吊车梁顶标高

40 60

LB-x

20 20

20

吊车梁牛腿标高

1

1

图 6-96 吊车梁与柱联结示意

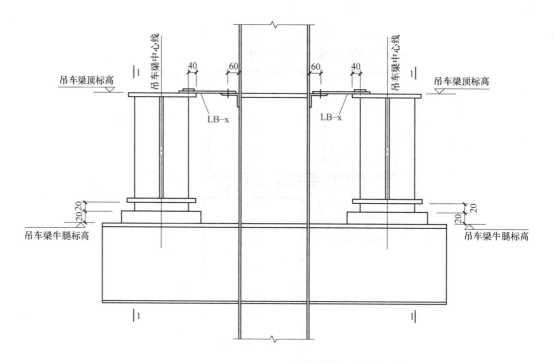

图 6-97 吊车梁与柱联结示意

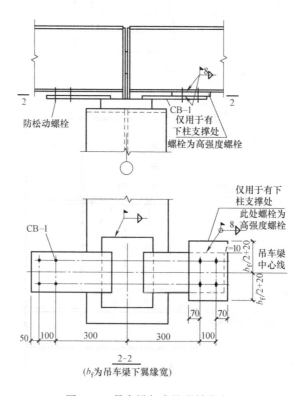

图 6-98 吊车梁与中柱联结节点

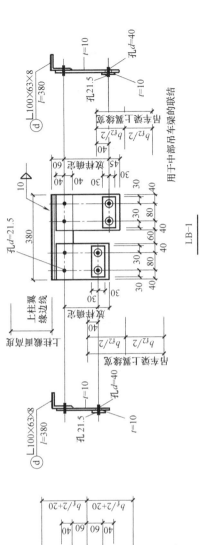

用于中部吊车梁的联结

LB-1

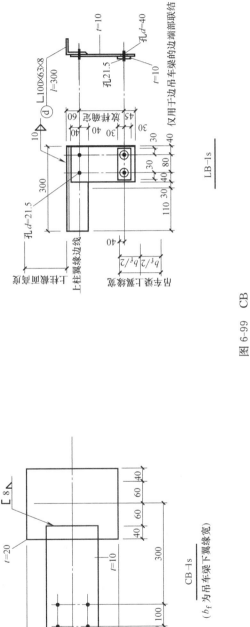

仅用于边吊车梁的端部联结

LB-1s

CB-1
(b_f 为吊车梁下翼缘宽)

CB-1s
(b_f 为吊车梁下翼缘宽)

图 6-99　CB

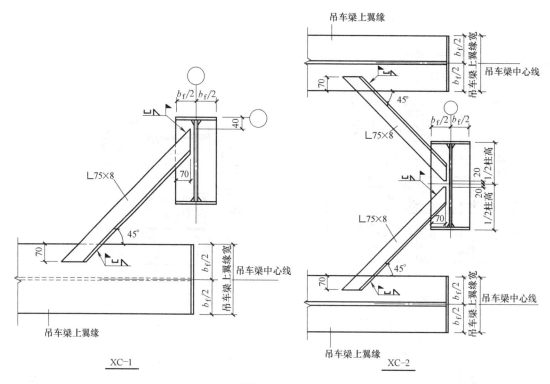

图 6-100 XC

6.7 抗风柱设计

1. 力的传递

单层建筑抗风柱下部风荷载通过抗风柱传到基础,上部荷载传至刚架,通过系杆和水平支撑传至刚架柱顶,柱又通过柱间支撑或其他传力构件传至基础,按照上述传力途径,抗风柱和刚架连接时尽量使荷载有效传至屋面传力体系,抗风柱柱顶荷载和屋面传力体系处在同一平面为最有效。

2. 柱脚、柱顶构造

(1) 抗风柱柱脚:

抗风柱脚一般设计为铰接,柱脚底座为一块钢板,尺寸一般伸出骨架柱 20～50mm,宽度不小于 200mm 以便防止锚栓。厚度以 20mm 为宜,但荷载较小时,最小不得小于16mm。钢板用锚栓固定在基础上,锚栓一般采用 d20(2 根)。锚栓能承受墙架柱下半部分的风荷载的作用。

抗风柱柱脚若做成刚接,基础会比较大,做成铰接则相反。厂房若很高(比如>12m),柱脚做成刚接可以减小抗风柱截面,厂房若不高,柱脚做铰接可以改善基础的受力性能。

(2) 柱顶构造

① 弹簧板连接

256

刚架柱顶上焊接顶板一块，用折板（弹簧板）与刚架斜梁下翼缘相连。抗风柱所承受的水平荷载可以通过弹簧板传至刚架斜梁下翼缘，由于弹簧板的竖向刚度很小，刚架斜梁向下变位不会对墙架柱产生竖向压力。弹簧板厚度一般选用 6～10mm。

② 螺栓连接

抗风柱位于刚架斜梁下部时，在刚架斜梁下翼缘上与紧贴墙架柱腹板一侧垂直焊一块钢板，并在钢板上和抗风柱板对应位置均开长圆孔。抗风柱位移刚架斜梁外侧时，在刚架斜梁上加一加劲板，在抗风柱内翼缘焊接连接板一块，两块钢板用螺栓相连。连接螺栓一般选用 C 级普通螺栓，螺栓孔宽度一般可取 C 级螺栓孔的孔径，即比螺栓公称直径大 1.5mm，圆孔长度一般可取 60mm。

3. 摇摆柱

抗风柱只承受风荷载，不承受竖向力，此时上端用 Z 形弹簧板或开椭圆孔等方式与钢梁连接。把抗风柱顶设为铰接或刚接，俗称"摇摆柱"，此时能承受轴力，减小斜梁跨中挠度，减少钢架用钢量，但"摇摆柱"本身不能"自立"，会增加与斜梁刚接柱子的负担，一般两根与梁刚接的柱之间"摇摆柱"不宜超过三根，为了保证刚架的整体刚度，一般在对跨刚架的跨度不小于 27m 时，不宜用"摇摆柱"。

设置摇摆柱可以同时减小梁柱内力和截面，使结构用钢量更低，受力更合理，然而摇摆柱的设置往往使刚架边柱的长细比超限，不改变截面大小时，可以采用以下两种方法：第一，将"摇摆柱"改成只承受水平风荷载，而竖向荷载均由边柱承担的抗风柱。由于边柱所承受的轴向压力增大，计算长度系数于是减小，于是长细比也减小。第二，"摇摆柱"的上端定义为刚接（建模时应建进去），此时抗风柱承受水平和竖向荷载，刚架边柱计算长度系数减小（《钢标》附录 D 柱的计算长度系数），长细比也减小。定义为刚接时施工图节点就必须按刚接设计。

4. 抗风柱布置

(1) 抗风柱布置间距一般为 6～8m，当然也要根据厂房柱节间合理布置；

(2) 按图集一般抗风柱是布置在刚架外侧的，但没有吊车时也可以布置在刚架平面内。

5. 截面

(1) 墙架柱一般选用轧制的工字型钢或用三块钢板焊成的工字型截面，其截面既要满足受压构件长细比的要求，又要满足受弯构件在风荷载作用下挠度的要求。截面一般不宜小于上下水平支点间距的 1/40，可取 250～400mm。

抗风柱的高，腹板厚度、翼缘宽度及厚度可参照钢架梁与钢架柱。本工程抗风柱截面尺寸为：H400×200×5×8。

(2) 其他工程（作为参考）

基本风压 0.35kN/m²，檐口处标高 13.0m，抗风柱间距 8m，材制 Q345B，截面尺寸：H400×220×6×10。

基本风压 0.4kN/m²，檐口处标高 12.2m，抗风柱间距 8m，材制 Q345B，截面尺寸：H 400×250×6×10。

基本风压 0.45kN/m²，檐口处标高 14.0m，抗风柱间距 8m，材制 Q345B，截面尺寸：H 400×320×6×14。

6. 程序操作

点击【钢结构/钢结构二维设计/7. 工具箱】→【钢结构工具/计算与绘图】，如图 6-101 所示。在弹出的对话框（图 6-102）中点击"1 抗风柱计算"，弹出"抗风柱计算"对话框，如图 6-103 所示。按工程实际填写参数，点击"计算"，弹出"计算书"，根据计算结果，再对抗风柱进行调整与计算。

图 6-101　钢结构工具

图 6-102　抗风柱计算和施工图

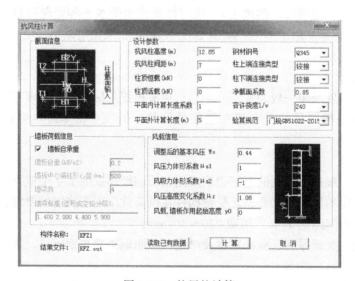

图 6-103　抗风柱计算

注：抗风柱强度验算不满足，如果比较大，则一般加大柱高，如果相差不大，可以加大翼缘厚度；挠度验算不满足时，则一般加大柱高；抗风柱平面内长细比不满足、一般可以加大柱高；抗风柱平面外长细比验算不满足，可以考虑设置隔撑与柱间支撑（配合系杆）。

参数注释：

1. 抗风柱高度

根据实际工程填写。

258

2. 抗风柱间距

根据实际工程填写。

3. 柱顶恒载、柱顶活载

一般可按默认值，填写 0。

4. 平面内计算长度系数

一般可填写 1。

5. 平面外计算长度（m）

一般抗风柱之间会设置柱间支撑或隅撑；如果设置柱间支撑，可以取柱间支撑高度的较大值，如果设置隅撑，可以比隅撑之间的间距放大 1～2m。

6. 钢材钢号

一般为 Q345。

7. 柱上端连接类型、柱下端连接类型

一般均选择铰接。当风荷载比较小，抗风柱不高时（<10m），抗风柱上下端均可做成铰接。当柱高比较长，风荷载比较大时，有时候也把"柱下端连接类型"改为刚接。

8. 净截面系数

一般可取 0.85。

9. 验算规范

偏于安全与保守时，可按《钢标》计算，但在实际设计中，不少大院都按《门规》GB 51022—2015 第 3.2.2 条参考斜梁"计算。如果超出轻型门式刚架的范围，应按《钢标》计算。

10. 容许挠度

规范对此没有规定。某大型国有工业设计研究院对此的理解是：可以把抗风柱类比斜梁，其挠度可查看《门规》表 3.4.2-2，应按 1/240 控制，如果按 1/180 控制，会不安全。也有人认为应该查《钢标》，受弯构件的挠度容许值，按 $L/400$ 取，偏于安全。

11. 调整后的基本风压

用《荷载规范》中查得的基本风压值乘以 1.05 的调整系数输入；如果是轻型门式刚架，可输入 1.1。

12. 墙板自承重

严格要求，应该不点击"墙板自承重"，根据实际情况输入墙梁标高与根数。在实际设计中，由于墙梁自重对抗风柱的影响很小，一般可勾选"墙板自承重"，抗风柱的应力比可稍微控制严格一点。

13. 风压力体型系数、风吸力体型系数

一般可分别填写 1.0 与 -1.0；《荷规》续表 8.3.1（项次 30）封闭式房屋和构筑物，体型系数为 0.8 +0.5，又因为墙板内侧体型系数为 0.2，所以 0.8+0.2=1.0。

14. 风压高度变化系数：

根据实际工程填写，查《建筑结构荷载规范》GB 50009—2012 第 8.2.1 条，对于表中没有的高度，可以采用插值法。

15. 风载、墙板作用起始高度

一般可按默认值，0 填写。

16. 柱截面输入

点击【柱截面输入/增加】，可以定义抗风柱截面，在实际设计中，可以参考别人做的工程抗风柱截面尺寸。

7. 节点施工图

节点施工图如图 6-104、图 6-105 所示。

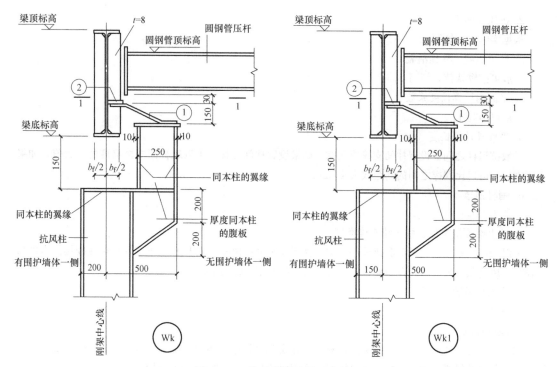

图 6-104 抗风柱节点施工图（1）

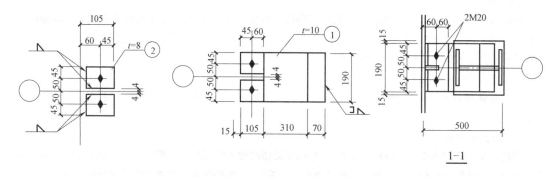

图 6-105 抗风柱节点施工图（2）

6.8 屋面支撑、系杆设计

6.8.1 门式刚架传力路径及屋面支撑的作用

（1）门式刚架传力路径

门式刚架轻型房屋的竖向荷载主要由横向主刚架承受，主要传力路径为：屋面荷载作用于屋面板→檩条→刚架斜梁→（托架）→刚架柱→基础。

水平荷载由两个作用方向，即横向水平作用和纵向水平水平作用。横向水平作用主要由横向刚架承受，刚架依靠其自身刚度抵抗外部作用，其传力路径为：维护结构→主刚架→基础。纵向水平作用（风荷载、地震荷载和吊车水平荷载）通过屋面水平支撑和柱间支撑系统传递，其传力路径为：风荷载作用于山墙墙面板→墙梁→墙梁柱→屋盖水平支撑→柱顶系杆→柱间支撑→基础。

（2）屋面支撑的作用

屋面水平支撑和柱间支撑是一个整体，共同保证结构的稳定，并将纵向水平荷载通过屋面水平支撑，经柱间支撑传至基础。

6.8.2　屋面水平支撑布置原则与方法

1. 规范规定

《门规》8.3.1：屋面端部横向支撑应布置在房屋端部和温度区段的第一或第二开间，当布置在第二开间时应在房屋端部第一开间抗风柱顶部对应位置布置刚性系杆。

《门规》8.3.2：屋面支撑形式可选用圆钢或钢索交叉支撑；当屋面斜梁承担悬挂吊车荷载时，屋面横向支撑应选用型钢交叉支撑。屋面横向交叉支撑节点布置应于抗风柱相对应，并应在屋面梁转折处布置节点。

《门规》8.3.3：屋面横向支撑而按支承于柱间支撑柱顶水平桁架设计；圆钢或钢索按拉杆设计，刚性系杆按压杆设计。

《门规》8.3.4：对设有带驾驶室且起重量大于 15t 桥式吊车的跨间，应在屋盖边缘设置纵向支撑；在有抽柱的柱列，沿托架长度宜设置纵向支撑。

2. 经验

（1）当建筑物或温度伸缩区段较长时，应增设一道或多道水平支撑，间距不得大于 60m。

（2）当结构简单、对称且各跨高度一致时，屋盖水平支撑相对简单，即在满足温度区段长度条件下，可仅在端开间设置。在建筑物内，当柱列有不同柱距时，或当建筑物有高低跨变化时，应设置纵向水平支撑提高结构的整体性，调整结构抗侧刚度的分布，以求减小各刚架柱侧向水平位移差异，使结构受力均匀、合理。当建筑物平面布置不规则时，如有局部凸出、凹进、抽柱等情况时，为提高结构的整体抗侧力，在上述区域均需设置纵、横向封闭的连续水平支撑系统。

（3）托梁上的刚架左右一般要满布水平支撑，使之与相邻刚架相连，增加刚架整体性。

（4）屋盖横向支撑宜设在温度区间端部的第一个或第二个开间是因为为保证结构山墙所受纵向荷载的传递路径简短、快捷，以求直接传递山墙荷载；如第一开间不能设置时，可设置在第二开间内，但必须注意，第一开间内相应传递水平荷载的杆件应设计成压杆。

6.8.3　屋面水平支撑构造

1. 规范规定

《门规》3.5.1-1：用于檩条和墙梁的冷弯薄壁型钢，其壁厚不宜小于 1.5mm。用于焊接主刚架构件腹板的钢板，其厚度不宜小于 4mm，当有根据时可不小于 3mm。

2. 经验

（1）屋盖水平支撑一般由交叉杆和刚性系杆共同构成。在门式刚架轻型钢结构房屋中，屋盖水平支撑的交叉杆可设计为圆钢，但应加带张紧装置，以利于拉杆的张紧，避免圆钢挠度过大，不能起到受力作用。交叉杆也可以设计为角钢，但需要考虑长支撑由于自重产生的挠度，并采取必要的措施加以克服。交叉杆与竖向杆间的夹角应在 30°～60°。

（2）按照力的传递路径就近原则，可假定两端屋面水平支撑分别承受墙架柱传来的山墙水平压力和吸力作用，中间的屋面水平支撑按构造设置，在设计时也可以让水平支撑平均分担纵向风荷载。

（3）用张紧的圆钢做屋面支撑，只适用于7度抗震及以下地区及风荷载较小地区，对于8度或8度以上抗震地区、风荷载较大，应采用角钢支撑。张紧的圆钢做屋面支撑时受拉，还应布置刚性系杆承受压力。圆钢长度过长时，下垂度很大，施工效果不是很好，可以用花篮螺旋张紧或用角钢屋面支撑，肢宽一般在100mm以上。圆钢与构件的夹角应在30°～60°之间，45°为好。

（4）支撑形式有两种：刚性支撑及柔性支撑。柔性支撑（比如张紧的圆钢）仅考虑受拉作用，不考虑平面外稳定；刚性支撑同时考虑拉压作用，受压时考虑平面外稳定。一般无吊车或吊车吨位较小时采用柔性支撑，其他情况宜采用型钢支撑。刚性支撑能增强结构空间刚度及空间整体稳定性。柔性支撑保障空间稳定性，但对空间刚度影响较小。

6.8.4 屋面支撑系统计算

手算时，一般可将屋面水平支撑简化为平面结构计算构件内力，即简支静定桁架。内力分析时，可仅考虑交叉杆中一根受拉杆件参与工作，与之交叉的杆件则退出工作。但电算时，当交叉杆采用角钢或钢管时，无论拉、压状态，所有交叉杆均参与工作，支撑系统也成为超静定结构。

屋面水平支撑的作用力由墙架传来，因此须先计算墙架柱在纵向风荷载作用下的柱顶反力。

1. 强度验算

水平支撑的交叉腹杆按受拉构件设计时，强度验算公式为：

$$\sigma = \frac{N}{A_n} \leqslant f \tag{6-25}$$

式中　N、A_n、f——分别表示交叉杆所受的轴心拉力、净截面面积和钢材的强度设计值。

2. 长细比验算

（1）规范规定

《门规》3.4.2-2：受拉构件的长细比，不宜大于表6-28规定的限值

《钢标》8.4.5：受拉构件的长细比不宜超过表6-29的容许值。

（2）长细比验算

当屋面水平支撑为角钢或钢管时，还应验算其长细比，即

$$\lambda = \frac{l_0}{i} \leqslant [\lambda] \tag{6-26}$$

式中　λ、l_0、i、$[\lambda]$——分别表示交叉系杆计算长细比、计算长度、截面回转半径。对于承受静荷载或间接承受动荷载的结构，$[\lambda]$可取400。

（3）其他

控制长细比是用来保证结构的稳定性，而张紧的圆管受拉时没有失稳的问题，不需要控制长细比。拉杆规定容许长细比，主要是为了防止其柔度太大，自身变形加大，与稳定性没有关系。

水平支撑的交叉腹杆一般采用Q235B，ϕ20、ϕ22、ϕ25的张紧的圆钢（一般直径至少20mm）。也可以采用钢管、角钢等。

3. 稳定性验算

受拉杆要进行强度和长细比验算（不需要进行稳定性验算）。对于受压杆，除了进行

强度和长细比验算外，还应进行稳定性验算，即

$$\sigma = \frac{N}{\varphi A_n} \leqslant f \qquad (6\text{-}27)$$

式中　N、A_n 和 φ——分别表示交叉杆所受的轴心压力、截面面积和构件稳定性系数。φ 应取两主轴的较小者。

6.8.5　PKPM 程序操作（屋面支撑）

点击【钢结构/钢结构二维设计/7.工具箱】→【钢结构工具/计算与绘图】（图 6-106），在弹出的对话框（图 6-107）中点击"1 屋面支撑计算"，填完参数后，选择自动导算，点击确定，如图 6-108、图 6-109 所示。

图 6-106　钢结构工具（1）

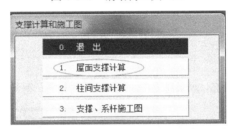

图 6-107　屋面支撑计算

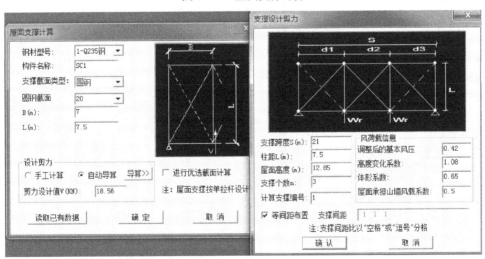

图 6-108　屋面支撑计算、支撑设计剪力

注：1. 用张紧的圆钢做屋面支撑，只适用于 7 度抗震及以下地区，对于 8 度或 8 度以上抗震地区，应采用角钢支撑。张紧的圆钢做屋面支撑时受拉，还应布置刚性系杆承受压力。控制长细比是用来保证结构的稳定性，而张紧的圆管受拉时没有失稳的问题，不需要控制长细比。拉杆规定容许长细比，主要是为了防止其柔度太大，自身变形加大，与稳定性没有关系，一般可按 400 控制（等边角钢）。

2. 屋面支撑一般是按照拉杆设计，因为当另一个方向的支撑受压有可能失稳时，受拉支撑和系杆一样可以组成一个几何不变体系。一般 $\phi20$ 与 $\phi22$ 的圆钢能满足大多工程的需要。

3. 屋面支撑长细比不满足时，一般加大圆钢或者角钢的截面尺寸；强度不满足时，一般加大圆钢或者角钢的截面尺寸。

参数注释：

1. 钢材型号

一般选用 Q235 钢。

2. 支撑截面类型

应根据实际工程选用。7 度抗震及以下地区，可选用张紧的圆钢，8 度或 8 度以上抗震地区，应采用角钢支撑。

3. 圆钢截面

一般需用 20 或 22 的试算。如果选用等边角钢，一般长细比可按 400 控制，等边角钢根据柱距，跨度等选用 L70×5、L80×5、L90×6 等，最小选 L63×5 试算，根据计算结果（主要是长细比）来更改合适的角钢尺寸。

本工程屋面支撑选择 HPB300ϕ20 张紧的圆钢，屋脊通风器托梁处用 HPB300ϕ14 张紧的圆钢。

4. B（m）、L（m）

B=跨度/支撑个数、L 长度等于柱距。

5. 剪力设计值

一般选用"自动导算"。

6. 进行优选截面计算

一般不勾选。

7. 支撑跨度 S、柱距 L

按实际工程填写。

8. 屋面高度

可取该跨屋面支撑的最高柱高，如果所有跨的屋面支撑均相同，则可以填写屋脊处的标高。

9. 支撑个数

支撑个数应尽量让 L 与 B 相等。比如跨度为 20m，柱距为 6.4m，21/7.5 = 2.8，于是可以填写 3 个。

10. 调整后的基本风压

对于轻型门式刚架，用《荷载规范》中查得的基本风压值乘以 1.1。

11. 高度变化系数

查《建筑结构荷载规范》GB 50009—2012 第 8.2.1 条。

12. 体型系数

按《门规》取中间区，封闭式，体型系数取+0.65，可能偏不安全；在实际设计中，可以按《荷规》续表 8.3.1（项次为 30）取，体型系数取+0.8。

13. 屋面承担山墙风荷载系数

可以近似简化为平均分担风荷载，可取 0.5。

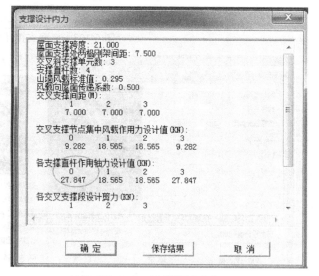

图 6-109　支撑设计内力

注：屋面支撑也可以用等边角钢。

6.8.6　屋面支撑节点

屋面支撑节点如图 6-110、图 6-111 所示。

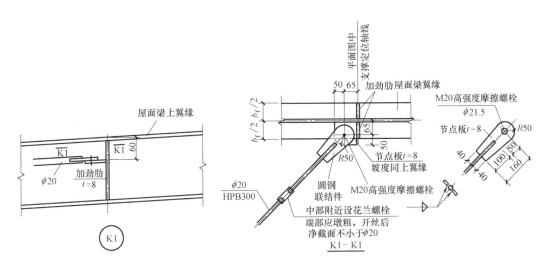

图 6-110　屋面支撑节点 1

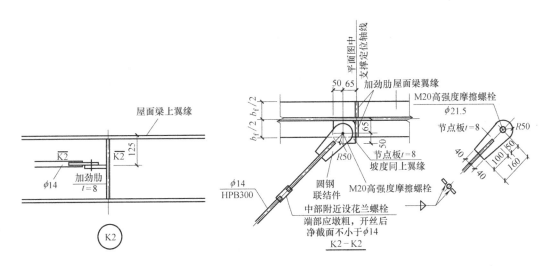

图 6-111　屋面支撑节点 2

6.8.7　系杆设计

1. 系杆的分类及作用

系杆根据受力情况设计为刚性系杆或柔性系杆。

系杆能保证厂房的纵向刚度，屋面系杆与屋面交叉支撑组成一个大桁架，使得传力明确。门式刚架系杆一般按刚性系杆设计，刚性系杆协同屋面纵向支撑（屋面檩条、屋面支撑等）传递水平力给柱间支撑。刚性系杆能作为平面外支撑，但不能作为钢梁受压翼缘的侧向支撑，钢梁受压翼缘平面外稳定依靠檩条＋隅撑保证。

2. 系杆设置原则

（1）规范规定

《门规》8.3.1：屋面端部横向支撑应布置在房屋端部和温度区段的第一或第二开间，当布置在第二开间时应在房屋端部第一开间抗风柱顶部对应位置布置刚性系杆。

《门规》8.3.3：屋面横向支撑而按支承于柱间支撑柱顶水平桁架设计；圆钢或钢索按拉杆设计，刚性系杆按压杆设计。

（2）经验

① 转角处要加设系杆，系杆和支撑共同保证平面稳定；屋面支撑要设置系杆，保证梁不因支撑张紧而发生较大的侧向变形；檐口、屋脊处要设通长系杆，天沟、吊车梁、檩条可以代替系杆，但要满足按压弯计算其稳定性、保证连接节点的可靠性。一般把较重要的屋脊系杆、支座系杆等做成刚性系杆。

② 刚性系杆的设置有两种，檩条兼任和独立设置。当檩条兼任时，檩条应按压弯构件设计，且在屋脊处多用双檩。从工程实践看，檩条兼任系杆利少弊多。虽然檩条兼任系杆可省去系杆用钢，但檩条的材料用量将增加，总体节材有限，同时由于檩条需搁置在刚架斜梁上，从而使交叉系杆与系杆不在同一平面，不利于力的直接传递，同时使斜梁受扭，不利于斜梁的稳定性。因此，建议刚性系杆单独设置，由于钢板天沟不易满足系杆的功能要求，因此，钢板天沟不宜代替系杆。

3. 系杆截面尺寸

系杆截面尺寸一般由长细比控制（受压），当房屋比较高，厂房跨度比较大，吊车吨位较大时，应计算系杆件在轴力作用下强度及稳定性。

普通工程刚性系杆常用 Q235B，$89 \times (2.0 \sim 2.5)$ 的电焊钢管（柱距 6m）。当柱距为 8m 时，常用 Q235B，121×3.0 的电焊钢管，柱距为 8m 时，常用 Q235B，133×3.5 的电焊钢管。

本工程系杆选择 $D114 \times 3$。

4. 受压构件长细比

规范规定：

《门规》3.4.2-1：受压构件的长细比，不宜大于表 3-17 规定的限值。《钢标》5.3.8：轴压构件的长细比不宜超过表 3-26 的容许值。

5. 软件操作

点击【钢结构/钢结构二维设计/7.工具箱】→【钢结构工具/钢构件设计/柱构件验算】，如图 6-112 所示。

参数注释：

1. 构件所属结构类型

一般填写，单层钢结构厂房。

2. 验算规范

可选择，钢结构设计规范 GB 50017。

3. 柱高度

计算系杆时，柱高度可填写系杆跨度（柱距）。

4. 净截面系数

可填写 0.85。

5. 平面内计算长度系数

可取 1.0。

6. 平面外计算长度

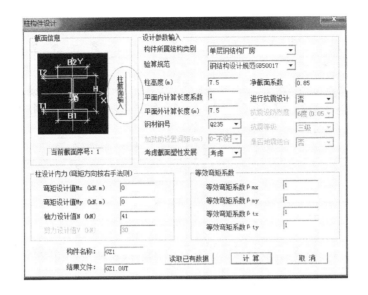

图 6-112　柱构件设计

注：1. 系杆可以在此输入与计算；根据某国有工业大院的内部资料，非地震区及 6 度、7 度Ⅰ、Ⅱ场地系杆的最大长细比为 200，7 度Ⅲ、Ⅳ类场地和八度Ⅰ、Ⅱ类场地系杆的最大长细比为 150，八度Ⅲ类场地系杆的最大长细比为 120。

2. 系杆平面内长细比不满足，则要加大截面尺寸（直径）；平面外长细比不满足，则要加大截面尺寸（直径）；平面内稳定性不满足，则要加大截面尺寸（直径）；平面外稳定性不满足时，则要加大截面尺寸（直径）。

应根据时实际工程填写，由于系杆在柱距之间没有平面外支撑，可填写柱距。

7. 钢材钢号

一般应根据实际工程填写，一般可填写 Q235。

8. 考虑截面塑性发展

一般可选取考虑。

9. 进行抗震设计

一般可选取否。

10. 轴力设计值

应按实际工程填写，计算系杆时（刚架端柱方向），可取一倍"0 杆件"轴力，中间刚架的系杆，可取 2 倍"0 杆件"轴力。

11. 等效弯矩系数

均可按默认值 1.0 填写。

12. 柱截面输入

点击【柱截面输入/增加】定于 114mm×3mm 的圆管，如图 6-113 所示。

6.8.8　屋面支撑与系杆平面布置图

屋面支撑与系杆平面布置如图 6-114 所示。

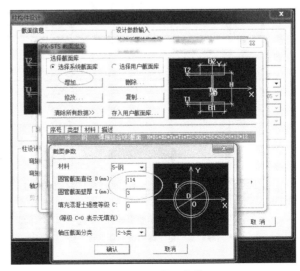

图 6-113　截面参数

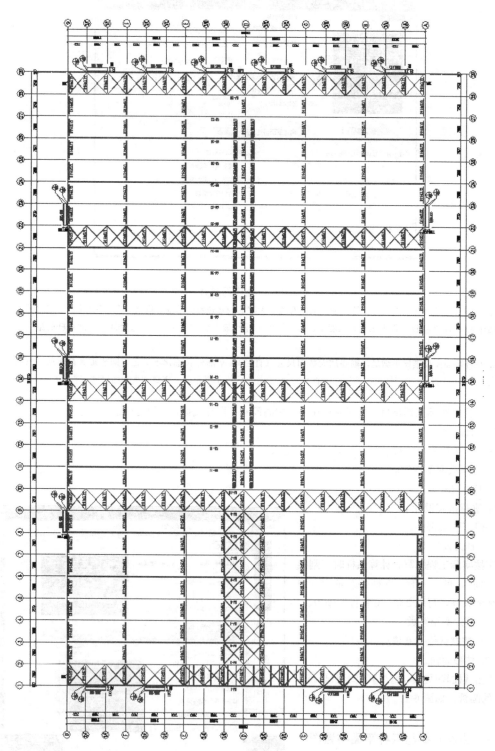

图 6-114　屋面支撑布置

268

6.9 柱间支撑设计

6.9.1 柱间支撑布置

1. 规范规定

《门规》8.2.1：柱间支撑一般应设在侧墙柱列，当房屋宽度大于 60m 时，在内柱列宜设置柱间支撑。当有吊车时，每个吊车跨两侧柱列均应设置吊车柱间支撑。

《门规》8.2.2：同一柱列不宜混用刚度差异大的支撑形式。在同一柱列设置的柱间支撑共同承担该柱列的水平荷载，水平荷载按各支撑的刚度进行分配。

《门规》8.2.3：柱间支撑一般采用的形式为：门式框架支撑、圆钢或钢索交叉支撑、型钢交叉支撑、方管（圆管）人字支撑等。当有吊车时，吊车牛腿以下交叉支撑应选用型钢交叉支撑。

《门规》8.2.4：当房屋高度大于柱间距 2 倍时，柱间支撑宜分层设置。当沿柱高有质量集中点、吊车牛腿或低屋面连接点处应设置相应支撑点。

《门规》8.2.5：柱间支撑的设置应根据房屋纵向柱距、受力情况和温度区段等条件确定。当无吊车时，柱间支撑间距宜取 30～45m，端部柱间支撑宜设置在房屋端部第一或第二开间。当有吊车时，吊车牛腿下部支撑宜设置在温度区段中部，如温度区段较长时，宜设置在三分点内，且支撑间距不大于 50m。牛腿上部支撑设置原则与无吊车时的柱间支撑设置相同。

《门规》8.2.6：柱间支撑的设计，按支承于柱脚基础的竖向悬臂桁架计算；对于圆钢或钢索交叉支撑按拉杆设计，支撑中的刚性系杆按压杆设计。

注：柱间支撑当无吊车时宜取 30～45m，有吊车时间距不宜大于 60m，这一段可以这样理解：本质不是有无吊车的问题，而是采用柔性支撑还是刚性支撑的问题。柔性支撑刚度较小，支撑构件本身变形较大，吸收温度变形的能力较小，更谈不上利用螺旋连接间隙吸收温度变形的问题；而刚性支撑刚度较大，支撑构件本身基本上没什么变形，在纵向水平力作用下其螺栓连接间隙和构件变形吸收温度变形的能力较大，因此支撑间距亦可以大一些。

2. 经验

（1）当无吊车时，若厂房纵向长度不大于 45m 且设缝烈度不超过 7 度，一般可以不设置柱间支撑；当厂房纵向长度不大于 45m 时，可以在柱列的中部设置一道柱间支撑或者两端设置两道柱间支撑。其他情况由柱间支撑的间距宜取 30～45m，根据厂房纵向长度在厂房两端第一开间或第二开间布置柱间支撑或三分点处布置柱间支撑，同时将柱顶水平系杆设计成刚性系杆，以便将屋面水平支撑承受的荷载传递到柱间支撑上。

（2）当有吊车时，下段柱的柱间支撑位置一般不设置在两端，由于下段柱的柱间支撑位置决定纵向结构温度变形和附加温度应力的大小，因此应尽可能设在温度区段的中部，以减小结构的温度变形，若温度区段不大时，可在温度区段中部设置一道下段柱柱间支撑，当温度区段大于 120m 时，可在温度区段内设置两道下段柱柱间支撑，其位置宜布置在温度区段中间三分之一范围内，两道支撑的中心距离不宜大于 60m，以减少由此产生的温度应力。上段柱的柱间支撑，一般除在有下段柱柱间支撑的柱距间布置外，为了传递端部山墙风力及地震作用和提高房屋结构上部的纵向刚度，应在温度区段两端设置上段柱柱间支撑。温度区段两端的上柱柱间支撑对温度应力的影响较小，可以忽略不计。

（3）当柱间支撑因建筑物使用要求不能设置在结构设计所要求的理想位置时，也可以偏离柱列中部设置。柱间支撑可设计成交叉形，也可以设计成八字形、门形，设置设计成刚架形式。在同一建筑物中最好使用同一类型的柱间支撑，不宜几种类型的柱间支撑混合使用。若因为功能要求如开大门、窗或有其他因素影响时，可采用刚架支撑或桁架支撑。当必须混合使用支撑系统时，应尽可能使其刚度一致，如不能满足刚度一致要求时，则应具体分析各支撑所承担的纵向水平力，确保结构稳定、安全，同时还应注意支撑设置的对称性。

（4）如建筑物由于使用要求，不允许各列中柱间放任何构件，此时厂房设计需采取特殊处理。处理方案可采用增加多道屋盖横向水平支撑保证屋盖整体刚性，同时增加两侧柱列的柱间支撑，以保证厂房纵向的刚度。如果纵向不许设置柱间支撑，需要柱子本身来确保纵向刚度，通常是将采用柱脚刚接，采用箱形柱等方法。

（5）有吊车时，柱间支撑应在牛腿上下分别设置上柱支撑和下柱支撑。当抗震设防烈度为 8 度或有桥式吊车时，厂房单元两端内宜设置上柱支撑。厂房各列柱的柱顶，应设置通长的水平系杆。十字形支撑的设计，一般仅按受拉杆件进行设计，不考虑压杆的工作。在布置时，其倾角一般按 35°～55°考虑。

（6）若厂房一跨有吊车，一跨无吊车，有吊车的一侧应用刚性支撑，没吊车的一侧可用柔性支撑，有吊车的一侧，上下支撑应分开，无吊车的一侧可不分开；若水平力可以通过其他途径传递到基础，如通过屋面水平支撑传递到两侧去，则中柱不必设 X 支撑。柱间支撑可以错位。抗风柱与抗风柱之间一般没必要设置柱间支撑，因为对整榀刚架的抗侧刚度帮助不是很大。

（7）柱间支撑的本质是通过改变力流的传递途径，引导力流传至基础顶，减小在水平力作用时的力臂（$M = F \cdot D$）。

6.9.2　柱间支撑构造

柱间支撑在建筑物跨度小、高度较低、无吊车或吊车 5t 以下时可用张紧的圆钢做成交叉形的拉杆；20t 以下时可用单角钢、槽钢或者圆钢管并按压弯构件进行设计；大于 20t 时可用双角钢或圆钢管。一般跨度越大，吊车起重量越大且工作级别越高，支撑的刚度应越大。

6.9.3　PKPM 程序操作

点击【钢结构/钢结构二维设计/7. 工具箱】→【钢结构工具/计算与绘图】，在弹出的对话框（图 6-107）中点击"2 柱间支撑计算"，如图 6-115 所示。

参数注释：

1. 支撑类型

一般选择"交叉支撑"分别算"上柱交叉支撑"与"下柱交叉支撑"。

2. 钢材型号

一般选择，1-Q235 钢，方便购买。

3. 构件名称

自己命名。

4. 截面类型

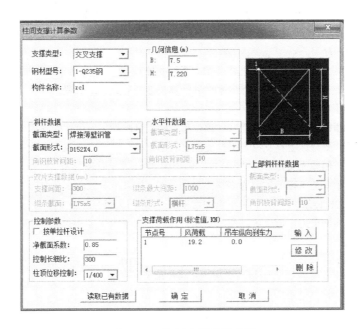

图 6-115　柱间支撑计算参数

注：柱间支撑长细比不满足时，一般加大截面尺寸，强度验算不满足
时，一般应加大截面尺寸。

无吊车时，当圆钢作为交叉柱间支撑（直径不大于 30mm），且柱顶纵向最大水平位移小于 1/1000 时，可以作为交叉柱间支撑使用；否则应该要用圆管或角钢（上柱支撑与下柱支撑）。20t 以下时，可用单角钢或者圆钢管；大于 20t 时，可用双角钢或圆钢管。

5. 截面形式

有吊车时，一般用圆管或者角钢。圆管最小 89mm×3mm，角钢最小 63mm×5mm；一般自己根据经验拿一个截面形式试算一下，再根据长细比（有时候也是强度）验算截面是否合理。

6. 按单拉杆设计

一般应勾选；一般来说，轻钢厂房、重钢厂房，交叉柱间支撑都可以按拉杆控制长细比，但前提是轻级、中级工作制，当为重击工作制时，由于对柱顶纵向水平位移控制很严格，一般交叉柱间支撑按压杆设计。

7. 净截面系数

一般可填写 0.85。

8. 控制长细比

对于轻型门式刚架，当采用交叉柱间支撑时，长细比可按受拉杆件控制，参考《门规》3.4.2-2 条（受拉构件），上柱支撑极限值为 400，下柱支撑极限值为 300；对于轻型门式刚架，当下柱支撑因为开门等原因不可以采用交叉柱间支撑时长细比应按受压杆件控制，参考《门规》3.4.2-1 条（受压构件），下柱支撑极限值按其他构件 220 控制，上柱支撑可采用交叉支撑，限值可按 400 控制。

对于中、重级与特重级或超过 20t 的门式刚架厂房，当为非抗震时且采用交叉柱间支撑时，可参考《钢标》GB 50017—2017 第 8.4.5（受拉构件）：当为非地震区时，A1～A5 级工作制厂房的上柱交叉支撑最大长细比为 400，下柱交叉支撑最大长细比为 300；A6～A7 级吊车厂房的上柱交叉支撑最大长细比为 350，下柱交叉支撑最大长细比为 200。当柱下支撑因为开门等原因不可以采用交叉支撑时，可参考《钢标》GB 50017—2017 表 8.4.4（受压构件），柱下支撑长细比限值为 150。当为抗震地区时，可参考《抗规》表 9.1.23：为地震区时，6 度和 7 度 I、II 类场地上柱交叉支撑最大长细比为 250，下柱交叉支撑最大长细比为 200，7 度Ⅲ和Ⅳ类场地、8 度Ⅰ、Ⅱ类场地上柱交叉支撑最大长细比为 250，下柱交叉支撑最大长细比为 150，8 度Ⅲ类场地上柱交叉支撑最大长细比为 200，下柱交叉支撑最大长细比为 120。

9. 几何信息：B、H

B 为柱距，H 为柱间支撑的高度（上柱支撑与下柱支撑），如果带有吊车，吊车梁往往是柱子平面外计算长度的支撑点，上柱支撑与下柱支撑的平面外计算长度分界线为吊车梁。

10. 支撑荷载作用

对于吊车荷载，横向力由刚架柱承受，柱顶位移控制，纵向刹车力由柱间支撑承受。

柱间支撑的计算，要分区上柱支撑与下柱支撑，有吊车时，往往在端部只有上柱支撑而没有柱间支撑。假设某个厂房，一侧屋面支撑计算"0 杆件"轴力为 28kN，上柱支撑有 5 个，下柱支撑有 5 个，计算时上柱支撑时，每个上柱支撑的轴力为 $28×2/5＝11kN$，如果吊车纵向水平力为 40kN，则每个下柱支撑的轴力为 [56kN(上柱传来)＋40kN(吊车纵向水平力)]$/5＝19.2kN$；点击图 6-115 中的输入，即可输入：风荷载＋吊车纵向刹车力；但也可以考虑实际受力时，水平力主要由端部柱间支撑承受，端部柱间支撑应适当地加大截面。

柱间支撑纵向吊车刹车力：应按《荷规》5.1.2：吊车纵向水平荷载标准值，应按作用在一边轨道上所有刹车轮的最大轮压之和的 10% 采用；该项荷载的作用点位于刹车轮与轨道的接触点，其方向与轨道方向一致。需要注意的是：吊车轮压是查看吊车样本，sts 程序计算的为影响线组合后的最大反力。一跨刚架里面，可能有两台吊车或者多台吊车，一般最多按两台吊车组合。

"0 杆件"轴力为 28kN，对于钢架两端的柱间支撑，风荷载传递给其的风荷载总轴力为 $28×2＝56kN$；对于非两端的柱间支撑，风荷载传递给其的风荷载总轴力为 $28×4＝112kN$。

11. 柱顶位移控制

一般来说，不用程序中的参数来控制纵向柱顶水平位移。为了把柱间支撑当作侧向不动点，保证平面外计算长度，一般柱顶位移不超过 1/1000，可以自己建模验算。具体操作过程如图 6-116～图 6-119 所示（以其他工程为实例）。

点击【钢结构/钢结构二维设计/2. 框架】→【框架】，在弹出的对话框中输入跨度和层高，如图 6-116 所示。

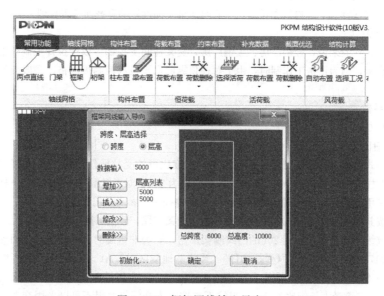

图 6-116　框架网线输入导向

点击【轴线网格/连续直线】，绘制柱间支撑的网格，如图 6-117 所示。

点击【构件布置/柱布置】，定义柱子截面比如 500×250×250×8×10×10，布置后如图 6-118 所示。

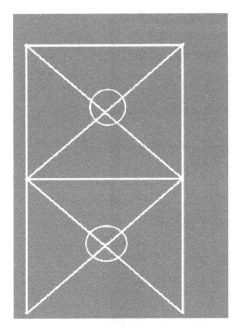

图 6-117　"连续直线"绘制柱间支撑网格

注：点击"取消节点"，将图 6-117 中画圈的节点取消。

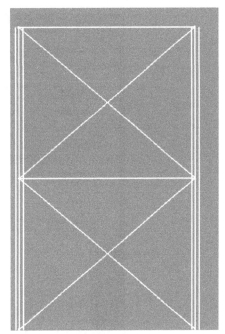

图 6-118　柱布置

点击【柱布置/增加】，定义 114mm×3mm 的圆管，布置在图 6-119 的画圈的网格上。

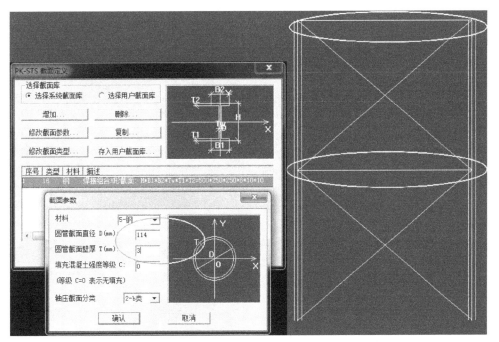

图 6-119　系杆定义与布置

点击【构件布置/柱布置/增加】，定义 22mm 的圆钢（有吊车时应定义角钢），在交叉网格上布置直径 22 的圆钢，如图 6-120 所示。

图 6-120　柱间支撑定义与布置

点击【构件布置/设单拉杆】，把柱间支撑设为"拉杆"，如图 6-121 所示。

点击【约束布置/布置柱铰】，按回车键，按 Tab 键切换为窗口选择模式，框选整个模型，如图 6-122 所示。

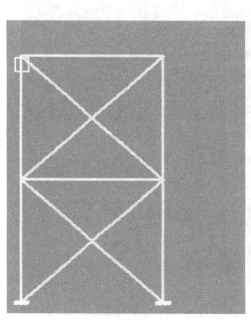

图 6-121　设单拉杆

图 6-122　布置柱铰

在风荷载框范围内，点击【荷载布置/节点荷载】，在图 6-123 中"水平风载 PX"输入风荷载值，点击确定，在图 6-123 画圈中的节点处布置水平节点风荷载。

点击【选择工况】，选择"右风"，【荷载布置/节点荷载】，在图 6-123 对话框中"水平风载 Px"输入－27.1，然后布置在图 6-123 中画圈的节点上。

点击【结构计算/参数输入】，把结构类型修改为"3-多层钢结构厂房"，设计规范改为"0-按钢结构设计规范计算 GB 50017—2017"，点击【计算结果查询】，查看"结构位移"，如图 6-124 所示。

6.9.4 柱间支撑平面布置图

柱间支撑平面布置如图 6-125 所示。

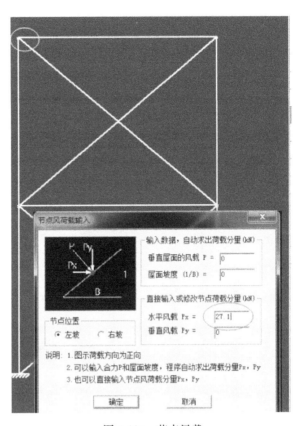

图 6-123 节点风载

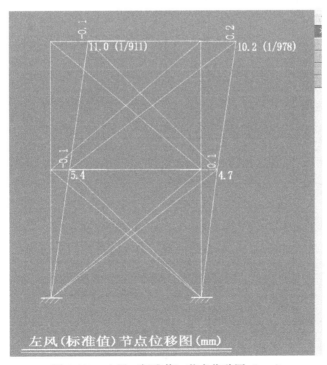

图 6-124 左风（标准值）节点位移图（mm）

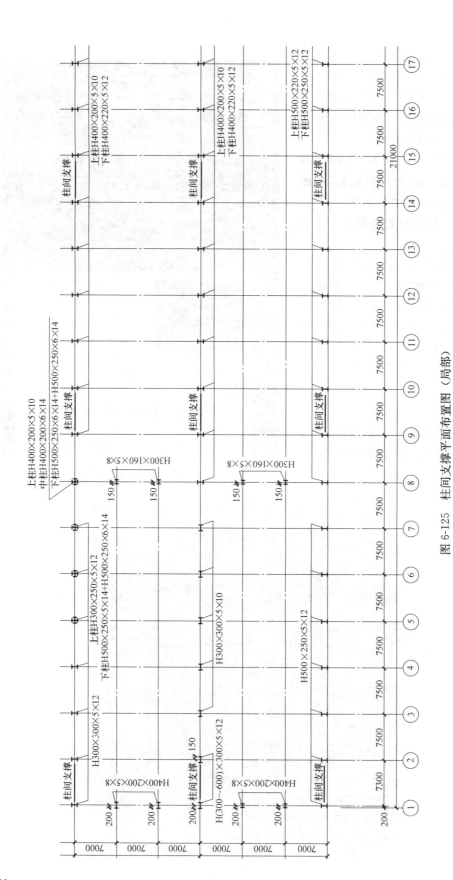

图 6-125　柱间支撑平面布置图（局部）

6.9.5 柱间支撑节点图

柱间支撑节点如图 6-126、图 6-127 所示。

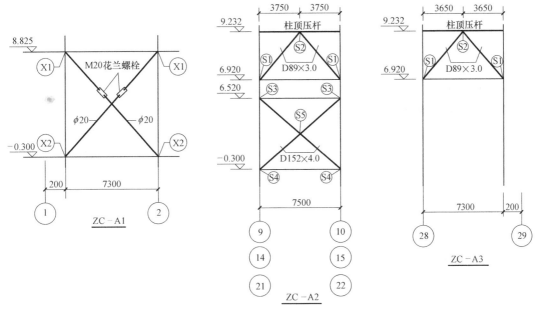

图 6-126　柱间支撑节点（1）

注：吊车梁上面一般采用倒 V 形柱间支撑，是为了满足概念设计"传力途径短"。

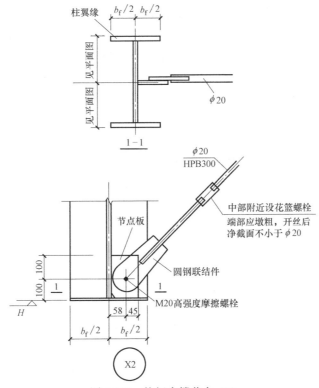

图 6-127　柱间支撑节点（2）

6.10 檩条、拉条、隅撑设计

6.10.1 檩条设计

1. 檩条的作用

（1）屋面檩条

屋面檩条盖结构体系中次要的承重结构，它将屋面荷载传递到刚架。一般用隅撑＋檩条来保证构件受压翼缘的平面外稳定性。

当屋盖水平支撑设置在端部第二开间时，上墙水平风荷载必须通过第一开间的压杆传至水平支撑桁架上，如不单独设置压杆，则将檩条兼作压杆，此时需按压弯构件来设计。天沟一般为薄钢板完成，不足以承受天沟积水时的荷载，可在天沟下设置檩条承受积水时的荷载。

（2）墙面檩条（墙梁）

墙梁主要承受墙体材料的重量及风荷载。墙梁的两端通常支承于建筑物的承重柱或墙架柱上，墙体荷载通过墙梁传给柱。当墙梁有一定竖向承载力且墙板落地及与墙板间有可靠连接时，可不设中间柱，并可不考虑自重引起的弯矩和剪力。

2. 檩条截面及形式

（1）檩条截面

实腹式檩条的截面高度一般取跨度的 $1/35 \sim 1/50$，宽度取高度的 $1/2 \sim 1/3$，厚度应考虑腐蚀作用且一般不应小于 1.8mm。

设计时尽量选择标准截面，常用的标准截面高度有：200mm、220mm、250mm，常用的标准截面厚度有 2.0mm、2.2mm、2.5mm，若需选择非标准截面，可通过"檩条库"选项增加截面参数。可参考《钢结构设计手册》和《冷弯薄壁型钢结构技术规范》，但需要注意的是非标准截面的截面厚度一般不得大于 3.0mm，非标准截面的截面高度一般不宜大于 280mm，若高度大于 280mm，须采用加强措施，避免檩条侧向失稳。

（2）檩条形式

① 屋面一般采用斜卷边 Z 形连续檩条，材质为 Q345。当柱距≥12m，且屋面荷载较大时，可采用格构式檩条或高频焊接 H 型钢。Z 形檩条按连续梁设计，能节约钢材。

② 柱距不超过 9m 时，墙梁一般按照 C 形简支墙梁设计；柱距 12m 时，墙梁一般按照 Z 形连续墙梁进行设计。用窗户的地方不要用连续墙梁，改成方管或双拼简支 C 型钢。

3. 檩条构造

（1）规范规定

《门规》9.1（屋面檩条）：

9.1.1 檩条宜优先采用实腹式构件，也可采用桁架式构件；跨度大于 9m 的简支檩条宜采用桁架式构件。

9.1.2 实腹式檩条宜采用直卷边槽形和斜卷边 Z 形冷弯薄壁型钢，斜卷边角度宜 60° 左右，也可采用直卷边 Z 形冷弯薄壁型钢或高频焊接 H 型钢。

9.1.3 实腹式檩条可设计成单跨简支构件，也可设计成连续构件，连续构件可采用嵌套搭接方式组成，计算檩条挠度和内力时需考虑因嵌套搭接方式松动引起刚度的变化。

实腹式檩条也可以采用多跨静定梁模式（图 3-128），跨内檩条的长度 a 宜为 $0.8L$，檩条端头的节点应有刚性连接件夹住构件的腹板使节点具有抗扭转能力，跨中檩条的整体稳定按节点檩条或反弯点之间檩条为简支梁模式计算。

图 6-128　多跨静定梁模式

9.1.4　实腹式檩条卷边的宽厚比不宜大于 13，卷边宽度与翼缘宽度之比不宜小于 0.25，不宜大于 0.326。

9.1.6　当檩条腹板高厚比大于 200 时，应设置檩托板连接檩条腹板传力；当腹板高厚比不大于 200 时，也可不设置檩托板，由翼缘支承传力，但需按下列公式计算檩条的局部屈曲承压能力。

9.1.7　利用檩条兼做屋面横向水平支撑压杆和纵向系杆时，檩条长细比不应大于 200。

9.1.9　悬挂在屋面上的普通集中荷载宜通过螺栓后自攻钉直接作用在檩条的腹板上，也可在檩条之间加设冷弯薄壁型钢作为扁担支承悬挂荷载，冷弯薄壁型钢扁担与檩条间的连接宜采用螺栓或自攻钉连接。

9.1.10　檩条与刚架的连接和檩条与檩条的连接应符合下列规定：

（1）屋面檩条与刚架斜梁宜采用普通螺栓连接，檩条每端应设两个螺栓（图 6-129）。檩条宜采用林托板连接，檩条高度较大时，林托板宜设加劲肋板。嵌套搭接方式的 Z 形连续檩条，当有可靠依据时，可不设置檩托，由 Z 形檩条翼缘用螺栓连于刚架上。

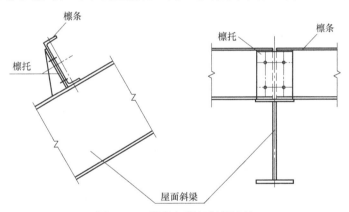

图 6-129　檩条与刚架斜梁连接

（2）连续檩条的搭接长度 $2a$ 宜不小于 10%的檩条跨度（图 6-130），嵌套搭接部分的檩条应采用螺栓连接，按连接檩条支座处弯矩验收螺栓连接强度。

檩条之间的拉条和撑杆直接连接于檩条腹板上，采用普通螺栓连接（图 6-131），斜拉条端部宜弯折或设置垫块（图 6-132、图 6-133）。

（3）屋脊两侧檩条之间可用槽钢、角钢和圆钢相连（图 6-134）。

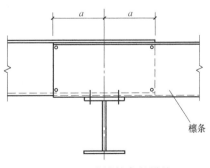

图 6-130　连续檩条的搭接

《门规》9.4（墙面檩条）

9.4.1　轻型墙体结构的墙梁宜采用卷边槽形或卷边 Z 形的冷弯薄壁型钢或高频焊 H 型钢，兼做窗梁和门框等构件宜采用卷边槽形冷弯薄壁型钢或组合矩形截面构件。

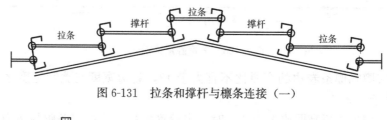

图 6-131　拉条和撑杆与檩条连接（一）

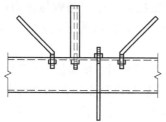

图 6-132　拉条和撑杆与檩条连接（二）

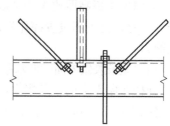

图 6-133　拉条和撑杆与檩条连接（三）

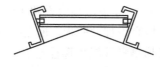

(a)

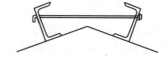

(b)

图 6-134　屋脊檩条连接

(a) 屋脊檩条用槽钢相连；(b) 屋脊檩条用圆钢相连

9.4.2　墙梁可设计成简支或连续构件，两端支承在刚架柱上，墙梁主要承受水平风荷载，宜将腹板置于水平面。当墙板底部端头自承重且墙梁与墙板间有可靠连接时，可不考虑墙面自重引起弯矩和剪力。当墙梁需承受墙板重量时，应考虑双向弯曲。

9.3.4　当墙梁跨度为 4～6m 时，宜在跨中设一道拉条；当墙梁跨度大于 6m 时，宜在跨间三分点处各设一道拉条。在最上层墙梁处宜设斜拉条将传力传至承重柱或墙架柱；当墙板的竖向荷载有可靠途径直接传至地面或托梁时，可不设传递竖向荷载的拉条。

（2）经验

① 轻型房屋中，檩条应优先选用冷弯薄壁型钢，其材料强度提高，塑性降低，檩条材料一般采用 Q345 钢（强度控制），也可以采用 Q235 钢。

② 檩条的间距一般控制在 1.0～1.5m，常用的间距有 1.2m、1.4m、1.5m。檩条间距不得超过 1.5m；对于屋面荷载较大的部位（例如高低垮处），局部檩条间距可以小于 1m。屋檐处往往荷载较大，此位置处的檩条间距可适当取小一点。

③ 第一道檩条的位置需要根据檐口节点（天沟大样）进行调整，一般檩条与梁边的距离一般至少 500mm，无天沟时，檩条与钢梁边的距离一般至少 200mm。脊檩一般可偏离屋脊 200～300mm。

④ 轻型墙体结构的墙梁宜采用卷边槽形或 Z 形的冷弯薄壁型钢。通常墙梁的最大刚度平面

在水平方向，以承担水平风荷载。槽口的朝向应视具体情况而定：槽口向上，便于连接，计算应力比小，但容易积灰积水，钢材易锈蚀；槽口向下，不易积灰积水，但连接不便。

⑤ 实腹式檩条一般搁置在刚架斜梁上翼缘。上翼缘上表面焊短角钢或连接板与檩条相连。考虑到连接板的焊缝与檩条相碰的情况，以及避免檩条变位与上翼缘相互影响，一般将檩条抬高 5~10mm。简支檩条之间通常用 4 个 M12，4.6S，孔 14mm 的普通螺栓连接。

4．PKPM 程序操作

点击【钢结构/钢结构二维设计/7．工具箱】→【钢结构工具/简支檩条、简支墙梁、连续檩条、连续墙梁】，图 6-135~图 6-139 所示。

图 6-135　钢结构工具（2）

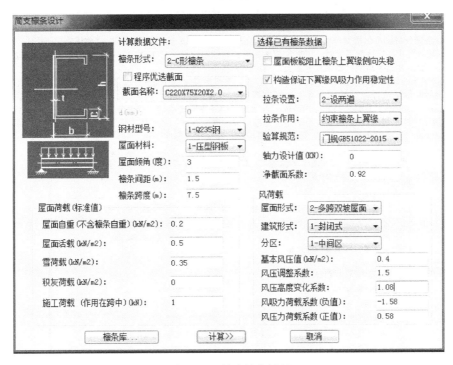

图 6-136　简支檩条计算

注：1．檩条设计时，可以根据经验在"截面名称"中选择檩条，然后根据"强度""整体稳定性"与"挠度"计算结构更改檩条截面尺寸；当挠度不够时，可以加檩条高度；整体稳定性一般不够时，一般加檩条高度；强度不够时，如果相差较大，一般加大檩条高度，如果相差不大，可以加大檩条厚度；

2．实腹式檩条的截面高度一般取跨度的 1/35~1/50，宽度取高度的 1/2~1/3，厚度应考虑腐蚀作用且一般不应小于 1.8mm。设计时尽量选择标准截面，常用的标准截面高度有：200mm、220mm、250mm，常用的标准截面厚度有2.0mm、2.2mm、2.5mm，若需选择非标准截面，可通过"檩条库"选项增加截面参数。可参考《钢结构设计手册》和《冷弯薄壁型钢结构技术规范》，但需要注意的是非标准截面的截面厚度一般不得大于 3.0mm，非标准截面的截面高度一般不宜大于 280mm，若高度大于 280mm，须采用加强措施，避免檩条侧向失稳。

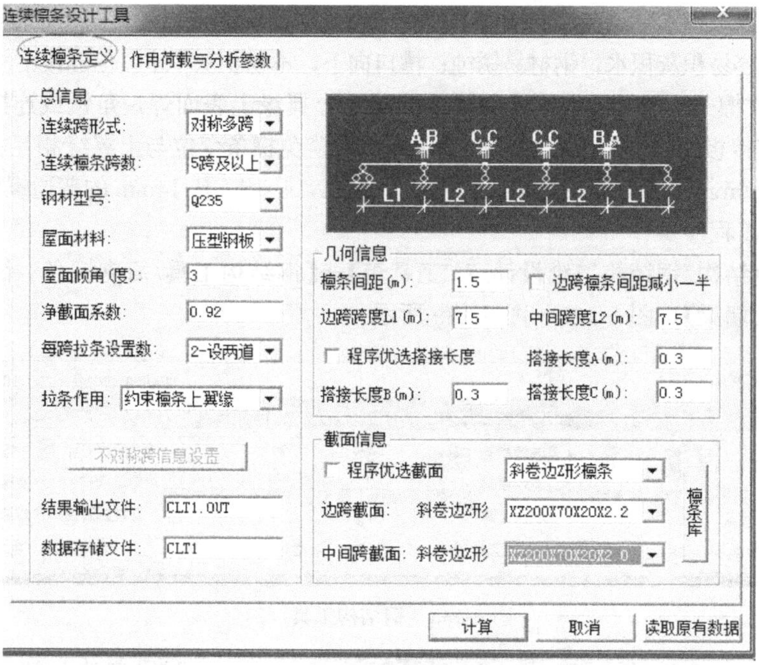

图 6-137　连续檩条定义

注：1．檩条设计时，可以根据经验在"截面名称"中选择檩条，然后根据"强度"、"整体稳定性"与"挠度"计算结构更改檩条截面尺寸；当挠度不够时，可以加檩条高度；整体稳定性一般不够时，一般加檩条高度；强度不够时，如果相差较大，一般加大檩条高度，如果相差不大，可以加大檩条厚度；

2．实腹式檩条的截面高度一般取跨度的 $1/35\sim1/50$，宽度取高度的 $1/2\sim1/3$，厚度应考虑腐蚀作用且一般不应小于 1.8mm。设计时尽量选择标准截面，常用的标准截面高度有：200mm、220mm、250mm，常用的标准截面厚度有2.0mm、2.2mm、2.5mm，若需选择非标准截面，可通过"檩条库"选项增加截面参数。可参考《钢结构设计手册》和《冷弯薄壁型钢结构技术规范》，但需要注意的是非标准截面的截面厚度一般不得大于 3.0mm，非标准截面的截面高度一般不宜大于 280mm，若高度大于 280mm，须采用加强措施，避免檩条侧向失稳。

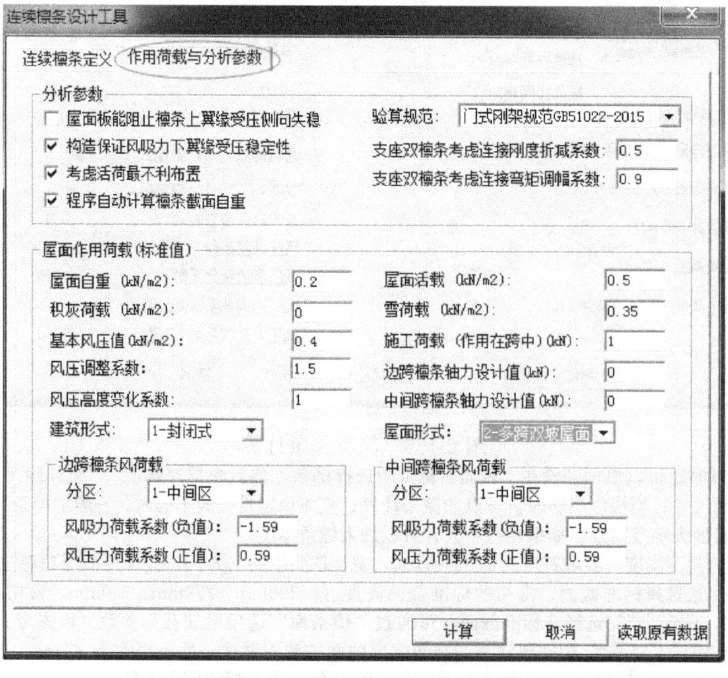

图 6-138　作用荷载与分析参数

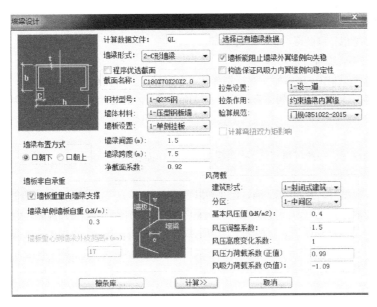

图 6-139　墙梁设计

注：连续墙梁的参数设置可参考连续屋檩参数设置与墙支墙梁的参数设置。檩条设计时，可以根据经验在"截面名称"中选择檩条，然后根据"强度""整体稳定性"与"挠度"计算结构更改檩条截面尺寸；当挠度不够时，可以加檩条高度；整体稳定性不够时，一般加檩条高度；强度不够时，如果相差较大，一般加大檩条高度，如果相差不大，可以加大檩条厚度。

参数注释：

1. 计算数据文件

自己命名。

2. 檩条形式

一般可选择 2-C 檩条。"檩条形式"：目前可计算的檩条截面形式包括简支的冷弯薄壁型钢 C 形、Z 形（斜卷边和直卷边）、对 C 形口对口组合、双 C 形背对背组合、普通槽钢、轻型槽钢、薄壁矩形钢管等。截面名称可由列表框中选取，当截面形式为冷弯薄壁型钢时，如果列表中没有所需要的截面，可以点取"檩条库…"按钮，定义或修改截面。当柱距比较大时，为了有更好的经济性，一般采用 Z 形斜卷边连续檩条，在"连续檩条"中计算。

3. 钢材型号

应根据市场供货情况来选择，以前 Q345 檩条不好买，所以一般均采用 Q235 钢。如果市场上有 Q345 檩条，建议采用 Q345 钢。

4. 屋面材料

应根据实际工程填写，一般可选择"压型钢板"。屋面材料选择时，若有吊顶，须选取"有吊顶"选项，"有吊顶"和"无吊顶"的"压型钢板"挠度限值不同。

5. 屋面倾角（度）

建筑图所标的是坡度，需要换算成角度。有弧形屋面梁时，须考虑檩条倾角的不断变化。某工程坡度若为 6%，可以在 CAD 中按照长度画一个直角三角形，然后测量出其角度即可。

6. 檩条间距

应按实际工程填写，一般为 1.5m。

7. 檩条跨度

应按实际工程填写，可填柱距。

8. 净截面系数

该参数主要是考虑开洞的影响，一般可填写 0.92。

9. 屋面自重（不含檩条自重）

一般可填写 0.2；檩条＋玻璃棉＋双层钢板＝0.20kN/m²。当柱距不超过 9m 时，可取 0.3kN/m²；柱距 12m 时，取 0.35kN/m²，需要注意的是，有吊顶的厂房，需要计算吊顶重量（及风管重量），然后叠加到屋面自重中。

10. 屋面活载

应按实际工程填写，一般可填写 0.5；当受荷水平投影面积大于 60m² 时，可填写 0.3kN/mm²。

11. 雪荷载

一般按实际工程填写，按 50 年一遇，但要乘以雪荷载不均匀系数的取值：（1）普通位置不均匀系数 1.25（全部屋面均乘 1.25）；（2）高低跨处不均匀系数 2.0（影响范围：2 倍的高差，但不小于 4m，不大于 8m）；（3）屋顶通风器和屋顶天窗两侧不均匀系数 2.0（规范中取 1.1，考虑到实际情况，可取 2.0；影响范围同高低跨处）；（4）注意一些地区的特殊规定：沈阳地区规定雪荷载的不均匀系数提高 1.5 倍，且按照百年一遇的基本雪压进行考虑。

12. 积灰荷载

一般可按默认值，填写 0；如果要积灰荷载，可按实际工程填写。

13. 施工荷载（作用在跨中）

一般可填写 1kN，作用在檩条跨中。

14. 屋面板能阻止檩条上翼缘侧向失稳

一般不勾选，因为彩板一般不打自攻钉，此时程序默认按《门规》式（6.3.7-2）计算。

15. 构造保证下翼缘风吸力作用稳定性

由于彩板一般打自攻钉与檩条相连接，一般应勾选。屋面下层彩钢板一般可以起到约束檩条下翼缘的作用。拉条作用可以选择"约束檩条上翼缘"。如果不勾选，拉条作用可以选择"同时约束檩条上下翼缘"。

16. 拉条设置

一般选择设置两道拉条。当檩条跨度≤4m 时，可按计算要求确定是否设计拉条；当檩条跨度 4m＜L≤6m，对荷载或檩距较小的檩条可设置一道拉条；对荷载及檩距较大，或跨度大于 6m 的檩条可设置两道拉条。也可以根据是否勾选"构造保证下翼缘风吸力作用稳定性"来选择设置一道拉条还是两道拉条，当勾选时，可只设置一道，约束檩条上翼缘。

17. 拉条作用

应根据实际工程选取，"构造保证下翼缘风吸力作用稳定性"勾选时，可以选择"约束檩条上翼缘"，"构造保证下翼缘风吸力作用稳定性"不勾选时，选择"同时约束檩条上下翼缘"。

18. 验算规范

程序提供两种验算规范，《门规》《冷弯薄壁型钢规范》。对于冷弯薄壁型钢檩条，可以选择按门式刚架规程进行验算。

19. 轴力设计值

通常单独设置刚性系杆，因此可按程序默认的 0。输入轴力设计值（＞0），程序自动认为所计算檩条为刚性檩条，按压弯构件进行计算，计算书中将详细给出压弯构件验算项目。一般檩条按受弯构件考虑，轴力为 0；当考虑檩条兼做系杆时，轴力设计值包括山墙风荷载和吊车水平力可通过手工计算得到。

20. 屋面形式

根据实际情况选用。

21. 建筑形式

一般选择"封闭式类型"。

22. 分区

一般选择"中间区",也可根据实际工程情况选择"边缘带",但体型系数更大。

23. 基本风压值

根据实际工程填写。

24. 风压高度变化系数

查《建筑结构荷载规范》GB 50009—2012 第 8.2.1 条。

25. 风压调整系数

《门规》GB 51022—2015 第 4.2.1 条,应填写 1.5。

26. 风吸力荷载系数(负值)、风压力荷载系数(正值)

一般可按程序自动算出的体型系数,输入风荷载信息时,程序可以根据建筑形式、分区,自动按规范给出风荷载体型系数,用户也可以修改或直接输入该体形系数。

参数注释:

1. 连续跨形式

应根据实际工程填写,一般可选择"对称多跨"。

2. 连续檩条跨数

应根据实际工程填写,一般可选择"5 跨及以上";可以选择的跨数有 2～5 跨,当超过 5 跨的时候,可以近似按 5 跨计算。考虑到斜卷边 Z 形容易嵌套做成连续形式,而且运输方便,通常实际中都是主要选用斜卷边 Z 形打结形成连续檩条,该工具计算提供了斜卷边 Z 形截面形式、C 形截面形式的连续檩条的计算。C 形截面形式常用于不搭接 2～3 跨一连续的情况,这时搭接长度输入 0 即可。没有搭接的情况下,支座位置按单根檩条考虑,后面的刚度折减、弯矩条幅参数自动失效。

不是所有的屋面檩条都是 5 连跨,下列情况就需要考虑檩条的实际跨度:(1)屋顶通气器和屋顶天窗在端跨一般不设置(有时候第二跨也不设置),此时檩条为单跨简支(或两跨连续);(2)屋面有横向采光通风天窗或顺坡通气器时,檩条可能会被打断,檩条应根据实际情况确定跨数;(3)檩条本身的跨数就少于 5 跨。

3. 钢材型号

应根据市场供货情况来选择,以前 Q345 檩条不好买,所以一般均采用 Q235 钢。如果市场上有 Q345 檩条,建议采用 Q345 钢。

4. 屋面材料

应根据实际工程填写,一般可选择"压型钢板"。屋面材料选择时,若有吊顶,须选取"有吊顶"选项,"有吊顶"和"无吊顶"的"压型钢板"挠度限值不同。

5. 屋面倾角(度)

建筑图所标的是坡度,需要换算成角度。有弧形屋面梁时,须考虑檩条倾角的不断变化。某工程坡度若为 6%,可以在 CAD 中按照长度画一个直角三角形,然后测量出其角度即可。

6. 净截面系数

该参数主要是考虑开洞的影响,一般可填写 0.92。

7. 每跨拉条设置数

一般选择 2-设置两道;当檩条跨度≤4m 时,可按计算要求确定是否设计拉条;当檩条跨度 4m<L≤6m,对荷载或檩距较小的檩条可设置一道拉条;对荷载及檩距较大,或跨度大于 6m 的檩条可设置两道拉条。也可以根据是否勾选"构造保证下翼缘风吸力作用稳定性"来选择设置一道拉条还是两道拉条,当勾选时,可只设置一道,约束檩条上翼缘。

8. 拉条作用

应根据实际工程选取,"构造保证下翼缘风吸力作用稳定性"勾选时,可以选择"约束檩条上翼缘",

"构造保证下翼缘风吸力作用稳定性"不勾选时，选择"同时约束檩条上下翼缘"。

9. 结果输出文件、数据存储文件

自己命名。

10. 檩条间距

应根据实际工程填写，一般可填写 1.5。

11. 边跨檩条间距减小一半

一般不勾选。

12. 边跨跨度、中间跨度

应根据实际工程填写。

13. 程序优选搭接长度

当选择了该选项后，搭接长度输入项自动变灰，这时不用再人工输入搭接长度，程序会自动根据上述原则优选来确定搭接长度，并在结果文件中给出程序优选最终采用的搭接长度结果。优选搭接长度的结果首先满足连续性条件（10%跨长）的前提下，再根据弯矩分布情况，调整搭接长度，使檩条截面强度由跨中控制。

一般可不勾选，可自己填写。

14. 搭接长度 A、搭接长度 B、搭接长度 C：

檩条搭接长度取跨长的 10%（两边各 5%）。

15. 截面形式

对于连续檩条，一般选择"斜卷边 Z 形檩条"。

16. 边跨截面、中间跨截面

可以自己根据经验，选择合适的檩条截面，再根据计算结果，选择更合适的截面尺寸。

参数注释：

1. 屋面板能阻止檩条上翼缘侧向失稳

一般不勾选，因为彩板一般不打自攻钉，此时程序默认按《门规》式（6.3.7-2）计算。

2. 构造保证下翼缘风吸力作用稳定性

由于彩板一般打自攻钉与檩条相连接，一般应勾选。屋面下层彩钢板一般可以起到约束檩条下翼缘的作用。拉条作用可以选择"约束檩条上翼缘"。如果不勾选，拉条作用可以选择"同时约束檩条上下翼缘"。

3. 考虑活载最不利布置

程序考虑的活荷载不利布置方式为完全活荷载的最不利布置，该项的选取对内力及挠度计算结果影响较大，在无充分根据的前提下，通常应考虑。

4. 程序自动计算檩条截面自重

一般应勾选。

5. 支座双檩条考虑连接刚度折减系数

一般可按默认值 0.5 填写。该参数主要用于内力分析时，支座双檩位置的双檩刚度贡献，考虑到冷弯薄壁型钢檩条的特殊连接方式，不同于常规的栓焊固结连接，对双檩叠合考虑连接对双檩刚度应进行折减，有关资料建议可按单倍刚度计算（即该参数可以选取 0.5）。该项对内力分析结果有一定的影响，折减的越多，支座部位负弯矩相应较小，跨中弯矩相应会有所增大。

6. 支座双檩条考虑连接弯矩调幅系数

一般可填写 0.9；考虑到支座搭接区域有一定的搭接嵌固松动从而导致支座弯矩释放，因此需要对支座弯矩进行调幅，有关资料建议可以考虑释放支座弯矩的 10%（即调幅系数 0.9）。当考虑支座弯矩调幅时，程序对跨中弯矩将相应调整。

7. 屋面自重（不含檩条自重）

一般可填写 0.2；檩条＋玻璃棉＋双层钢板＝0.20kN/m²。当柱距不超过 9m 时，可取 0.3kN/m²；柱距 12m 时，取 0.35kN/m²，需要注意的是，有吊顶的厂房，需要计算吊顶重量（及风管重量），然后叠加到屋面自重中。

8. 积灰荷载

一般可按默认值，填写 0；如果要积灰荷载，可按实际工程填写。

9. 风压调整系数

《门规》GB 51022—2015 第 4.2.1 条，应填写 1.5。

10. 风压高度变化系数

查《建筑结构荷载规范》GB 50009—2012 第 8.2.1 条，对于表中没有的高度，可以采用插值法。

11. 建筑形式

可选择 1-封闭式。

12. 边跨檩条风荷载（分区）、中间跨檩条风荷载（分区）

一般选择，2-边缘带。

13. 风吸力荷载系数（负值）、风压力荷载系数（正值）

选择分区后，程序会自动计算。

14. 验算规范

程序提供 2 种验算规范，《门规》与《冷弯薄壁型钢规范》。对于冷弯薄壁型钢檩条，可以选择"《门规》GB 51022—2015"进行验算。

15. 屋面活载

应按实际工程填写，一般可填写 0.5；当受荷水平投影面积大于 60m² 时，可填写 0.3kN/mm²。

16. 雪荷载

一般按实际工程填写，按 50 年一遇，但要乘以雪荷载不均匀系数的取值：（1）普通位置不均匀系数 1.25（全部屋面均乘 1.25）；（2）高低跨处不均匀系数 2.0（影响范围：2 倍的高差，但不小于 4m，不大于 8m）；（3）屋顶通风器和屋顶天窗两侧不均匀系数 2.0（规范中取 1.1，考虑到实际情况，可取 2.0；影响范围同高低跨处）；（4）注意一些地区的特殊规定：沈阳地区规定雪荷载的不均匀系数提高 1.5 倍，且按照百年一遇的基本雪压进行考虑。

17. 施工荷载（作用在跨中）

一般可填写 1kN，作用在檩条跨中。

18. "边跨檩条轴力设计值""中间跨檩条轴力设计值"

一般可按默认值，填写 0；输入轴力设计值（＞0），程序自动认为所计算檩条为刚性檩条，按压弯构件进行计算，计算书中将详细给出压弯构件验算项目。一般檩条按受弯构件考虑，轴力为 0；当考虑檩条兼做系杆时，轴力设计值包括山墙风荷载和吊车水平力可通过手工计算得到。

参数注释：

1. 计算数据文件

自己命名。

2. 墙梁形式

一般选择，2-C 形墙梁。

3. 程序优选截面

一般不应勾选。

4. 截面名称

自己在檩条库中根据经验选择一个简支墙檩条试算，再根据计算结果进行调整。

5. 钢材型号

应根据市场供货情况来选择，以前 Q345 檩条不好买，所以一般均采用 Q235 钢。如果市场上有

Q345 檩条，建议采用 Q345 钢。

6. 墙体材料

应根据实际工程填写，一般可选择"压型钢板墙"。

7. 墙板设置

应根据实际工程填写，一般可选择，1-单侧挂板。

8. 墙梁间距

应根据实际工程填写，一般可填写 1.5m。

9. 墙梁跨度

应根据实际工程填写，一般可填写柱距。

10. 净截面系数

该参数主要是考虑开洞的影响，一般可填写 0.92。

11. 墙梁布置方式

一般选择口朝上，这样施工方便。但是通窗处，一般通窗处上面口朝上，通窗处下面口朝下。

12. 墙板非自承重（墙板重量由墙梁支撑）

应根据实际情况勾选，一般可勾选。

13. 墙梁单侧墙板自重

一般可取 0.3。

14. 墙板能阻止墙梁外翼缘侧向失稳

应勾选。墙面板与檩条之间一般会打钉，墙面板与底部圈梁相连，所以墙板能阻止墙梁外翼缘侧向失稳。

15. 构造保证风吸力内翼缘侧向稳定性

如果没有彩板且打自攻钉，一般不勾选。在实际工程中偏于安全，可不勾选。

16. 拉条设置

一般可选择设置一道拉条。

17. 拉条作用

一般可选择，约束墙梁内翼缘。

18. 验算规范

程序提供 2 种验算规范，《门规》与《冷弯薄壁型钢规范》。对于冷弯薄壁型钢檩条，可以选择"《门规》GB 51022—2015"进行验算。

19. 建筑形式

一般选择"封闭式类型"。

20. 分区

一般选择"中间区"，也可根据实际工程情况选择"边缘带"，但体型系数更大。

21. 风压调整系数

截面型号 1 为 $\square 220\times75\times20\times2.0$, $h_1=50$。

截面型号 2 为 $\square 220\times75\times20\times2.5$, $h_1=50$。

截面型号 3 为 $\square 200\times70\times20\times2.0$, $h_1=50$。

截面型号 4 为 $\square 180\times70\times20\times2.0$, $h_1=50$。

截面型号 5 为 $\square 180\times70\times20\times2.2$, $h_1=50$。

图 6-140 檩条截面尺寸

注：屋面檩条是截面型号 1～3，墙面檩条是截面型号 4～5。

《门规》GB 51022—2015 第 4.2.1 条，应填写 1.5。

22. 风压高度变化系数

查《建筑结构荷载规范》GB 50009—2012 第 8.2.1 条。

24. 风压力荷载系数（正值）、风吸力荷载系数（负值）

程序可以根据"建筑形式"，自动计算。

5. 檩条截面尺寸

檩条截面尺寸如图 6-140 所示。

6. 檩条相关节点

檩条相关节点如图 6-141～图 6-146 所示。

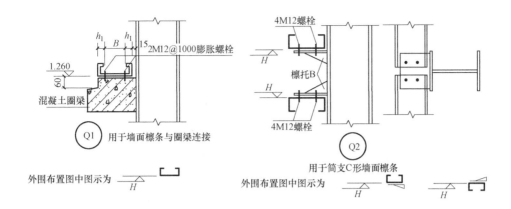

图 6-141 节点 1

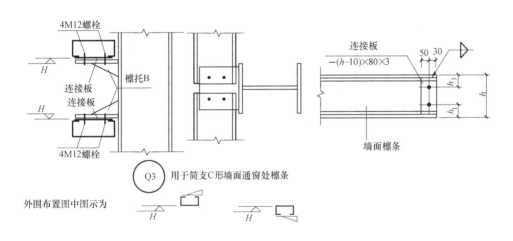

图 6-142 节点 2

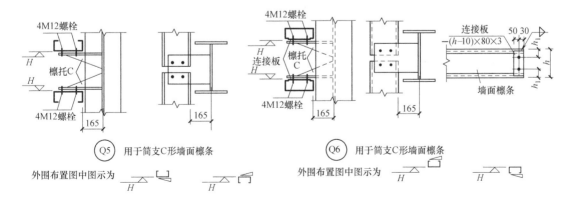

图 6-143 节点 3

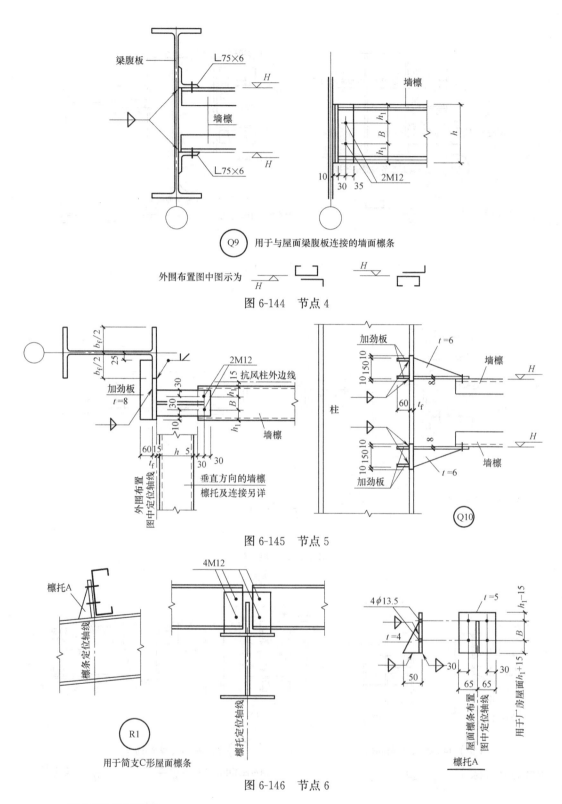

图 6-144　节点 4

图 6-145　节点 5

图 6-146　节点 6

7. 檩条平面布置图

屋面檩条平面布置如图 6-147、图 6-148 所示；外围布置图如图 6-149、图 6-150 所示。

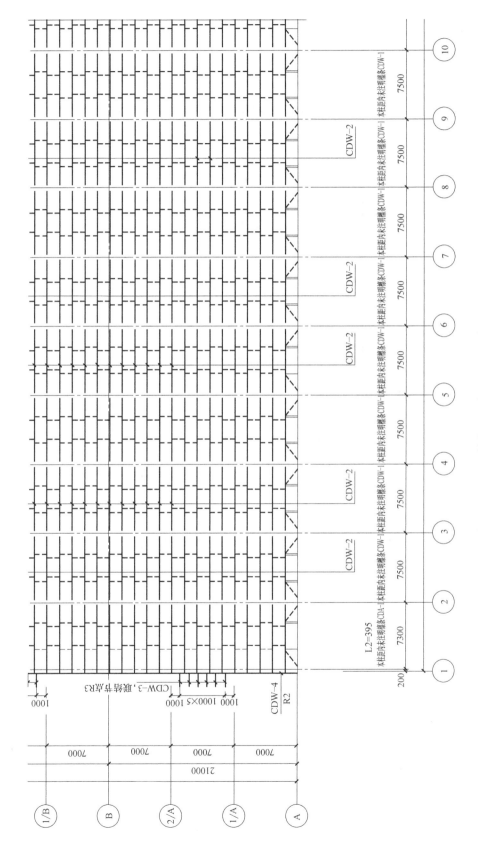

图 6-147 屋面檩条平面布置图 1（局部）

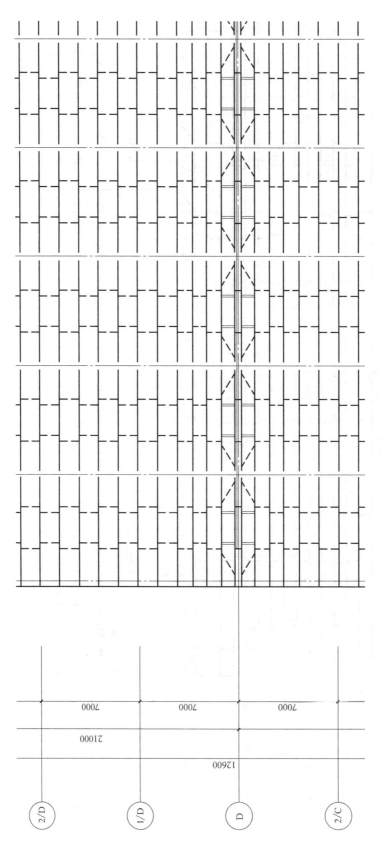

图 6-148　屋面檩条平面布置图 2（局部）

292

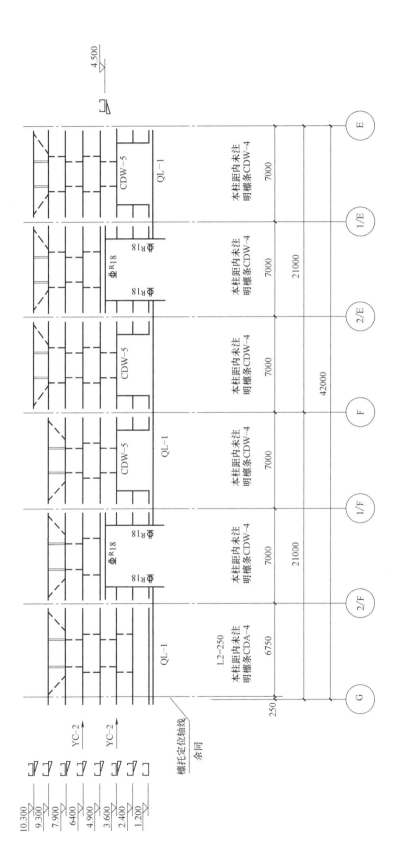

1轴外围布置图(G～E轴)

图6-149 外围布置图1

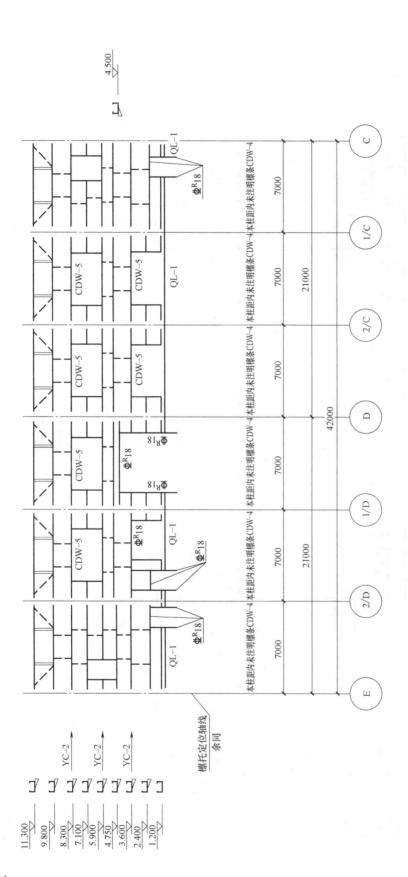

5轴外围布置图(E~C轴)

图 6-150　外围布置图 2

6.10.2　拉条设计

1. 拉条作用

（1）屋面拉条能防止风向上的吸力造成檩条下翼缘失稳；屋面斜拉条可以把檩条沿坡度方向的荷载传到刚度较大的构件上。布置天窗时，窗下面设置斜拉条，为了更好地将窗自重传给柱子。

（2）墙梁式水平放置的，垂直方向承载力小，加拉条可减小梁的跨度，提高承载力。如墙梁仅外侧挂墙面板，内侧平面外无支撑，拉条最好设置在墙梁近内边的1/3处，起平面外支点作用。

2. 拉条布置时应注意的一些问题

（1）风向上的吸力是造成屋面檩条下翼缘失稳的主要原因，因此拉条两端应拉在檩条高度的下1/3范围内；一般在屋檐、屋脊处（或靠近屋脊天窗处），都要设置斜拉条。

（2）拉条的做法有以下五种，第一，约束檩条上翼缘；第二，约束檩条下翼缘；第三，约束檩条上下翼缘；第四，拉条的一端连在檩条的下翼缘，另一头连在相邻檩条的上翼缘；第五，第一条拉条均拉在檩条的上翼缘，下一条拉条则均拉在檩条的下翼缘。

一般当屋面板采用双层板，且下层板可以约束檩条下翼缘，保证檩条下翼缘不失稳，而上层板为扣合式板（不能约束檩条上翼缘）时，采用第一种。当屋面板采用单层板，屋面板通过自攻螺栓与檩条上翼缘连接时（屋面板能约束檩条上翼缘），采用第二种。当屋面板采用单层板，屋面板为扣合式板（不能约束檩条上翼缘）时，采用第三种。在实际设计中，由于现在门式刚架多采用可以滑动的屋面板，故应设置上、下拉条，即约束檩条上下翼缘（柱距≥6m）。

（3）屋檐处和屋脊处的斜拉条和直撑杆在两端构成几何不变体系，成为一个刚性边界，撑杆须用一个压杆实现，套钢管是为了可以受压，就是在檩条间距内将圆钢套在钢管套内组成撑杆，受压靠钢管，受拉靠圆钢。

（4）墙梁（压型钢板时）一般每隔5道拉条设置一对斜拉条，以分段传递墙体自重，且最下面的墙梁不设斜拉条。如果墙板自承重（夹芯板且墙体与下部砖墙有可靠连接时），竖向荷载有可靠途径直接传至地面或托梁时，可不设置拉条

3. 拉条构造

（1）一般每隔4～6m设一道拉条，超过6m设2道拉条（三分点处）；当用圆钢做拉条时，圆钢直径不宜小于10mm，一般用ϕ12的圆钢（热镀锌、HPB300）；拉条可以用小角钢、带钢代替。撑杆一般是12和32×2.0电焊管组合，Q235B、热镀锌；

（2）理论情况下，一根拉条考虑2个螺母就可以拉紧，但是考虑施工质量等方面的原因，在实际情况下很多工程中施工情况都不理想，因此很多工程中都采用4螺母，拉条两头各2个螺母，两个螺母分别在C或者Z型钢的内侧与外侧。

6.10.3　隔撑设计

1. 隔撑的作用

隔撑能减小构件（钢梁、钢柱）平面外计算长度，一般用隔撑＋檩条来保证构件受压翼缘的平面外稳定性。

对于一般的轻钢厂房，隔撑可以作为构件面外支撑点的。但是，若对于厂房内设置有吊车（特别是吊车吨位、级别比较大时）或者地震荷载、水平风荷载比较大时，普通的隔

撑不能算是构件的平面外支撑点的，要设置可靠的刚性系杆及支撑系统（水平支撑、柱间支撑）组合来保证。

2. 隔撑的布置原则

（1）隔撑一般是对称布置，一边受拉，一边受压，边跨只布置一个隔撑。

（2）支座范围（$L/4$）每根檩条都要设置隔撑，中间范围每2根檩条布置一根隔撑（风载较大地区，梁跨中段可能下翼缘受压），如经过校核各种荷载组合后跨中不存在下翼缘受压的可能时，可仅在支座附近横梁下翼缘受压区域内设置。

3. 隔撑的构造

屋面、墙面隔撑一般都是构造控制，一般 Q235B，L50×4 都能满足（梁高≤1200mm）。

4. 隔撑计算

《门规》8.4.1：当实腹式门式刚架的梁、柱翼缘受压时，应在受压翼缘侧布置隔撑与檩条或墙梁相连接。

《门规》8.4.2：隔撑按轴心受压构件设计。轴心力 N 可按下列公式计算：

$$N = \frac{Af}{60\cos\theta}\sqrt{f_y/235} \tag{6-28}$$

式中 A——实腹斜梁被支撑翼缘的截面面积（下翼缘宽度×厚度）；

f——实腹斜梁钢材的强度设计值；

f_y——实腹斜梁钢材的屈服强度；

θ——隔撑与檩条轴线或墙梁的夹角。

当隔撑成对布置时，隔撑的计算轴力可取计算值的一半。隔撑按轴心受压构件验算其稳定性，单角钢在强度稳定计算时，隔撑强度设计值应按《钢标》3.4.2考虑折减。

5. PKPM程序操作

点击【钢结构/钢结构二维设计/7. 工具箱】→【钢结构工具/简隔撑计算】，如图6-151、图6-152所示。

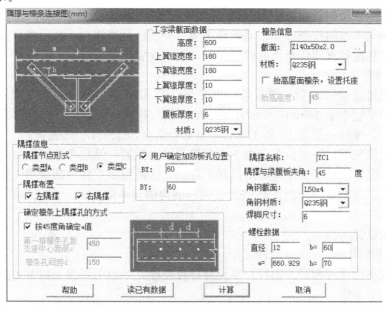

图 6-151 隔撑与檩条连接图

注：隔撑一般都是构造。

参数注释：

1. 隅撑节点形式

应根据实际工程选取，一般可选择，类型 C。

2. 隅撑布置

应根据实际工程勾选，一般可勾选，左隅撑＋右隅撑。

3. 确定檩条上隅撑孔的方式

一般可勾选，"按 45°角确定 a 值"。

4. 工字梁截面数据

一般按实际工字梁截面填写。

5. 材质

工字梁一般可选用 Q345 钢。

6. 用户确定加劲板孔位置

一般可勾选。然后 BX 填写 60mm，BY 填写 60mm。

7. 檩条信息、材质、抬高屋面檩条、设置托座

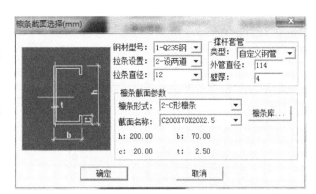

图 6-152 檩条截面选择

点击画圈中的按钮，弹出对话框，如图 6-152 所示。材质一般选择 Q235 钢，且一般不勾选"抬高屋面檩条、设置托座"。

参数注释：

钢材型号一般选择"1-Q235 钢"，拉条设置应根据实际工程选取，一般选择"2-设两道"，拉条直径一般选择"12"，撑杆类型可选择"自定义钢管"，外管直径与壁厚一般根据经验与计算结果选取，檩条形式根据布置的檩条形式选取，一般可选择"2-C 形檩条"或"1-Z 形檩条斜卷边"，截面名称，可在下拉菜单中选取或点击"檩条库"。

8. 隅撑与梁腹板夹角：

应根据实际工程填写，一般可填写 45。

9. 角钢截面、角钢材质

屋面隅撑一般都是构造控制，一般 Q235B，∟50×4 都能满足（梁高≤1200mm）。

10. 焊缝尺寸

可按默认值填写，6。

11. 螺栓数据

直径可填写 12，a 可填写 30。

6.11 基础设计

本工程管桩为端承摩擦桩，根据地质资料，桩端持力层为 5 层细砂，持力层土的桩的极限端阻力标准值 q_{pk} 为 3800kPa。桩端应穿透 5 层淤泥质粉质黏土，桩端全断面进入持力层内的深度应为 1.2m。

6.11.1 内力查看

参考 6.3.13 补充数据。

6.11.2 基础施工图

基础施工图如图 6-153～图 6-157 所示。

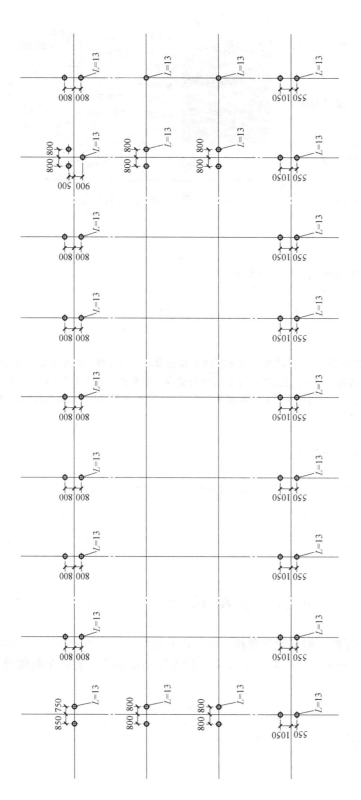

图 6-153　桩位平面布置图（局部）

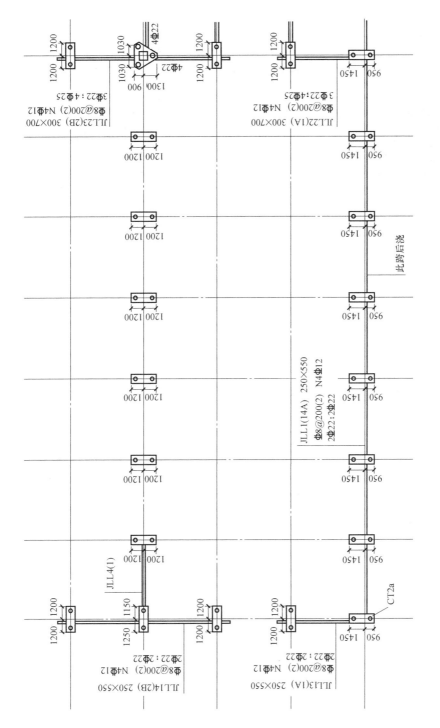

图 6-154 承台及基础连梁平面布置图（局部）

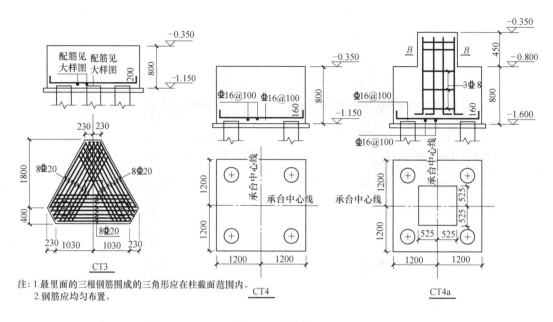

注：1. 最里面的三根钢筋围成的三角形应在柱截面范围内。
　　2. 钢筋应均匀布置。

图 6-155　承台（1）

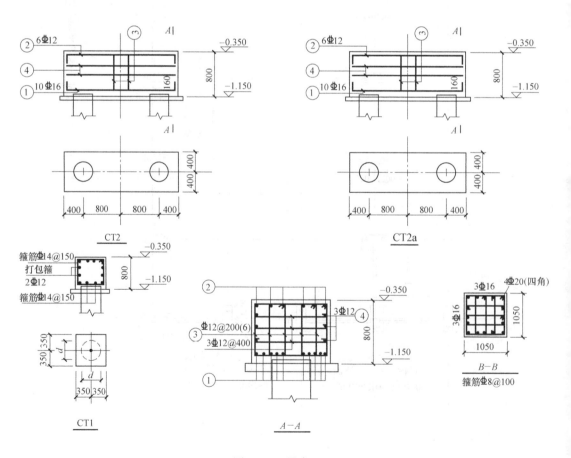

图 6-156　承台（2）

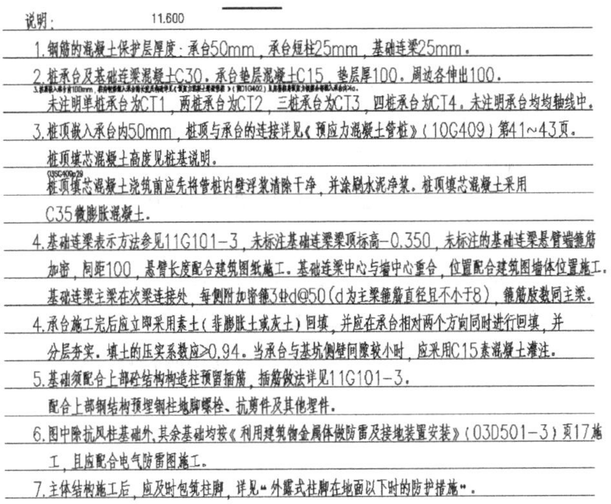

说明：　　　　　　11.600

1. 钢筋的混凝土保护层厚度：承台50mm，承台短柱25mm，基础连梁25mm。

2. 桩承台及基础连梁混凝土C30，承台垫层混凝土C15，垫层厚100，周边各伸出100。
   未注明单桩承台为CT1，两桩承台为CT2，三桩承台为CT3，四桩承台为CT4，未注明承台均以轴线中心。

3. 桩顶嵌入承台内50mm，桩顶与承台的连接详见《预应力混凝土管桩》（10G409）第41~43页。
   桩顶填芯混凝土高度见桩基说明。
   桩顶填芯混凝土浇筑前应先将管桩内壁浮浆清除干净，并涂刷水泥净浆。桩顶填芯混凝土采用
   C35微膨胀混凝土。

4. 基础连梁表示方法参见11G101-3，未标注基础连梁梁顶标高-0.350，未标注的基础连梁基管端箍筋
   加密，间距100，悬臂长度配合建筑图纸施工。基础连梁中心与墙中心重合，位置配合建筑图墙体位置施工。
   基础连梁主梁在次梁连接处，每侧附加密箍3#d@50（d为主梁箍筋直径且不小于8），箍筋肢数同主梁。

4. 承台施工完后应立即采用素土（非膨胀土或灰土）回填，并应在承台相对两个方向同时进行回填，并
   分层夯实。填土的压实系数数应≥0.94。当承台与基坑侧壁间隙较小时，应采用C15素混凝土灌注。

5. 基础须配合上部砼结构构造柱预留插筋，插筋做法详见11G101-3。
   配合上部钢结构预埋钢柱地脚螺栓、抗剪件及其他埋件。

6. 图中除抗风柱基础外，其余基础均按《利用建筑物金属体做防雷及接地装置安装》（03D501-3）页17施
   工，且应配合电气防雷图施工。

7. 主体结构施工后，应及时包筑柱脚，详见"外露式柱脚在地面以下时的防护措施"。

图 6-157　桩基础说明

参 考 文 献

［1］ 混凝土结构设计规范 GB 50010—2010. 北京：中国建筑工业出版社，2010.

［2］ 建筑抗震设计规范 GB 50011—2010. 北京：中国建筑工业出版社，2010.

［3］ 高层建筑混凝土结构技术规程 JGJ 3—2010. 北京：中国建筑工业出版社，2010.

［4］ 建筑结构荷载规范 GB 50009—2012. 北京：中国建筑工业出版社，2012.

［5］ 建筑桩基技术规范 JGJ 94—2008. 北京：中国建筑工业出版社，2008.

［6］ 建筑地基基础设计规范 GB 50007—2011. 北京：中国建筑工业出版社，2011.

［7］ 门式刚架轻型房屋钢结构技术规范 GB 51022—2015. 北京：中国建筑工业出版社，2015.

［8］ 钢结构设计标准 GB 50017—2017. 北京：中国建筑工业出版社，2017.